一流学科教材
科学技术史

生命科学简史

THE BRIEF HISTORY OF LIFE SCIENCE

刘 锐 著

中国科学技术大学出版社

内 容 简 介

本书为中国科学技术大学“新文科”基金项目研究成果、安徽省大规模在线开放课程(MOOC)示范项目“生命科学简史”配套教材，详细讲述了进化学说的演变、细胞的发现、遗传学的发展、分子生物学的建立、遗传物质概念的转变、发育生物学中的模式生物的发现、生态环境的变迁等内容。本书可作为本科生的科学史教材，将使他们了解生物学的古往今来，更能从中体会到科学家在科学发展过程中付出的艰辛劳动及其高尚的人格魅力。

图书在版编目(CIP)数据

生命科学简史/刘锐著. —合肥：中国科学技术大学出版社，2021.6(2024.2 重印)
ISBN 978-7-312-05069-5

Ⅰ.生… Ⅱ.刘… Ⅲ.生命科学—科学史—普及读物 Ⅳ.Q1-0

中国版本图书馆 CIP 数据核字(2020)第 249216 号

生命科学简史
SHENGMING KEXUE JIANSHI

出版 中国科学技术大学出版社
安徽省合肥市金寨路 96 号，230026
http://press.ustc.edu.cn
https://zgkxjsdxcbs.tmall.com
印刷 安徽省瑞隆印务有限公司
发行 中国科学技术大学出版社
经销 全国新华书店
开本 787 mm×1092 mm 1/16
印张 16.5
字数 264 千
版次 2021 年 6 月第 1 版
印次 2024 年 2 月第 2 次印刷
定价 45.00 元

前　　言

生物学的发展历经了2000多年。19世纪初,“生物学”一词诞生,标志着有关生命的科学作为一个独立体系从哲学中正式剥离出来,生物学的内涵也从此告别了观察和描述内容,逐步地向发现生命内在客观规律的方向发展。1953年,沃森和克里克提出DNA双螺旋结构,人类进入分子生物学时代。自此,生物学进入了发展的快车道,重大发现和研究成果不断涌现。

相比之下,生物学史的研究却大幅落后,其中既有客观原因,也有主观因素。因此,从科学史的角度对生物学的内容进行总结是一件紧迫的事情。

众所周知,科学史是研究科学的历史。它通过对人类历史上的科学活动进行史料考证研究,考察科学随人类社会发展的进程,以总结科学自身的发展规律及其与社会的关系。作为一门专门学科,其学术研究与科学技术、人类社会发展的关系日趋紧密。自20世纪80年代起,我国的科学史研究取得了长足进步,科学史的诸多功能也日渐得到重视。科学史的教育功能是这些功能中最重要的一项,它拥有培养人文素质、历史意识、批判思维和创新能力的优势,彰显了人类社会健康发展的人生价值追求,展现了道德伦理和社会责任感的要求。生物学史作为科学史不可或缺的一大组分,在科学史研究中占有重要地位。

作为一名高校教师,笔者一直致力于“生命科学史”课程的教学及相关研究。写作本书的动因在于学校将2019年确定为“一流本科教育质量提升年”,启动了广泛的调研,进行了多次讨论,凝聚共识、共商举措,努力完善“新文科”的发展路径。同时,学校的“科学技术史”也是教育部“双一流”

重点建设学科。有鉴于此，笔者决定对生物学史内容进行一次全面梳理，并形成文字，既可作为学生教材、方便教学，也可对既有的生物学史研究作一次阶段性总结。笔者结合所授课程，申请了安徽省大规模在线开放课程(MOOC)示范项目“生命科学简史”(2018mooc536)，现视频课程已完成录制并上线，感兴趣的读者可以扫描下方的二维码观看：

MOOC

本书从时间的维度撷取了生命科学中一些重要的分支学科和重大事件，详细讲述了它们的来龙去脉及演化过程。例如，分类学对进化思想启蒙的影响，进化学说的萌芽、诞生和修正，细胞学说的演变过程，遗传学的诞生与发展，孟德尔的实验数据究竟有没有造假，分子生物学的建立过程，朊病毒对生命公式的完善，生物科技发展引发的伦理、法律问题……读者从中能够知道生物学史上一些重要事件发生的社会、历史、经济、文化和科技背景，以及一些鲜为人知的生物学史故事。

期望读者阅读本书后，能够对生命科学的发展有一个清晰而朴素的认知，能够深刻地体会到生物学的发展并非是一蹴而就的，而是付出了几代、几十代科学家的不断努力，甚至鲜血，才最终形成了今天相对成熟的理论体系。

本书即将付梓，限于作者水平，书中疏漏之处在所难免，敬请各位读者、专家批评指正！

目　　录

第1章 生物学思想的萌芽

从地球形成，到原始海洋中出现蛋白质颗粒，再到单细胞原核生物诞生，生命起源的过程显得神秘而又精细，每一步都仿佛是经过了精心设计。从寒武纪物种的大爆发到类人猿的直立行走，从进化论的诞生到遗传因子的发现，生物学研究中的每一次重大突破都是那么跌宕起伏……虽然生物学与我们人类息息相关，但是在19世纪之前它却一直没有独立的名称。

19世纪初，“生物学”一词“诞生”，这也意味着有关生命的科学作为一个独立的体系从哲学中剥离而出。生物学的内涵也从之前的观察和描述内容，开始逐步地向发现生命内在客观规律的方向转变。在此基础上，细胞生物学、遗传学、免疫学、微生物学、生理学、胚胎学、分子生物学等分支学科纷纷建立起来。

1.1 生物学的分期

从人类诞生至今，生物学的发展经历了漫长的时间。从生物学史的角度大致可以将其分为前生物学时期、古典生物学时期、实验生物学时期和分子生物学时期。如今，生物学在人类的生产、生活中具有极为重要的作用，不断涌现的科研成果对人类的发展和进步产生了不可估量的影响。

(1) 16 世纪之前是前生物学时期。由于生存的需要,人类首先认识的是能够作为食物的生物。在古埃及、古巴比伦、中国、古印度等国家,人们已经开始从事植物栽培以及动物驯养。2002 年,《科学》杂志报道,早在 1.5 万年前,东亚人就开始驯化狼;在 1.2 万年前至 1 万年前,生活在南美洲厄瓜多尔的印第安人开始种植西葫芦和加拉巴木。此外,人类还必须面对各种疾病的挑战,由于对自然的认知能力和与自然抗争能力相对低下,在利用动植物治疗疾病的同时,传统医学开始萌芽,动物体和人体的解剖活动让人类开始认识生物体的内部构造……16 世纪,随着资本主义工业的逐步兴起,以植物、动物、矿物为主要研究对象的博物学在欧洲日渐兴起,所以这一阶段最主要的特征就是对生命本质的探索,以及对其进行简单的描述和记载。

(2) 16 世纪到 19 世纪是古典生物学时期。随着欧洲工业革命的发展,生物学已经取得了长足进步。詹森父子、列文虎克、胡克、马尔比基、格鲁等人发明了显微镜或提高了显微镜的放大倍数,观察细胞和各种生物成为古典生物学研究的热门领域。1735 年,瑞典植物学家林奈出版了《自然系统》,创立了生物分类的等级和双名制命名法,改变了之前生物命名混乱的局面,让生物学研究有了明确的归类范式,使研究信息更加透明,并加快了研究的步伐。1839 年,德国植物学家施莱登和动物学家施旺共同创立了细胞学说,它是 19 世纪三大自然发现之一。1859 年,达尔文出版了《物种起源》,否定了上帝创世和物种不变的唯心主义观点,推动了生命科学大发展……这一阶段出现了经过归纳和总结的体现生物学规律的理论,标志着生命科学开始逐步从感性认识向理性概括方向转变。

(3) 19 世纪中期到 20 世纪中期是实验生物学时期。在这一阶段,数学、物理、化学等学科蓬勃发展,生物学家们进行了广泛的交叉研究。1866 年,孟德尔发表的《植物杂交实验》一文,奠定了现代遗传学研究的基础。随后美国遗传学家摩尔根在其基础上提出了遗传学的连锁和互换定律,通过对模式生物果蝇的研究,使遗传规律更加清晰地呈现在公众面前。19 世纪,法国微生物学家巴斯德通过实验证明,微生物不能在短时间内"自然发生",必须从外界环境中引入;俄国生理学家巴甫洛夫(Pavlov)在心脏生理、消化生理和高级神经活动生理等方面作出了突出贡献,构建了条件反射理论;德国博物学家海克尔、动物学家施佩曼在动物胚胎发育研究方面取得重大发现，证实了被移植的组织和宿主都可能参与二级胚胎的形成；1944年，美国化学家艾弗里通过肺炎双球菌转化实验证明，DNA是遗传物质……这一系列的研究成果充分体现了实验设计的重要性，生物学家们已经不再简单地观察生物、描述生物，而是用实验和数据论证自己的观点。

(4) 1953年，美国生物学家沃森和英国生物学家克里克提出了DNA双螺旋结构模型，以此为标志，人类步入了分子生物学时期。自此，生命科学研究开始逐步向生命的本质深入，分子尺度的研究成为热门。1957年，克里克提出了遗传的中心法则，指出生命活动中遗传信息的流向；1961年，法国生物学家莫诺(Monod)和雅各布(Jacob)提出了乳糖操纵子模型，用以探讨基因的调控原理；1966年，美国生物化学家尼伦伯格(Nirenberg)破译了64个遗传密码，成功地解析出生物的遗传信息被解读成蛋白质的规律；1975年，柯勒(Kohler)和米尔斯坦(Milstein)通过研究获得了淋巴细胞杂交瘤，并产生了单克隆抗体，单克隆抗体技术是20世纪免疫学发展史上的一座里程碑；1990年，美国国立卫生研究院和能源部正式启动了人类基因组计划(HGP)，中国于1999年加入计划并承担了3号染色体短臂的测序任务；2005年，人类基因组计划的测序工作全部完成，这是全球多个国家的科研中心通力合作的结果，一本包含30亿个碱基对的“天书”展现在世人面前……探究生命的本质，开始有目的地去研究和改造生物，是这一阶段的显著特征。

未来，随着生命科学的飞速发展，在技术、法律、伦理等领域，人类将面临诸多的未知挑战。通过对生命科学发展历史的全面梳理，希望大家在阅读本书后，能够客观、理性地认知这一历史过程。

1.2 原始生物学的萌芽

“Biology”(生物学)一词是由“Bios”(生命)与“Logos”(科学)构成的，即研究生命的科学。

世界各地流传着很多有关生命诞生的传说。中国有盘古开天辟地、女娲造人;古希腊也有类似的传说,即泰坦神族的普罗米修斯用黏土创造了世界上第一个人;古埃及神话中,一位叫作哈奴姆的神在陶器场中,用黄泥捏出了所有的人……

在《圣经·创世纪》中,上帝按照自己的形象,用地上的尘土造出了一个人,并取名"亚当"。但是,也有很多人对"神创造人"的观点产生了疑惑。战国时期的思想家屈原就在《天问》中表达了这样的思想:"女娲有体,孰制匠之?"意思就是:女娲也是有身体的,那么究竟是谁造了女娲呢?

在古代,随着人类对各种动植物了解的深入,逐渐诞生了多种生物学思想的萌芽。

(1) 从分类学角度看,中国有把植物和动物分成草、木、虫、鱼、鸟、兽的甲骨文记载。古希腊的亚里士多德在《动物史》中,对500余种动物进行了尝试性分类,如可以根据有无血液,将动物简单地分为有血液的动物和没有血液的动物,而他认为血液只能是红色的。从遗传学上看,《周礼》中记载了不同品种的谷子。

(2)《尔雅》里记录了马的不同的变异品种;《本草纲目》中记录了很多关于生物变异的内容,如金鱼的变异、花卉的变异……古代西方有着最为成熟的预成论学说,如精源论和卵源论(会在后续章节介绍)。

(3) 从微生物学上看,中国有着悠久的酿酒文化,早在殷墟出土的甲骨文碎片中,就有了"酒"字,到了汉代,酿酒开始使用酒曲,其中混有大量的霉菌和酵母,可起到糖化发酵的作用。

除此之外,这些思想萌芽还包括对进化思想的认识、对医学知识的认识、对生态环境的认知……但它们都是表面层次的,属于观察和总结概括阶段,并且其中还存在着大量的错误观点。尽管如此,这些观点和学说却孕育了朴素的原始生物学思想。

1.3 巫术与宗教的作用

在人类文明建立过程中，生物学内容与其他研究内容最初很难严格地区分开来。无论是苏格拉底、柏拉图，还是亚里士多德，他们的很多研究都被看成是朴素的生物学分支的起源。而在前苏格拉底时期，希腊的哲学也进入了一个新的阶段。

4世纪之前，巫术充斥于社会生活的各个角落，甚至空气中都弥漫着巫术的味道，时人常把“伏都”玩偶放在坟墓或门槛上。“伏都”是拉丁文“Voodoo”一词的音译，该词也译为“巫毒”。“伏都”玩偶被赋予了浓厚的诅咒色彩，时人相信这种对玩偶的崇敬能给自己带来好运。在这种氛围下，诅咒和咒语在生活中十分常见。

在古代，巫术具有“博大”而又“丰富”的内涵，时人认为，巫术仪式不仅可以伤害对手和敌人，还可以开辟出一条通往至高神殿的道路，巫术在某种程度上被看作是神的恩赐。在当时的社会中，随处可见刻满了诅咒的写字板、纸草书、“伏都”玩偶等。人们在遇到生老病死或者重大事件时，第一反应不是去寻医问药或尝试解决问题，而是把全部的希望都寄托于“神圣”的巫术，到处充斥着防病的护身符、感应巫术等。第一时间寻求巫术的帮助成为解决问题的不二选择。在这样的阴霾下，公元前460年诞生了一位伟大的医学家——希波克拉底(Hippocrates)，他将这片笼罩在人类头顶的乌云撕开了一条小缝，让自然科学的一缕曙光洒下，并埋下理性的种子。

希波克拉底不相信巫术能产生它所宣称的效果。他分析了大量的疾病案例与临床治疗案例，认为不能把这些疾病的产生归因于巫术和咒语，而应该归因于人类自身的体液。他认为人的体液可以分为四种：血液、黄胆汁、黑胆汁和黏液。这几种体液相互作用、相互调和，如果有一种或者几种体液失调，那么人就会生病。希波克拉底的理论对当时的巫术产生了极大的冲击。虽然他的说法并不足够科学，但是却把疾病产生的原因从虚无缥缈的神灵转移到了客观存在的物质上，这是一种极大的进步，他的学说也对随后的医学发展产生了极大的影响。在现在看来,这种体液分类的说法并不准确,但他的体液学说却为建立医学心理学提供了参考。

希波克拉底在巫术和宗教统治民众的恐怖时代,大胆地提出了自己的观点和学说,就像在一片饲养着慵懒的草食性鱼类的湖水中放入了一条鲶鱼,让平静的湖水中出现了一丝涟漪。他的学说带来的累积效应逐步扩大,虽然经历的时间长了一些,但是效果显而易见。

从服务自身的角度出发,宗教在提出上帝造人的同时,也提出了一些遗传学方面的理论,从某些方面对生物学的发展起到了促进作用。但是相较于古代的巫术,它的作用要逊色很多,宗教缺乏合理和实际的目标,卑微地屈服于超自然的力量,而巫术却试图在一定程度上利用这些超自然的力量为自身的意志和利益服务,甚至演化成了一门"科学"——可以解释自然界生命现象的系统。巫术在某些经验应用方面具有更强的实际功能,在古代生物学的发展过程中的作用也大大超过了宗教。

1.4　解剖学的发展

在生物学发展初期,解剖生物(包括人和动物)是人类获得普通生物学知识的一条重要途径。人们可以在伤口护理或者外科手术时进行解剖知识的积累,动物常作为部落或者氏族的图腾,其器官往往也被赋予了更多的象征意义,因此解剖行为对于牧师、猎人、祭司等来说都是极其重要的。

在希波克拉底之后的很长一段时间里,对生命的研究,更准确地说是在对医学的研究中都没有出现值得特别着墨的伟大人物,直到盖伦的出现,这一情况才发生改变。

(1) 129 年,人体解剖接力赛的第一执棒人,伟大的医学家盖伦(Galenus)诞生了。在那个文明尚不发达的社会中,人体解剖被认为是一件大逆不道的事情。然而,希波克拉底建立的医学理论有很多明显的错误,也存在很多难以解释的问题。这些问题若要得到确切的答案，就必须通过实际的临床解剖才能得到。

盖伦出生在小亚细亚的帕尔加蒙，也就是今天土耳其的贝加莫。在教会严格控制民众思想的年代，不可以解剖人体，只能通过解剖动物来研究人体的结构。于是盖伦开始着手解剖各种动物。毫无疑问，盖伦的推理能力是一流的，可以媲美近代的爱伦·坡、威尔基·柯林斯、柯南·道尔等推理大师。他通过解剖动物来研究人体，提出了很多重要的观点。例如，他认为肝脏、心脏、大脑是人体最主要的器官；肝脏的主要功能是造血；血液在血管中像潮汐一样流动……这些观点在当时简直是爆炸性的，没有医学或者科学常识的人甚至会认为盖伦是在夸夸其谈。

通过对比不同动物的解剖数据，他获得了许多弥足珍贵的医学知识。因此，盖伦当之无愧地成为了西方医学的绝对权威，他的理论也牢牢控制着西方医学一千多年，直到下一位接棒人出现。

(2) 第二位接棒人是塞尔苏斯(Celsus)。塞尔苏斯是一位典型的罗马贵族，从小受到良好的希腊文化教育，并且对医学表现出高度兴趣。他紧紧地把盖伦传递过来的接力棒握在手中，忠实地将盖伦的理论和观点翻译成拉丁文，并将这些希腊知识广泛地传播开来。塞尔苏斯将盖伦的理论和观点完整地构建成独立的科学体系，影响了西方医学接下来几百年的发展。他在书中详细地描述了扁桃体摘除术、白内障和甲状腺手术以及外科整形手术，这些内容成为后来的医者纷纷学习模仿的范例。

塞尔苏斯的“接棒动作”和“跑步姿势”都是完全模仿盖伦的，延续了盖伦的理论体系。但是从第三棒开始，这一接力不但有了正确的“跑步姿势”，而且连“速度”都得到了大幅提升。

(3) 第三位接棒人是维萨留斯(Vesalius)。1514 年 12 月 31 日，他生于比利时的一个医学世家。

虽然盖伦作为开创者作出了巨大贡献，但是迫于当时的宗教压力，无法进行人体解剖，所以在他的类比理论中存在很多错误，当然这也是在所难免的。如盖伦认为人的腿骨和狗的腿骨一样都是弯曲的。

维萨留斯通过解剖实验发现了很多原先没有发现的事实，并且纠正了盖伦学说中的诸多错误。因为他的理论基于事实，所以没有掀起大规模的科学争论，毕竟人体解剖的结果就在那里，直观的实验是科学研究最好的“利器”。盖伦和塞尔苏斯的工作好比是蒙着眼睛在猜测推想，而维萨留斯则是用眼睛在观察。

随着工作的逐步深入，如何找到合适的尸体来源成为维萨留斯最头疼的问题。他的首选是去绞刑架下等待那些被绞死的异教徒或者被教会执行了死刑的人。但是仅仅依靠这种途径获得的尸体还是无法满足他的实验需求，于是他把关注的目光放在了那些野坟上，干起了“盗墓的勾当”。

有人说：“科学家其实就是疯子，是偏执狂中的一种。”这种说法是否正确，这里不妄加评论。毕竟维萨留斯的工作并不是为了一己私利，而是为了人类的进步与发展。维萨留斯为医学的发展贡献了自己的毕生精力，他的工作纠正了盖伦通过动物实验推测出来的人体结构中的200多处错误。

1543年，维萨留斯的伟大著作《人体构造》面世。他在书中论述了骨骼系统、肌肉系统、血液系统等七大系统。书中附有大量精美的插图，这些精美绝伦的插图时至今日依然令人叹为观止。

不幸的是，维萨留斯的工作还是惹恼了教会，毕竟真正的科学理论必定会和宗教学说有着诸多的冲突。例如，根据《圣经》记载，夏娃是由亚当的一根肋骨变成的，按照这种说法，男人应该比女人少一根肋骨。但是维萨留斯通过人体解剖发现，男人和女人的肋骨数目是一样的，都是12对24根，于是他否定了《圣经》中的这一论断。

维萨留斯的学说对宗教的打击是釜底抽薪式的。人一旦被戳中要害，往往就会表现得歇斯底里，于是很多极端的宗教分子狂躁起来，他们诬陷维萨留斯进行活体解剖，宗教裁判所随即判处他死刑。千钧一发之际，西班牙国王御医的身份挽救了他，幸得西班牙王室从中斡旋和调解，伟大的科学家维萨留斯最终被免于死刑，但是依然被流放到耶路撒冷朝圣忏悔。

在忏悔回来的路上，他乘坐的渡船遭到人为破坏，最终全船的人都被困在一个名叫赞特的小岛上，与世隔绝。50岁的维萨留斯最终病逝于此。这次事故的幕后黑手不言而喻，然而真理不容抹杀，维萨留斯名垂青史。

（4）第四棒冲刺者是维萨留斯的徒孙威廉·哈维（William Harvey）。1578年，哈维出生在英国肯特郡，师从维萨留斯的学生法布里修斯（Fabricius）。他在行医的同时，进行着解剖学研究。哈维是之前提到的多位前辈的理论集大成者。哈维在解剖实验中发现盖伦的动脉吸收理论是错误的，他认为人的心脏应该分为左右两个部分，每个部分又分为两个腔。上下两个腔由一个瓣膜隔开，只允许上半腔的血液流到下半腔中，而不能发生逆流，心脏中血液的流动总是单向的。他发现用绷带扎紧人手臂上的静脉，心脏会变得又空又小，倘若扎紧手臂上的动脉，则心脏会明显变大。这说明静脉中的血是心脏中血液的来源，而动脉中的血来自心脏源源不断的供应。这就证明盖伦关于血液流动是潮汐式往复运动的观点是错误的。

哈维为了证实自己观点的正确性，使用鹿作为实验对象，为当时的查理一世国王现场演示了血液循环实验。通过大量实验，哈维清晰地描述了血液在人体中流动和循环的全过程，并著成《心血运动论》一书。虽然这本书仅有薄薄的72页，但是详细地描述了血液的流动过程，第一次把物理学的机械运动规律引入生物学中，科学地解释了这一困扰了人类几个世纪的难题。他的理论并不被教会和保守派认可，他们不断地攻击哈维，试图阻止正确理论的传播。然而科学发展的历史车轮是不可阻挡的，哈维在第四棒的位置上不断地提速冲刺，终于在17世纪叩开了近代生物学的大门。

从2世纪盖伦解剖动物开始，到16世纪维萨留斯、法布里修斯、哈维等人的人体解剖，满布荆棘的坎坷征途上留下了这些开拓者坚实的脚印。

实际上，当时的人体解剖主要是为了医学和绘画这两个目的。在中世纪，解剖已经成为医学教育的一个重要组成部分，因而促进了解剖学的发展。因为之前已经有了相应的解剖学的基础理论，所以后来的解剖就是为了让学生验证已有的理论，而不是为了研究未知的事物或者寻找新的理论。

在文艺复兴时期，画家和解剖学家一样，他们坚信能够通过观察或人体解剖来满足他们对于写实主义的需求。很多画家都参加了公开的解剖与行刑，这样既能够得到更为精确的人体肌肉和骨骼知识，又能有机会改变原先错误的观点或寻求新的理论。无心插柳柳成荫，以绘画为目的的人体解剖促进了人类对人体本质的认识。

1.5 叩开生命研究之门

从整体上说,古代生物学的发展是极其缓慢的。一方面是由于生命体非常复杂,以当时的知识水平难以认知和研究;另一方面是受到历史条件的限制,生物学的观测和研究手段落后,人们只能把研究停留在观察和描述的阶段。恩格斯指出:"我们只能在我们时代的条件下进行认识,而且这些条件达到什么程度,我们便认识到什么程度。"

无论是古代中国还是中世纪的欧洲,整个社会对自然科学的研究皆处在相对落后的水平。在欧洲,中世纪的宗教统治是对民众精神和肉体的严重束缚,让科学研究不能够舒展拳脚、自由发挥,甚至还会不时地发生教会对科学家进行死亡审判的人间悲剧。那些敢于说出真理、观点同宗教教义有冲突的科学家被判处极刑,这些都严重地阻碍了科学的发展步伐。

恩格斯在《自然辩证法》中说道:"现代的自然研究同古代人的天才的自然哲学的直觉相反,同阿拉伯人的非常重要的但是零散的并且大部分已经毫无结果地消失了的发现相反,它唯一地达到了科学的、系统的和全面的发展。"近代自然科学是从一个伟大的时代诞生出来的,这个时代就是文艺复兴。随着 16、17 世纪近代科学的发展,人类逐步地摆脱巫术、宗教的束缚,并触碰到生命的本质,开始尝试着去了解生命的独特和伟大。

第2章 进化思想的启蒙

伴随着18世纪技术革命和理性启蒙运动的蓬勃兴起，人性逐渐从宗教枷锁的禁锢下解放出来，越来越多的人开始思考人类的起源问题：我们是从哪里来的？进化论从最初的萌芽、创立、发展、成熟，直至现在的修改完善，历经了300多年的时间，下面一起来回顾一下这一历程。

2.1 朴素的分类学思想的形成

早在文字出现之前，人类就开始对生物进行分类。具体来讲，可以把不同的分类方式归为四类：功利主义的方法、基于性状的方法、自然分类系统和人工分类系统。

最初研究生物学的分类主要是因为功利主义的需求，远古人类按照哪些动植物是可以食用的，形成了最简单的分类方式。与此同时，在医学领域对功利主义的运用则更加突出。例如，希腊医生狄奥斯科里迪斯（Dioscorides）以植物对人类的药用效果来分类，突出强调了不同植物的药用功效。

之后，分类学思想的发展，让很多的博物学家开始将具有同种性征的物种归类在一起，按照从无到有、从简单到复杂的顺序将它们一一排列起来。在排列过程中，他们往往会产生这样一种思考：生物究竟是在什么时间、什么地点起源的？其中有没有某种内在的联系呢？哪一种生物是现在所有生物的最初形态呢？

在古代欧洲，一直按照柏拉图(Plato)提出的两叉式分支法来划分动物的种类。例如，把动物分为水栖动物和陆地动物，有翅膀的动物和无翅膀的动物等，这是一种有着明显对立特征的动物分类方式。这种简单的分类方式虽然有一定的道理，但是却存在着致命的缺陷，容易人为地造成同一物种的分裂，让人明显地感觉到这种分类方式是不正确的。例如，把有翅膀的蚂蚁分类在有翅膀的动物中，把没有翅膀的蚂蚁分类在无翅膀的动物中，人为地把蚂蚁这一物种分割开来，显然是不合适的。因此在这种分类方式出来之后，不少学者都表示了质疑。

柏拉图的学生亚里士多德(Aristotle)有了初步的分类学思想，他认为可以找到更加合理的分类方式。

柏拉图

亚里士多德

他描述了500多种动物，并对这些动物进行了分类。他按照动物有无红色的血液将动物分为有血动物和无血动物两类。虽然在现在看来，这种分类方式过于简单，但是在当时，这种分类方式还是具有重要价值的。

依据动物的血液进行分类是一件相对来说比较复杂的事情。一些低等动物，如原生生物界的原生动物水螅、涡虫、绦虫、蛔虫等，因为它们的肌体没有高度的分化，通过体液渗透就能够满足相应的循环供氧需要，所以它们是没有血液的。另外，生物血液的颜色也并非都是红色的。肢口纲的鲎的血液在氧合状态下为蓝色，在非氧合状态下为无色或白色;有些多毛虫,如帚毛虫科、绿血虫科动物的血液在氧合状态下为红色,在非氧合状态下为绿色;腕足类动物的血液在氧合状态下为紫红色,而在非氧合状态下为褐色;虾、蜘蛛、乌贼等动物的血液是青色的;节肢类动物的血液是无色或淡蓝色的……亚里士多德认为红色的血液才是血液,而具有其他颜色血液的动物在他的理论里就会被归类为无血动物。

从现代生物学的分类标准来看,如果按照有无血液分类,或按照血液颜色分类的话,那么是可以区分部分低等生物和高等生物的。但是从当时的知识水平来说,这些都是难以做到的。客观地说,仅仅以肉眼区分有无红色血液也是符合当时科学发展实际状况的。

亚里士多德是欧洲第一位创立动物学分类理论的学者,也是第一位按照动物性状特征进行动物分类的学者。同时,他在植物分类方面也做了大量工作,由于种种原因,他的研究成果没有保存下来,但是他的学生,植物学家狄奥弗拉斯图(Theophrasfos)明确地区分了动植物,阐明了两者之间的区别。他提出了一个很有意思的观点:植物在损失一部分身体后,会很容易得到更新,而动物在失去一部分身体后,它的更新是极其有限的。这成为了区分动植物的重要特征之一。亚里士多德和狄奥弗拉斯图开启了动植物分类学的先河。

整个自然界的生物物种是极其丰富的,目前已知的生物物种约为 200 万种,而已经灭绝的生物物种则高达 1500 万种。因此,如果没有一种公认的分类方式,各个研究机构或学者自说自话的话,那么不仅会导致大量的重复研究和资源浪费,还不利于信息的传递与交流。

2.2 林奈与动植物分类

瑞典博物学家林奈(Linnaeus)是生物分类学的先驱。林奈的父亲是一名朴实的农民,一次偶然的机会,他成为了一名牧师,牧师在当时算是一种比较体面的职业。他对自己的孩子倾注了大量的心血，希望林奈多学习知识，从而能够出人头地。

事与愿违，林奈对自己的学业并不感兴趣，却对动植物研究情有独钟。他 22 岁时进入了龙德大学，随后又辗转前往乌帕撒拉大学，接受了系统的博物学知识教育，并且掌握了制作标本的技术。1732 年，25 岁的林奈跟随探险队到瑞典北部进行博物学考察。在此期间，他积累了大量的第一手素材。

林奈

林奈用了 5 个月时间进行野外考察，采集了大量的植物标本。通过实地考察，他对植物标本进行了分类整理，按照相似的形态特征进行编组，并在心中开始思考酝酿，什么样的特征才是整个植物界的分类标准？

1735 年，林奈在荷兰取得了博士学位，并出版了他的第一本博物学著作——《自然系统》。虽然是著作，但是这本书仅有 12 页，然而这本 12 页的著作在科学史上的地位却无可替代。林奈在书中提出了不同于以往的分类观点：应该以性器官为标准进行植物分类。这种观点是石破天惊的，也让那些对动植物分类无从下手的科研工作者找到了新的研究方向。

林奈不断地搜集资料，以完善自己的学说。他建立了生物的人为分类体系和双名制命名法(Binomial Nomendature),并且把大自然分为三界:动物界、植物界和矿物界。这种简单而又原始的分类体系在现在看来其实并不科学,但在当时却是科学的代名词。

林奈对《自然系统》不断地进行修改、完善,前前后后一共出版了 12 次。从第一版的 12 页到 1768 年第十二版的 1372 页,仅仅从数字的变化就可以看出,这本《自然系统》饱含了林奈对分类学的深情与热爱。

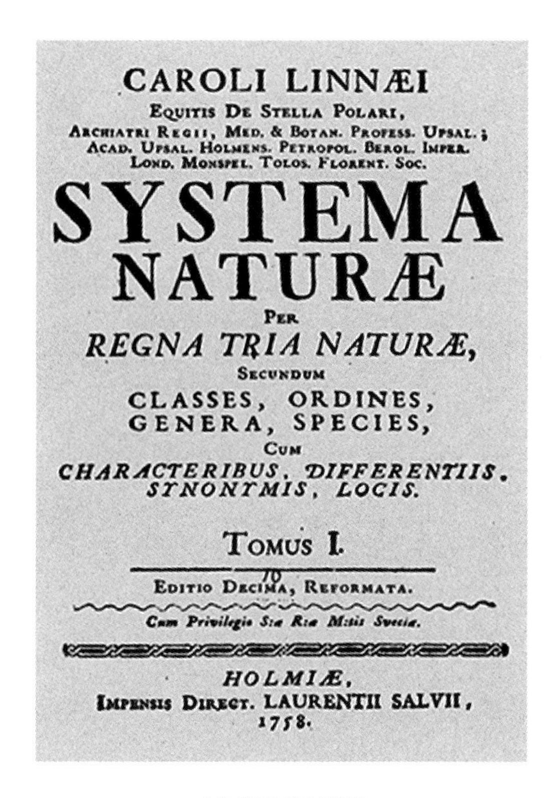
CAROLI LINNÆI
EQUITIS DE STELLA POLARI,
ARCHIATRI REGII, MED. & BOTAN. PROFESS. UPSAL.;
ACAD. UPSAL. HOLMENS. PETROPOL. BEROL. IMPER.
LOND. MONSPEL. TOLOS. FLORENT. SOC.
SYSTEMA
NATURÆ
PER
REGNA TRIA NATURÆ,
SECUNDUM
CLASSES, ORDINES,
GENERA, SPECIES,
CUM
CHARACTERIBUS, DIFFERENTIIS,
SYNONYMIS, LOCIS.
TOMUS I.
EDITIO DECIMA, REFORMATA.
Cum Privilegio S:æ R:æ M:tis Sveciæ.
HOLMIÆ,
IMPENSIS DIRECT. LAURENTII SALVII,
1758.

《自然系统》封面

在自然界中的猴子、鹰、苍蝇等,虽然在生活中人们会以统一的名称来称呼它们,但是在研究中,每个名称下可能还包含着多个物种,同一个物种在各地还有着不同的称谓。所以制定统一的命名法则成为了当务之急。林奈提出,对自然界的物种应该按照门、纲、目、科、属、种的分类方式进行系统分类,同时提出了双名制命名法的命名法则。第一个名字是属名,后一个名字是种名。例如,人类的学名“Homo sapiens”就是林奈制定的,其中“Homo”是人属,“sapiens”是智慧的意思,所以可以称为智人。林奈首次将生物学中的物种分到一个多级的分类系统中。每一级成为一个分类阶元并沿用至今,现在已经逐步完善成为 7 个基本的阶元，从大到小其顺序是：界、门、纲、目、科、属、种。其中还可以添加一些子单元，如在目下增加一个亚目，在科上增加一个超科。

分类学逐步完善的过程其实就是生物进化学说正式被提出前的知识积累的过程。分类学是从生物学的视角，把各种物种按照特定的标准归纳在一起的，如按照器官的类型、排列方式、颜色、形状等。这项繁杂而又伟大的工作，从客观上促进了人们进一步思考：被分为一类的物种是不是源自共同的祖先？

从某种程度上说，分类学把相类似的物种归纳分类在一起，同时按照复杂程度进行时间上的排序，这很容易让人产生联想：这是一个持续发展、不断演变的过程，经过这样的发展变化，究竟哪一类物种是整个生物的祖先呢？沿着这样的进化顺序追本溯源，人类是否就能够找出整个生物的始祖？分类学的持续发展，为孕育进化论思想提供了丰富的营养，也让更多的博物学家开始思考包括人在内的各种物种的起源问题。

2.3 布封的反驳

林奈的分类学理论在欧洲大陆广泛传播，法国博物学家布封(Buffon)却表达了自己的不同意见。布封用 40 年时间写成 36 巨册的《自然史》。他认为并不存在林奈所说的门、纲、目、科、属、种等间断式的分类方式，自然界应该是一体的，并且他大胆地猜测地球的发展经历了七个连续发展的阶段。

布封的观点有着一定的积极意义，他开始尝试用发展和变化的眼光来看待物种的进化。他认为物种不是一成不变的，而是在不断发展变化的。因此他坚信没有什么人为的分类系统，自然界的变化是连续不断的。

简单点说，布封认为所有的物种进化都像流水一样紧密衔接且不断变化，人们能找到它们渐变的证据，但是人为的、刻意的分类打破了这种连续变化的体系，是没有意义的。

布封的观点有正确的地方，比如物种的发展不存在断崖式的变化，而是连续不断、循序渐进地的。但是，他完全否定林奈门、纲、目、科、属、种的科学分类方式是错误的，毕竟系统的分类学能够让人们清晰地认识物种间的亲缘关系。

布封通过研究发现，有些物种的体内还存在一些没有用处的或退化的器官。如果这些器官在这个物种诞生的时候就存在的话，那么上帝为何在创世的时候将它们保留下来呢？反之，那就说明这个物种的器官在不断进化的过程中被逐步同化，即上帝创世的观点并不一定正确，物种很可能是遵循着某种内在规律发生着不断改变的。布封的措辞虽然说得非常隐晦，但是还是引起了保守派和神学家们的不满。在他们的高压下，布封虽然身为法国皇家植物园的园长，拥有一定的身份地位，但还是不得不答应抑制自己的异教倾向，逐步地向神学靠拢。

布封

尽管如此，经过林奈和布封的不断研究和探索，进化论萌芽所需的沃土已经基本形成，若能辅以辛勤的耕耘，后来者必将收获丰硕的果实。

2.4 “自然神学”的发展繁盛期

在分类学思想的指引下，涌现了一大批据此进行植物分类研究的博物学家。意大利植物学家安德烈亚·切萨皮诺(Andrea Cesalpino)第一次提出按果实和种子等植物的结构特征进行分类的观点。英国博物学家尼希米·格鲁(Nehemiah Grew)发现花的雄蕊和雌蕊分别是植物的雄性和雌性生殖器官……其中，最为著名的是英国博物学家约翰·雷(John Ray)。他是第一位使用物种作为分类单位的博物学家，主张以植物全部特征而非单一特征来分类，并作了有关“种”“属”的描述。他给“种”下了定义：通过种子可以产生相同后代的植物应归为一个“种”。这种定义在现在看来虽然有些简单，但是已经概括出了分类学中“种”的基本含义：一是证明同种之间可以进行交配生殖，二是说明产生的后代具有相类似的形态特征。“种”作为分类中最基本的阶元，具有非常重要的生物学意义，约翰·雷对它进行的归纳和分类，已经从最基本的分类单元上确定了亲缘关系。

约翰·雷有两本重要的著作——《普通植物史》和《上帝在创世中的智慧》。在《普通植物史》中，他详细地描述了物种的特征和分类规律；在《上帝在创世中的智慧》中，他记述了上帝造物的目的和规律。其实约翰·雷是一个矛盾综合体，一方面通过研究，他发现了物种之间的联系和分类规律，另一方面，他却是名坚定的宗教徒。

以1691年《上帝在创世中的智慧》的出版为起点，1859年达尔文《物种起源》的出版为终点，这段时间被称为“自然神学”的发展繁盛期。自然神学的发展有着自己的时代背景，随着理性和对物质本质经验认识的逐步加深，很多博物学家和自然学家开始不再依赖信仰或特殊启示来构建关于上帝的教义，这是对神性的哲学思考。除了约翰·雷，还有一大批博物学家和宗教人士加入到自然神学的研究中，他们希望通过这种方式来证明上帝的存在。

2.5 分类学对进化思想启蒙的促进作用

分类学按照门、纲、目、科、属、种的方式对自然界中的动植物进行系统的分类，按照器官的相似性，将类似的生物归纳在一起，形成一条完整的生物进化谱系。在这一链条中，可以清楚地看到同一种的生物从简单到复杂的演化关系，这不禁让人产生思考，按照这样的思路追本溯源，同种生物的祖先是不是起源于同一个属，同一属的生物是不是来源于同一科，同一科的生物是不是来源于同一目？最终，所有的生物是不是有一个共同的祖先呢？这个祖先又会是什么生物？这一系列问题促使人们深入地思考：生物的进化历程究竟是怎么样的？

在林奈之前，对于神创论者或者特创论者来说，所有的物种都是由上帝一一创造出来的。这就说明物种不会再继续发生任何的变化了，因为所有的物种都是上帝一次性统一建立起来的。物种不变才会让类型保持稳定，分类才有意义。这是一种静态上的分类，林奈也认为物种的同种个体会永远保持类型的单一，变化只是一件偶然的、独立的事件。

分类学的发展无疑会对进化思想的产生起到助推的作用。在分类学相关理论中，亲缘相近的物种被逐步排列在一起，而它们之间或多或少地存在着一些结构上的差异，这也间接证明了生物是逐步发展变化的。按生物性征进行分类，按照一个小的独特性状来找寻相似的类型，这样更容易发现其中的细小差别，体现出演化的过程，并由此证明“变”才是世界上不同物种的统一特点。

1859年，达尔文的《物种起源》出版，分类学又进入了一个新的发展阶段。以进化论为理论基础，生物分类已经发展成为一门自然科学，分类系统成为历史总结系统，这是生物分类有别于其他分类的显著特征。有学者认为，“进化是生物分类的理论基础，分类学是生物进化的历史总结。”

客观地说,在进化论诞生之后,整个分类学就变成了系统学。地球上的所有物种都处在一个从简单到复杂的系统之中,人们不断地建立起生物的谱系关系,寻求背后的内在演化联系……1953年沃森和克里克提出了DNA双螺旋结构,人类自此进入分子生物学时代,生物的分类层次也跃迁至一个新的高度。从微观角度着眼,在细胞或分子水平上进行分类,这让人类真正地摆脱了对直观性状的描述,开始从本质上找寻分类的原则。

2.6 “用进废退”与“获得性遗传”

在林奈和布封之后,第一位提出进化思想的人是法国博物学家拉马克(Lamarck),他在进化论的发展史中处于一个重要而又尴尬的位置。他对进化的机制有着独特的见解,但是他的见解有很多是错误的。拉马克将自己的理论汇集在一起,形成了一部长篇巨著——《动物学哲学》。

如果客观地对拉马克进行评价,那么他的学术成就并不比达尔文低。在当时的历史条件下,拉马克创造性地提出进化的思想,这除了要有特立独行的科学思维外,勇气也是必不可少的条件。从这一点上说,拉马克比达尔文的历史贡献很可能还要更大一些,但是现在绝大多数的书中却没能给予拉马克一个全面、公正的评价。

拉马克的学术观点可以大致归结成两点:“用进废退”与“获得性遗传”。

什么是用进废退呢?这里举个简单的例子。长颈鹿祖先的脖子并不长,由于地面青草不够吃,它们不得不经常努力伸长脖子去吃树叶,久而久之,脖子长的可采食到足够多的树叶,得以存活;而脖子短的,只能在饥饿中逐渐死亡,不能继续繁衍后代。这一过程就是最原始的自然选择。随着时间流逝,这一物种的脖子越来越长,最终进化成现在的长颈鹿。这就是拉马克“用则进,废则退”的基本观点。

在完成自然选择后,还需要有获得性遗传的支持才能进化。那么,什么是获得性遗传呢？如果这种长脖子的性状能够遗传给下一代，即后代一出生便具有长脖子，再也不需要后天不断地练习，已形成了稳定的进化机制，那么这样的现象就被称为获得性遗传。

拉马克的贡献是巨大的，克服了神学对科学的干扰，开始用逻辑思维去审慎思考人类的起源。他明白自然规律的重要性，也懂得自然要比神更值得敬畏。

拉马克是一个悲剧式的人物，无论是生活中还是学术上。在生活中，拉马克一生穷困潦倒，有时连吃饭都是问题，过着饥一顿饱一顿的日子。但是生活上的贫困并不能影响拉马克精神上的富有，他把所有的时间都奉献给了自己创立的自然选择学说。然而可悲的是，这一学说在后来被证明是错误的，拉马克也被贴上了伪进化论者的标签。但这一评价对拉马克来说并不公平，他是第一位“吃螃蟹”——提出了具有进化思想观点的人，这不是人人都能够做到的。另外，在当时提出与宗教信仰不同的观点是要冒着生命危险的，需要极大的勇气。

屋漏偏逢连夜雨，拉马克在选人用人上也遭受了巨大打击，他举荐的青年科学家居维叶对他处处刁难、肆意打击。居维叶也是一位在科学史上值得浓墨重彩描绘的科学家，而他的伯乐就是拉马克。拉马克发现居维叶在学术研究上有着过人的天赋，于是就利用自己在学术界的影响，大力地举荐了他。但是事情的发展却出乎拉马克的意料，居维叶竟是一个典型的宗教分子，反对一切有关进化论思想的人和事。他对拉马克进行了无情的批驳和打击。居维叶虽然在学术上倒退、人品上失败，但是却赢得了教会的认可和支持，教会很欣赏居维叶的做法，认为这是对宗教理想的执着追求。随后教会开始对拉马克进行打击和压迫，然而这一切并不能阻止拉马克对进化真理的继续追寻。

在拉马克追寻学术真理的一生中，展现出了清晰的条理、缜密的思维。他一针见血地指出了宗教理论中神造人的问题所在，令中世纪神学笼罩下的科学界看到了一线真理的曙光。

2.7 居维叶和灾变论

在进化论发表的前夜，社会上充斥着各种思想。例如，德国魏尔纳(Werner)的水成论、英国赫顿(Hutton)的火成论、法国居维叶的灾变论、英国赖尔的地质渐变论……其中，居维叶的灾变论和赖尔的地质渐变论最具影响力。

灾变论是地质学史上的一项重要理论。灾变论并不是居维叶首先提出来的，在他之前已经出现了很多不同种类的灾变论。

居维叶(Cuvier)是法国著名的博物学家，他是介于拉马克和达尔文之间的一位划时代的人物。作为拉马克的学生，居维叶却和自己的老师有着不可调和的观点之争。

居维叶

居维叶的理论其实并不新鲜，17～18 世纪涌现出的大量灾变假说为他的理论奠定了基础。当时法国有一位著名的学者博内(Bonnet)，他提出了一个观点：世界会发生周期性的大灾难，每次灾难都会毁掉地球上存在的一切生物，然后又会重新创造出比之前更高级的生物。他甚至还预言，在未来的某一次灾变后，在猴子和大象中会出现一个培罗，在海狸中会出现一个牛顿(Newton)或者莱布尼茨(Leibniz)。这是典型的灾变学说。

这种观点在现在看来匪夷所思，但是在那个年代，却有着广泛的市场，普通民众对此深信不疑。可以说，灾变论有着深厚的群众基础。

在此背景下，居维叶提出了他的灾变论，他的灾变论在当时看起来是很先进的，与他人的凭空臆测不同，他的理论建立在大量的观察材料基础之上。

居维叶的灾变理论中虽然有合理的成分，但也存在很多唯心的内容。居维叶根据自己多年对古生物化石、岩层性质以及地质构造的观察，用翔实的证据证明了地球表面曾经发生过多次剧烈的变化。他在《地球理论的随笔》一书中阐述了如下观点：很多地层都曾经发生过隆起、断裂和颠覆。他的这种说法是正确的，在现在看来这就是地壳运动。

然而居维叶坚信物种是不变的，反对一切含有进化观念的学说，坚持与一切在学术上存在分歧的人划清界限。因为没有发现进化过程的中间环节，所以他坚信拉马克的观点是错误的。可以选择相信居维叶是从学术的立场对拉马克进行攻击，因为他已经完全沉浸在自己的理论中！

他提出了自己的理论——灾变论。世界经历了多次大的灾难，比如洪水，大规模的洪水将世界上的一切生物都毁灭了。在毁灭了所有的生物之后，造物主又创造出新的生命。他的观点像是进化学说与宗教学说的结合体。自然界确实发生过很多次大范围的灾难，包括导致恐龙灭绝的大灾难。灾变事件的存在是可信的，然而居维叶认为灾难之后，是造物主创造了新的生命，这就又回到了唯心主义的观点上。因为灾变论的观点与宗教思想不谋而合，所以深受教会推崇。

居维叶作为一名杰出的科学家，在比较解剖学上有很高的成就。他曾经利用系统性和类比性的原则提出了一套完整的动物分类原则，他把动物界分为四个门类：脊椎动物门、软体动物门、节肢动物门和辐射动物门。这种分类方法是在比较解剖学的基础上发展起来的，因此更加符合动物之间的亲缘关系。本来沿着这一理论脉络继续前行，居维叶很快便会进入进化论的殿堂，但是他受宗教思想的影响过大，痛恨那些有着进化思想的学者，哪怕是自己的引路人——拉马克。这也反映出，在进化论诞生的前夜，各种理论的交织、对立，宗教思维的禁锢，深深地影响了一大批科学家。

现在，有很多人将居维叶的理论完全等同于神创论，这也是不正确的，应当秉持着科学的认知精神、批判精神和扬弃精神来看待他。居维叶的灾变论是包含着进化思想的，但是他却刻板地认定进化的动力主要来源于灾变！

2.8 赖尔的地质渐变论

赖尔(Lyell)的地质渐变论也有着重要的影响。赖尔是一位坚定的进化论拥护者，他在对火山的研究中发现，地质的变化是渐变的，是长时间累积的过程，是经过上亿年自然力的作用后逐步形成的。他的著作《地质学原理》多次再版，他以优美的笔调将进化思想广泛传播，为进化论的诞生奠定了坚实的基础。

赖尔

赖尔是英国著名的地质学家，是与达尔文同时代的科学家。虽然他在进化思想上的成就比不上达尔文，但是他在地质学上的成就却远超同时代的大多数人。恩格斯在《自然辩证法》的导言中曾经这样评价他：“是赖尔第一次把理性带入到地质学中，因为他以地球的缓慢变化这样一种渐进作用，代替了由于造物主的一时兴发所引起的突然革命。”

赖尔出生于苏格兰福法尔郡金诺地村，17 岁时进入大学学习，并痴迷于考察地质和采集化石，他在学校里参加了地质考察组，到处参观考察。经过大量的考察实践，他对地质学产生了浓厚的兴趣。

凑巧的是，赖尔与灾变论以及火成论都有很深的渊源。赖尔的老师巴克兰（Buckland）是一位忠实的灾变论拥趸，他对居维叶有着极强的个人崇拜，因此在讲课中掺杂了大量的个人情感。然而赖尔却不为所动，他在自己的著作中表达了对灾变论反对者的同情，因此不可避免地与老师产生学术分歧。

赖尔最喜欢的一本著作是科学家普雷菲尔（Playfair）的《关于赫顿地球论的说明》，赫顿是火成论的创立者。火成论的主要观点是：花岗岩的矿物晶体结构不可能是水中沉淀的产物，而是岩浆冷却后的结晶物；花岗岩脉与其他层状岩石的穿插切割关系，也说明它不是沉积的而是地下岩浆活动的结果。赖尔对这种朴素的唯物主义观点有着发自内心的强烈认同感。

19 世纪 20 年代，赖尔开始了他的地质考察之旅，他的足迹遍布英国、法国、瑞士、意大利、德国等国家。这次考察他有着一项重要使命，就是为自己的著作《地质学原理》寻找实际物证。在考察过程中，他有幸结识了拉马克、居维叶、洪堡（Humboldt）等著名科学家，与他们进行了深入的交流。

1827 年，在古生物学家曼特尔（Mantell）的推荐下，他拜读了拉马克的《动物学哲学》。虽然他此时还没有形成完整的进化思想，对拉马克的进化思想也未必认同，但是拉马克的进化思想对于赖尔渐变论思想的形成与完善还是产生了潜移默化的影响。

赖尔在《地质学原理》的写作过程中，逐步表达出将地质现象归结于自然本身“水”和“火”的共同作用，以及地球在发展过程中是渐变的思想。这一观点的抛出在当时引来了

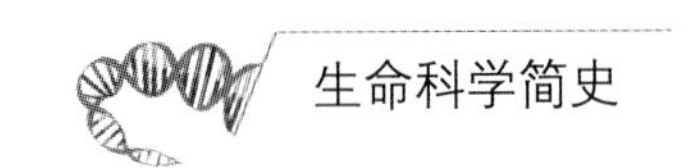

极大的争议和不满。1829 年,赖尔在伦敦地质学会上宣读了自己与他人合作的论文《论河谷冲蚀——对法国中部火山岩的说明》,巴克兰对其进行了激烈的反驳,师生之间闹得非常不愉快。科学上的争论与观点的捍卫,并不存在学生一定要服从老师的道理,如同亚里士多德所说:"吾爱吾师,但吾更爱真理。"

1830～1833 年,赖尔出版了《地质学原理》的前三卷。1837 年,他出版了《地质学原理》第四卷,向灾变论发起了最后挑战。赖尔认为灾变论的最大问题在于:它将时间维度缩短了,将几百万年的发展时间误以为只有几百年……除了承认自然界中存在一次重大的灾变之外,它不包含任何有价值的理论。

赖尔认为人类是由其他生物进化而来的,地球在进行着持续不断的缓慢变化。赖尔对于地质学的分析和研究,对研究新生代地层的发展以及人类的起源和发展有着重要的理论意义。

地质岩层

作为一名实证主义者,赖尔用地质学的证据为进化学说的传播奠定了基础。1872 年,已经 75 岁高龄的赖尔仍不断地外出考察。客观地说,赖尔的地质渐变论也存在着一定的缺陷。人们既可以看到自然界缓慢的演化过程,也可以看到剧烈的环境变化,如火山爆发、海啸、地震、小行星撞击……关于恐龙灭绝,虽然还无法给出具体定论,但是可以肯定的是,当时的环境一定发生了剧烈变化。

第3章 《物种起源》的出版与传播

进化思想孕育了几百年，终于迎来了属于它的广泛传播的时代。在达尔文和华莱士各自独立地提出了进化思想之后，它并没有得到社会的广泛认可，反而像石沉大海一样，再也没有动静了。在1859年《物种起源》发表的时候，关于人类起源有着多种不同的学说，如灾变论、地质渐变论、火成论……百花齐放、百家争鸣，各种观点都拥有着各自的支持者。

最终，在达尔文、海克尔、赫胥黎的共同努力下，进化思想得到了社会的广泛认可。

3.1 达尔文、华莱士与《物种起源》

达尔文(Darwin)出生于名门世家，祖父是一位赫赫有名的医生和博物学家，父亲继承了祖父的衣钵，成为了一名医生，母亲也是科学团体的成员。然而这样浓厚的家学氛围却没有让达尔文对学习产生浓厚的兴趣，他反而成为别人眼里一个不学无术的纨绔子弟。

达尔文对学习一直兴趣寥寥，整天浑浑噩噩地过着日子。他的父亲看在眼里，急在心里，担心这样下去，家族优良的科学传统就会断送在达尔文的手中。于是达尔文的父亲开始替他四处联系能够外出的科学活动，希望通过多样的活动来增加他的学习兴趣。

达尔文

1831年,达尔文迎来了人生的转折点。在多方努力下,他以博物学家的身份登上了“贝格尔号”考察船,开始了长达5年的南美东海岸科考和地图绘制工作。在工作中,达尔文搜集了大量的实物资料。在别人休息时,他开始阅读拉马克和赖尔的著作,先驱们的物种进化思想逐渐在他的身上萌芽、生长。达尔文开始尝试利用自己搜集到的物证去验证这些思想,同时他也开始思考,是否可以利用手头的资料建立起全新的进化理论?

当时教会宣扬的神创论漏洞百出,却从不改变,事实就是推翻它的最好武器,而达尔文已经作好了战斗前的准备。

神创论认为每一个物种都是由上帝亲自创造出来的。达尔文在厄瓜多尔西岸的加拉帕戈斯群岛发现了大量的海龟和地雀,而这些海龟和地雀之间都存在着或多或少的差异。例如,各个岛屿上的地雀在体形、颜色、食性、鸟喙上都有着各自的特点。这是神创论无论如何也解释不了的——上帝怎么会有时间不厌其烦地创造出这么多各有特色而又属于同一种类的生物呢?唯一合理的解释就是生物是逐步进化而来的!

对达尔文产生深刻影响的还有各种自然形态的变化。例如,他在智利安第斯山海拔 3657 米处发现了大量海蛤类动物的化石，这便证明了现在的山顶曾经是海底，地形是在逐步变化的，经历了沧海桑田的变迁。同时，这也印证了赖尔地质渐变学说的正确性。通过发现这些化石，达尔文对神创论充满了质疑与不屑，更加坚信物种进化的观点。

地雀

科考回来后，达尔文开始着手写作。他将自己关于物种进化的观点和在考察途中搜集的物证资料结合在一起，用事实来论证自己的理论。1859 年 11 月 24 日，划时代巨著《物种起源》出版了，他用大量翔实的证据论证了生物在不断进化、物种是渐变的观点。达尔文认为，自然界可以在相对较长的时间里，通过自然选择挑选出与自然环境相适应的物种。换句话讲，就是“物竞天择，适者生存”。

在历史的长河中，由于普遍存在的光环效应，人有时无法全面地了解科学家们的贡献，进化论的发展史便是如此。

实际上，进化论的提出应该是两位科学家共同的贡献，这一理论是由两位科学家分别独立提出的，除了达尔文以外，还有一位叫华莱士(Wallace)，他是英国的博物学家、探险家、地理学家、人类学家和生物学家。他在《物种起源》出版的前一年——1858 年，曾给达尔文寄去一篇论文《论变种无限地离开其原始模式的倾向》。在这篇论文中，华莱士详细地阐述了物种进化和自然选择的原理，可以说华莱士已经先于达尔文系统地提出了进化论的雏形。

《物种起源》

华莱士的经历和达尔文有着诸多相似的地方,他曾经在马来半岛和印度尼西亚群岛考察过。在考察过程中,他对大量的化石证据和物种形态学方面的证据进行研究,发现物种是逐渐进化的这一事实。在拉马克和赖尔进化思想以及马尔萨斯(Malthus)《人口论》的影响下,华莱士独立地提出了一整套的进化理论。这是历史上第一套完整的进化理论,在他完成整篇论文的时候,达尔文的著作尚未完成。

这一年华莱士 35 岁,在学术界还是个晚辈,他为了能让学术界了解并且认可他的观点,便把文章寄给了当时已经小有名气、年过半百的达尔文。面对华莱士寄来的论文,达尔文震惊了,这么相似的观点、这么熟悉的表达、这么相近的内容!惊讶之余,达尔文甚至想放弃自己后续的写作,因为华莱士的很多观点和自己的观点不谋而合,并且已整理成文章,寄给了自己。在这种情况下,赖尔主持了公道,他对达尔文的工作有所了解,不愿意让达尔文多年的辛苦劳作化为乌有,同时他也不愿意埋没年轻人的思想和才华,于是他主张将华莱士的论文和达尔文的提纲共同发表,这一两全其美的方法让达尔文挽回了时间。

1859 年,《物种起源》正式出版,奠定了达尔文进化论之父的地位。虽然《物种起源》

以大量的例证和丰富的资料，让人们忽视了华莱士作为开创者的贡献，但是秉持着严谨的科学态度，华莱士的贡献不应该被忽视，他的工作依然是开创性的，应当承认进化论是由两人共同创立的，应该为华莱士正名。

在科学史上，有很多人指责达尔文，甚至有人认为达尔文剽窃了华莱士的观点。这些观点显然有失公允，华莱士虽早于达尔文提出进化论的观点，但是他的观点并未形成完整的进化论理论体系，达尔文在长达 5 年的科学考察过程中，收集了大量的化石证据，记录了更加翔实的物种演变资料，这些都是华莱士所缺少的，达尔文的各种文章、旅行笔记等都充分证明了这一事实。

无论有着怎样的争论，他们两位对进化理论的贡献都是不可磨灭的！

3.2 进化论传播的“三驾马车”

《物种起源》出版后，在德国等地受到了冷遇，达尔文对此感到非常焦急，就在这个时候，他遇到了海克尔。在一次和海克尔的交谈中，达尔文表达了自己深深的忧虑。于是，海克尔联合另外一位博物学家赫胥黎一起承担了进化论的传播工作。他们利用图书、公开演讲、辩论等多种形式建立起进化论的霸主地位，所以达尔文、海克尔、赫胥黎三人又被称为进化论传播的“三驾马车”。

海克尔在进化论的传播、生态学的建立、胚胎发育学的研究等方面都作出了巨大的贡献。海克尔（Haeckel）是德国著名的生物学家、博物学家、哲学家。此外，还应为他加上美术家的头衔，海克尔在绘画方面的成就有效地促进了《物种起源》的快速传播。

1866 年，达尔文和海克尔第一次见面，此时海克尔 32 岁，而达尔文已经 57 岁，在学术界已经有了一定的声望。达尔文和海克尔一见如故，在谈论如何快速地传播进化论时，海克尔认为仅仅用文字来表述这种深奥的进化论观点很难直观地打动别人，不如用图画表达来得直接。

海克尔承担了将文字转化为图画的重任，他的绘图精美，细节处栩栩如生。不同于其他的平面绘画，海克尔从多个角度将这些图画绘制得惟妙惟肖，甚至可以媲美现在的3D视图。他的很多幅作品都被教科书采用，成为经典之作。

海克尔

1866年，海克尔在《生物体普通形态学》中继续了盖根鲍尔(Gegenbaur)把生物物种分类为进化树的工作。他运用形态学和生物学知识，大胆地绘制出第一株“进化树”。他根据生物体间亲缘关系的远近，把各类生物安置在有分支的树状图表中，以植物界、原生生物界、动物界划分出所有生物的谱系，据此说明各个不同属和种的遗传路线。达尔文既高兴于海克尔在进化论普及方面作出的巨大贡献，同时对海克尔学术上的冒进，也表示了隐隐的担忧。

同年，海克尔赴英国拜访了达尔文、赫胥黎和赖尔。他们讨论了英文版《生物体普通形态学》的出版事宜，却未能达成一致。直到1868年，达尔文在致海克尔的信件中，还含蓄地表达了他对《生物体普通形态学》的看法：“为了计划翻译您那本伟大的著作……这个消息令我感到由衷的喜悦……赫胥黎告诉我，您同意删去和压缩某些部分，我深信这样做是高明的……我确实相信，每本书在压缩以后几乎都可以得到改进。”“您的大胆有时令我发抖，但是正如赫胥黎所说，一个人必须有足够的胆量才行。虽然您完全承认地质记录是不完整的，但赫胥黎和我还是一致认为，有时您是颇为轻率的。"

赫胥黎

在绘画过程中，海克尔有时候为了一味地追求所谓的效果，可能在其中掺入了少量的个人主观臆断。其中最有代表性的一件事情就是海克尔提出了重演律假说，并创作了一幅关于重演律的绘画作品。

海克尔并没有在严格的事实和实验基础上提出这一假说，他在1872年首次使用"生物发生律"这一名称，并对生物重演律作了进一步解释：个体发育就是系统发育的短暂而又迅速的重演，这是由遗传（生殖）和适应（营养）的生理功能所决定的。

刚开始的时候，海克尔的重演律仅仅对动物胚胎的发育过程进行考察，但是后来他却将这一定律上升为一切生物发育研究的最高规律。海克尔仅根据高等动物的胚胎与低等动物成体是相似的就得出这一结论，似乎显得过于草率。海克尔在追求展现形式的同时，模糊了科普与科研的界限，牺牲了对具体标本的忠实程度，转而追求绘画的表现效果，这也成为他后来被许多人诟病的主要原因。

科学假说迟早要接受事实的检验。随着研究工作的深入，海克尔的重演律受到了巨大的冲击。德国动物学家赫特维希（Hertwig）曾经指出，一个变形虫与多细胞有机体

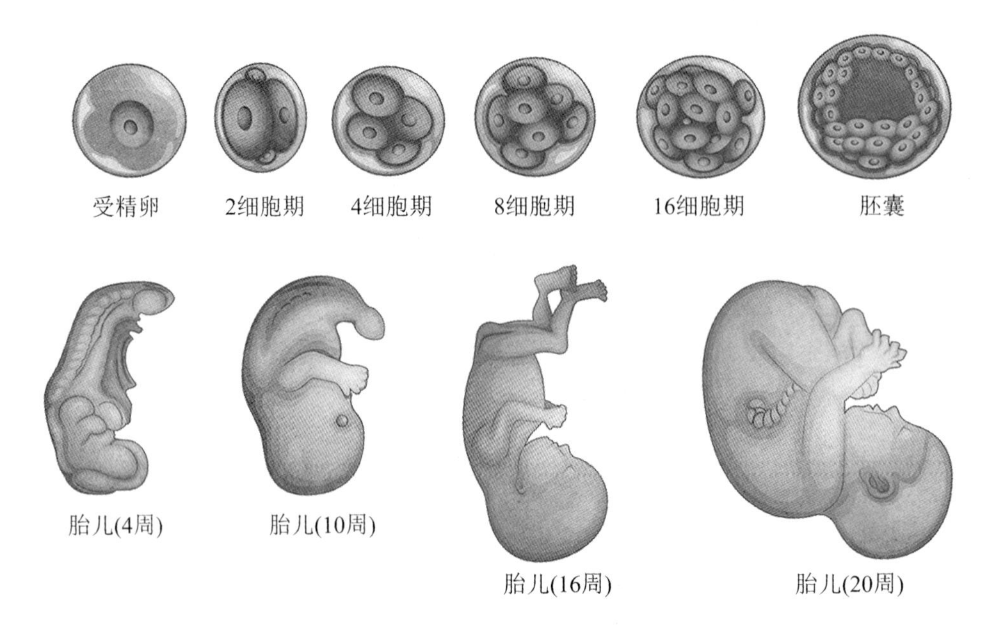

人类胚胎和胎儿发育

的卵,除了“细胞”的概念之外,彼此间还存在很多不同的地方。瑞士解剖学家威尔赫尔姆·希斯(Wilhelm His)认为,胚胎的发育过程并不能再现该物种的演化历程。美国遗传学家摩尔根也对这一理论提出了质疑,他认为现存的十足类的水蚤幼体并非是原先设想的十足类的祖先。

海克尔的绘画造诣在客观上促进了达尔文进化论的传播。一个学说从提出到随后的发展,再到最终被公众接受,其中的困难是巨大的,有大量的幕后英雄。虽然大家现在可以从科学的角度去评判他们的对错,但是更应该在当时的历史条件下分析和思考他们的成就,以及学习他们对科学精神的执着!

另外一位居功甚伟的博物学家是赫胥黎(Huxley),作为英国著名的生物学家、博物学家,他在古生物学、海洋生物学、比较解剖学、地质学等领域皆有贡献。他获得了剑桥大学、牛津大学等大学的荣誉博士学位,曾任英国皇家学会秘书、会长。因为他在进化论传播过程中发挥了重要作用,所以被反对者称为“达尔文的斗犬”“魔鬼的门徒”“公共知识分子”……

赫胥黎骄傲地宣称:“正在磨利我的爪牙,以便保卫这一高贵的著作。”1861 年,他与牛津主教威尔福克斯进行了一场著名的论战,这一论战使他成为忠实的达尔文进化论支持者。赫胥黎在进化论的普及、宣传和维护上作出了卓越的贡献。

早在 1860 年 2 月,赫胥黎就在皇家研究院的演讲中公开支持达尔文的进化论,而此时的进化论并未在与宗教思想的斗争中占据优势。随后的一两个月中,赫胥黎和塞奇威克(Sedgwick)、欧文(Owen)进行了激烈的论战。同年 6 月在英国科学促进会第 30 届年会上,赫胥黎又与欧文进行了激烈的争辩。欧文认为大猩猩的大脑与人类的大脑之间的差别要比相对低级的动物的大脑之间的差别更大,但是赫胥黎认为并不大。在 6 月 30 日召开的动植物组会会场上,塞奇威克主教傲慢地问道:"那个声称人与猴子有血缘关系的人,究竟是他的祖父还是祖母是从猴子变来的?"面对这种带有人身攻击性质的责难,赫胥黎冷静地进行了反驳:他对有一个与猴子有血缘关系的祖先并不感到羞耻,但让他感到羞耻的是,他与利用自己的才能来混淆真理的人站在一起。这次论辩后来经常被人引用。

严复

赫胥黎对于达尔文理论的绝大部分是完全赞成的,认为达尔文采用的研究方法不仅严格地符合科学逻辑的标准,而且也是唯一合理的方法。他在文章中写道:"达尔文先生已经尝试做的工作严格地符合约翰·穆勒(John Mill)先生的原则;在归纳方面,他已经通过观察和实验,努力地发现了大量的事实;然后,他从这些事实材料出发进行推理;最后,通过把他的推论与自然界中观察到的事实进行比较来检验这些推论的正确性。”

赫胥黎不仅是达尔文理论的拥护者,还是一位杰出的生态伦理学家。他在伦理学与哲学的研究方面超过达尔文,主张生物进化和宇宙演化的历史统一,率先提出以伦理学为指导,尊重产生生命的原生自然界,注意保护赖以生存的地球。赫胥黎的著作《进化论与伦理学》的前半部分经过我国近代著名学者严复翻译,成为著名的《天演论》,在我国产生了巨大的影响力。通过“物竞天择、适者生存”这样贴切的话语,赫胥黎将达尔文进化论的思想核心透彻地表达出来。赫胥黎始终相信,达尔文对人类起源的解释是合乎真理的,林奈把人类在哺乳类动物中的排序归于灵长类是有根据的。

1898 年慎始基斋刻本《天演论》封面

1860 年,赫胥黎就人猿分类问题做了六次不同主题的演讲。他对人猿比较解剖学的研究,使人类发生学研究迈出了历史性的两大步:一是关于猿与人的骨骼解剖学的比较研究,他通过对灵长类动物骨骼进行解剖学比较,绘制出猿与人的骨骼比较的图谱,从骨骼的比较解剖学上进行定格,确定了人与猿的血缘联系,有力地说明了人与猿在高级哺乳类动物的进化阶梯上居于最高位置。二是他开启了人脑与猿脑的比较研究的新篇章。

赫胥黎和达尔文在一些关键问题的看法上也存在着分歧。自牛顿以来，在英国科学界，“假说”很大程度上是一个含有贬义的词语，往往与“推测”（speculation）联系在一起，并不能作为解释自然现象的真实原因，然而“理论”却被认为是解释自然现象的真实原因。达尔文一直在努力说服他的支持者将自然选择作为理论来看待，同时也竭力批驳反对者将自然选择贬低为假说。然而，赫胥黎坚决地将自然选择称作假说。赫胥黎和达尔文并没有在公开场合发生过争执。赫胥黎像是一位逻辑实证主义者，要求那些陈述一般规律的命题具有可证实性，并且只有它们在被经验证实之后才能真正接受，而达尔文更像是一个蒯因式的逻辑实用主义者，在强调经验事实重要性的同时，倾向于接受融贯论真理观。

虽然达尔文、海克尔、赫胥黎的观点在某些方面并不完全相同，但是经过这“三驾马车”的拉动，进化论开始从思想根源上动摇宗教思想的理论核心，为后来进化论的流行奠定了坚实的基础。

第 4 章　后进化论时代

经过达尔文、海克尔、赫胥黎、华莱士等人的不懈努力，在《物种起源》出版后的几十年里，进化思想在社会上得到了普遍认可，人们开始逐步抛弃一些神创思想，接受进化理论，也开始关注进化论的内容。随着关注度提高，出现了不少质疑的声音，达尔文也在不断地寻找新的理论来应对他人提出的种种质疑，并对自己的理论进行修改和完善。

4.1　达尔文的困惑

进化论的提出无疑是科学史上一件举足轻重的大事，但是在进化论提出伊始，达尔文便遇到了前所未有的挑战。

第一个难题是“热力学之父”物理学家开尔文（即威廉·汤姆孙，William Thomson）提出的，关于地球年龄的测算。根据开尔文从热力学角度进行的计算，地球的年龄只有1000 万年。这样的时间长度，对于进化论来说，无疑是白驹过隙，大自然几乎不可能在这么短的时间内完成物种的自然选择。面对这样的质疑，达尔文无法给出合理解释。

第二个难题来自工程师詹金（Jenkin）。他提出，新的、小的变异都会在与个体的正常交配中被完全湮没，即自然选择产生的微小变异都会在大量个体的交配中被忽视。简单来说，就是父母具有的或产生的优势，可能在子孙辈中体现不出来。

面对这两个问题，达尔文无法给出令人信服的回答，这也使他陷入深深的痛苦与迷茫之中。

其实疑问是科学不断进步与发展的最有效的催化剂。现在，对于这两个问题人们已经没有任何困惑：第一个用热力学方法计算地球年龄的问题，因为开尔文在计算中忽略了地球内部的热量，所以他计算出的结果远远小于地球的实际年龄。第二个关于微小变异在正常交配中被湮没的问题，这需要运用孟德尔的遗传学理论才能够详细地解释。

达尔文和孟德尔作为同一时代的伟大科学家，他们本可能碰撞出科学的火花，达尔文也曾有机会阅读到能解开他心结的孟德尔的遗传学论文，但是一切就是这么遗憾地错过了，可以说“无遗憾，不历史”。

此外，还有很多达尔文想尝试去解答，但是依旧解释不了的问题，如寒武纪的物种大爆发事件。

地质年代是指地球演化过程中的时间阶段。地质时期内时间阶段的划分单位称为地质年代单位，又称地质时间单位。地质年代单位由大到小依次为宙、代、纪、世、期、亚期。宙包括冥古宙、太古宙、方古宙和显生宙。其中显生宙里的古生代由远及近可以分为 6 个纪：寒武纪、奥陶纪、志留纪、泥盆纪、石炭纪和二叠纪。寒武纪距今 5.41 亿～4.854亿年，在寒武纪初期，地球上突然出现了物种的爆炸式增长。英国地质学家莫奇逊(Murchison)发现：海洋第一次生命物质增加并不是逐渐相继地增加更复杂的生命形式。多数的生物类群是在大约 5 亿年前的寒武纪初期同时产生的，在寒武纪最初的 1000 万～2000 万年，生物突发性增加。罗切斯特大学的古生物学家塞普科斯基(Sepkoski)认为这是一种突发性的 S 形曲线增长模式。

如果按照达尔文的物种进化理论，所有的物种都应该按照进化顺序循序渐进地发展，那么为什么会在寒武纪初期出现物种爆炸式增长呢？这对于进化理论来说无疑是当头一棒。

考古学研究更倾向于支持物种是突然间爆发产生的，而不是按照进化理论所说的逐步诞生的。绝大多数的物种在之前的岩石地层中没有找到相应的化石，这就说明物种的诞生是突发性的。

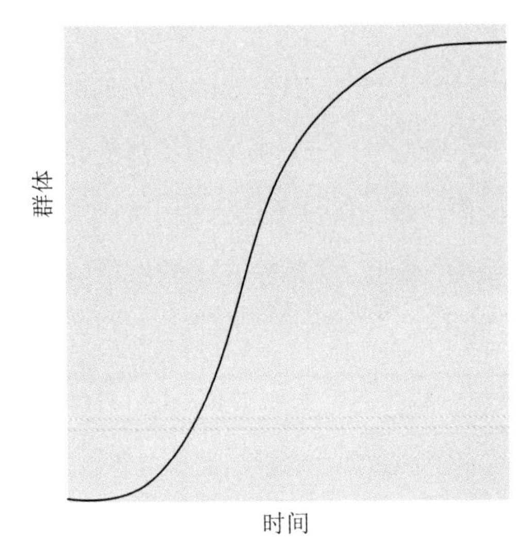

S 形曲线

达尔文无法解释,因为按照进化理论,之前一定会有很多的物种演化过程存在,所以也会在地层中保存着不同历史时期的化石证据。但是遗憾的是,一直找不到对应的化石存在。达尔文对此的解释是:"由于我们技术手段的原因,还没有找到相应的化石证据,但是并不代表这种化石不存在,可能在更加古老的地层中是存在的,只是我们没有挖掘到罢了。"这种说法显然很苍白,没有说服力,直至今天,也没有多少实证能支持达尔文的解释,在寒武纪之前的地层中也没有发现更多的生物化石。那么对于这个问题,究竟该如何解释呢?

美国学者古尔德(Gould)在《自达尔文以来进化论的真相和生命的奇迹》一书中指出:S 形模式发生在开放、无限制的系统中,那里的食物充足、空间足够,前寒武纪的海洋形成这种"空旷"的生态系统,空间广阔,食物丰富,没有竞争。而且原核生物的祖先不仅提供了直接的食物,还通过光合作用使大气中有了氧。

综上可知:第一,经过长时间累积,在原始大气中已经有了一定数量的适合生物生存的氧气,原始的生命开始孕育诞生,因为氧气是绝大多数生物生存的必要条件;第二,在原始的海洋中,原始藻类大量繁殖,让生物有了更多、更适合的食物。由于具备了这两个条件,才让寒武纪生物物种的大爆发成为可能。

在仔细观察了三叶虫的复眼后，莫奇逊对生命在出现之初就已经如此完善精妙感慨不已。他赞叹道："上帝创生的第一道命令，无疑是为了保证那群生物能完美适应周遭的环境。"他认为：眼睛具有不可复制的结构，可以根据距离的远近调节其焦点，容纳不同量的光，校正球面和色彩的像差、色差。坦白地说，如果提出眼睛是由于自然选择的原因而形成的观点，那么定会让人觉得荒谬之极。眼睛能由自然选择而形成，好像是荒谬透顶的……这种复杂的眼睛不可能通过进化得到，只有上帝才能够创造。

除了上述两个达尔文难以解释的问题之外，还存在其他疑问。例如，从灭绝时期的地层中发现的恐龙化石来看，为何灭绝时间跨度长达万年乃至几十万年，难道这种地质性的灾难不是瞬间发生的吗？为何体型小的动物依然能够存活，如几个科的大型鳄鱼灭绝，而多个科的小型鳄鱼却生存了下来？……这些问题达尔文都没能给出答案，导致他带着遗憾离开了人世。然而，这些悬而未解的难题却给后人的研究指明了方向，让进化论的思想得以逐步完善。

4.2 进化论遭遇挑战

在达尔文的晚年，进化论的思想已经被民众广泛接受。大家逐渐地摒弃了原先的神创论，接受"物竞天择，适者生存"的进化学说。然而，随着时间推移，达尔文提出的进化论却遭遇了多方挑战。

首先，对达尔文的进化论进行完善的是综合进化学说，它对进化论不完善的地方进行了系统的修改。

综合进化学说最大的特点是融合了孟德尔的遗传学理论，解答了微小变异是否可以遗传的问题。它从基因的角度，深入地解释了为什么有的性状可以传递给子代，而有的性状却无法遗传。它还对达尔文的错误观点——获得性遗传进行了批判。

企鹅个体

其次，综合进化学说还弥补了进化论的不足。例如，达尔文认为个体是进化的主体，但是综合进化学说却认为种群才是进化的主体。个体的数量太少，无法保证将性状稳定地遗传下去，种群的数量优势可以起到稳定遗传性状的作用。

企鹅种群

可以看出，综合进化学说基本上结合了孟德尔的经典遗传学与摩尔根的遗传理论。

没有遗传学的发展,就很难从本质上解释生物进化的原理与规则,更无法让人类理解大自然中存在的“掌控之手”。

20 世纪中叶,进化论仍在持续地发展和完善,没有遭遇到大的挑战。1953 年,随着沃森和克里克发现了 DNA 双螺旋结构,人类一跃跨入了分子生物学时代,这促使人们重新去审视之前的各种理论,进化论也不例外。科研人员开始尝试着从分子进化的角度对生物学进行重新解读。

4.3 中性进化学说

1968 年,日本生物学家木村资生(Kimura Motoo)提出了进化的中性理论,这对进化论来说近乎是一项颠覆性的挑战。

1924 年 11 月 13 日,木村资生出生于日本爱知县冈崎的一个小商人家庭,是家中的长子。父亲给他买了一台显微镜,从此观察显微镜下的大千世界成为他每天的功课。他对植物学和数学尤为喜爱。1942 年,木村资生考入名古屋第八国立高等学校,他的指导老师是植物形态学教授熊泽正夫。木村资生学习了大量关于遗传学的课程,与此同时,他还读了一些希腊哲学家们关于自然哲学的著作,全盘接受了“自然现象可以通过纯思维加以描述”的哲学观点。

在用氨基酸替换速度来推算哺乳动物基因组的碱基替换速度时,木村资生惊奇地发现,从整个基因组看,碱基替换大约每两年发生一次,而霍尔丹(Haldane)根据自然选择代价概念得出,每发生一次突变替换平均约需 300 个世代。两者相差上百倍,因此需要有一个合理的解释。

他依据核苷酸和氨基酸的置换速度,提出了分子进化的中性选择学说:多数或者绝大多数的突变是中性的,没有有利或者不利的区别,因此这些中性突变不会发生自然选择和适者生存的情况。生物进化主要是中性突变在自然群体中进行着随机的“遗传漂变”的结果，而与选择无关。这一学说的提出对达尔文的进化论来说是一次极大的冲击。

中性突变学说现在已经基本得到学术界的认可，包括同义突变、非功能突变、不改变功能的突变等。这些突变并不受自然选择的限制，因此对物种的进化没有太多的影响，真正起作用的是遗传漂变。简单来说，当一部分小群体从一个大的种群中分离出来，同时它们之间并不发生生殖关系，即两个种群处于生殖隔离的状态时，遗传漂变就有可能发生。实际上，中性突变的概念也在不断地发展变化。突变在绝大多数情况下是中性的，但是随着环境的改变，有些中性的突变也有可能发展成有害突变，因此突变的本质就发生了改变，就会对生物的进化和选择产生深远的影响。从这个角度看，中性突变学说也可以被看成是对生物进化论的有力补充。

4.4 “生物演化”和“生物进化”

客观上说，因为生物的进化来源于突变，而突变很多都是中性的，所以用“生物进化”这个词就显得不那么确切，用“生物演化”可能会更加准确一些。

除了来自中性突变学说的挑战之外，新化石的不断发现也对进化论物种渐变的理论提出了挑战。按照进化论的说法，经过漫长的时间演变，各个时期的动植物演变过程都应在不同时期的岩石地层中找到对应的化石证据。但令人费解的是，进化链条中的化石证据大多是缺失的。最典型的例子是始祖鸟，始祖鸟既有鸟类的特征，又有爬行动物的特征。这个事实也许可以用来佐证鸟类来自爬行动物，但是在始祖鸟和爬行动物之间以及始祖鸟和鸟类之间，尚未发现任何中间形态的生物化石存在，这让坚定的渐变论者开始动摇了。这些问题从化石的角度来说尚未得到完美解决，那么物种究竟会不会有跳跃式的发展变化呢？

始祖鸟化石

现实中有很多能够佐证物种发生了跳跃式变化的例子。从物种的数量上看，现存的物种数量只有物种最丰富时期总数的十万分之一到千分之一，绝大多数的物种已经灭亡了，比如恐龙。在二叠纪的一次物种大灭绝中，有超过半数的物种灭亡。因此，物种的灭绝可以被看成是一种对渐变论的有力驳斥。这种灭亡完全是突变式的，没有任何铺垫就突然发生了，类似于居维叶的灾变论。

同时，在词意上，“进化”含有从低到高的意思，但是根据木村资生的中性变化学说可以得出，物种的变异无所谓好或者坏，因此用一个中性的词语——“演化”来代替“进化”，显然更符合实际。

迄今为止，关于进化论的争论依然在持续进行，进化论也在逐步地发展和完善中。在科学发展的历程中没有任何一种理论可以做到毫无瑕疵，所有理论都是在质疑和驳斥中不断地发展、完善的。

第5章 经典遗传学

在有关生命本质的探索中,遗传是一个非常重要的领域。人之所以成为人,鸟之所以成为鸟,猫之所以成为猫,树木之所以成为树木,正是因为遗传发挥了伟大作用,这确保了每一个物种的独有特征的稳定。

5.1 遗传学奠基人孟德尔

达尔文的进化论面临的最主要问题来自遗传方面:自然选择的速度是很缓慢的,但是物种的变异却在持续不断地进行着。这就引发了疑问,有些有利的变异会不会未经历自然选择就已经消失了呢?比如亲代的一些有利于生存的优点,能不能在子代的性状中体现出来呢?

当时流行着一种融合理论,这种错误的理论认为,产生变异的物种与未产生变异的物种在进行交配的过程中,已变异和未变异的性状会融合,并产生一种中间的状态。显然这种融合发生的速度要比自然选择快很多,也说明自然选择对进化将不起任何作用。简单来说,亲代积累的一些优势,在经过交配融合后,这些优势会被冲淡,子代将不一定再具有这些优良的性状。这种理论乍一听是有一定道理的,在那个科学知识并不普及的年代,这种错误理论就显得更加有市场,毕竟连进化论的创始人达尔文都无法判断这一理论是否正确。达尔文陷入了深深的困惑中，无法面对和解释这个疑问，到了晚年，他甚至开始采用拉马克错误的获得性遗传学说来修正自己提出的进化论。直到去世前，他都没能解决这个问题。然而他并不知道，在他去世前不久，比他小13岁的修道士、遗传学的开创者孟德尔（Mendel）已经成功地用实验解决了这个难题！

孟德尔

历史跟达尔文开了一个不大不小的玩笑，达尔文其实有机会在去世前读到孟德尔的论文，然而世事弄人，达尔文带着深深的遗憾离开了人世。同样遗憾的是，孟德尔的工作并没有得到那个时代的认可，直到孟德尔去世后的第十六年，他的成果才被重新发掘出来。

这两位生于19世纪初、卒于19世纪末的科学巨匠，都满怀着对科学的热爱、对真理的追求，却都带着遗憾离开了人世。这也许正体现了科学探索的艰难，让人感受到科学的征途上充满了曲折与坎坷，但是经过时间洗礼，真理依旧会光彩熠熠！

1822年，孟德尔出生在一个贫苦的农民家庭，6岁时和姐姐一起去村里的小学读书。孟德尔从小就表现出对大自然的无限热爱。进入中学以后，虽然时时要依靠同学救济来维持生活，但是孟德尔依然专注于学业，并形成了最朴素的遗传学思想。他经常和神甫交谈，他对自然界里鸟儿会孵出小鸟、种豌豆会长出豌豆、下一代与上一代相似等现象表现出了极大的兴趣。神甫告诉孟德尔这些是由神的意志决定的，但是孟德尔的内心却并不认同这一说法。

结束了短暂的大学生涯后，31 岁的孟德尔又回到了伯伦修道院。他担任伯伦高等技术学院的助教，教授物理学和生物学。

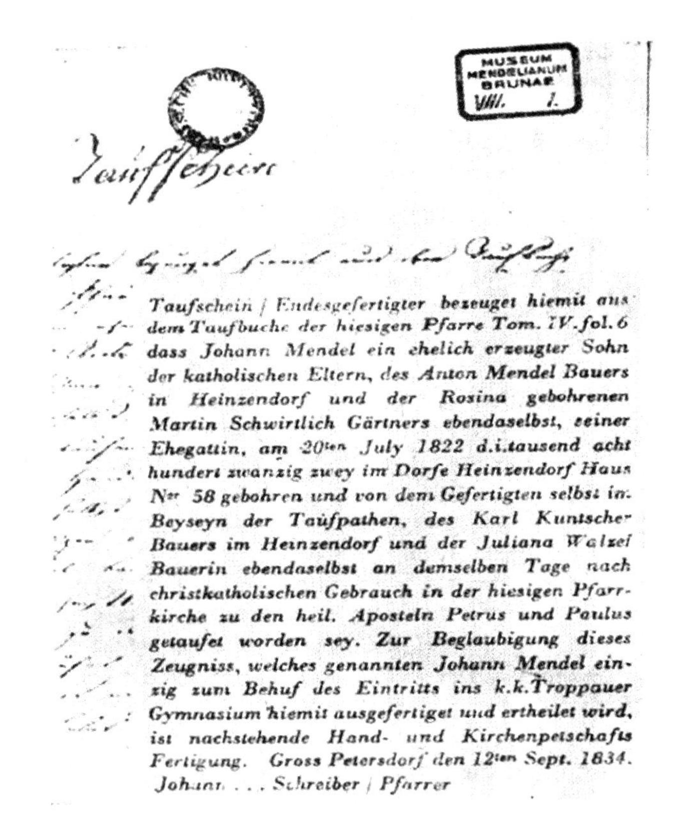

Taufschein / Endesgefertigter bezeuget hiemit aus dem Taufbuche der hiesigen Pfarre Tom. IV. fol. 6 dass Johann Mendel ein ehelich erzeugter Sohn der katholischen Eltern, des Anton Mendel Bauers in Heinzendorf und der Rosina gebohrenen Martin Schwirtlich Gärtners ebendaselbst, seiner Ehegattin, am 20ten July 1822 d.i. tausend acht hundert zwanzig zwey im Dorfe Heinzendorf Haus Nr 58 gebohren und von dem Gefertigten selbst im Beyseyn der Taufpathen, des Karl Kuntscher Bauers im Heinzendorf und der Juliana Walzel Bauerin ebendaselbst an demselben Tage nach christkatholischen Gebrauch in der hiesigen Pfarrkirche zu den heil. Aposteln Petrus und Paulus getaufet worden sey. Zur Beglaubigung dieses Zeugniss, welches genannten Johann Mendel einzig zum Behuf des Eintritts ins k.k. Troppauer Gymnasium hiemit ausgefertiget und ertheilet wird, ist nachstehende Hand- und Kirchenpetschafts Fertigung. Gross Petersdorf den 12ten Sept. 1834.
Johann . . . Schreiber / Pfarrer

孟德尔的出生证明书

（资料来源：中泽信午．孟德尔的生涯及业绩[M]．庚镇城，译．北京：科学出版社，1985．）

伯伦修道院里有伯伦市最大的植物园，占地足有 1 英亩（约 4047 平方米）。这是孟德尔最喜欢驻足的地方，他经常在植物园里一待就是一天，仔细地研究每种植物的特性，也会在这里开展一些植物学实验。伯伦修道院的那卜主教十分器重孟德尔，让他负责全院修道士的学习和教育以及植物园的管理工作。当时的克拉塞神甫、奥里留斯神甫和萨勒神甫都是植物学的忠实爱好者，在这样天时、地利、人和的条件下，孟德尔相信这里就是他实践个人想法的沃土!

孟德尔开始在这片沃土上书写自己的梦想,进行了后来被载入史册的豌豆遗传杂交实验。

除了天时、地利、人和之外,孟德尔获得成功的关键还在于他选择了最为合适的实验材料——豌豆。如果没有选择豌豆作为实验材料的话,那么孟德尔至死也未必能发现遗传学第一定律和第二定律。

实事求是地说,科学研究也需要机遇,机遇也是科学研究中的一个必要条件。能作出重要发现的人一定是有能力的人,但是有能力的人却未必会有重要的发现。机遇是一个无法掌控,却时常能起到关键作用的不可忽视的因素。

在孟德尔的遗传学实验中,豌豆就是这个促使成功的最重要的"机遇"。豌豆是一种严格自花授粉的植物,自花授粉是指同一个体的雄蕊花粉给同一个体的雌蕊授粉,并且这种授粉在开花之前就已经完成。这一特性保证了下一代植株一定是纯种的,避免了天然杂交带来的不确定性。

此外,仅有这一条件是不行的,还必须有另外一个重要条件,那就是较短的实验周期。如果选择哺乳动物,那么子代从母体孕育到出生要经历较长的时间,检测上下几代的性状情况往往需要几年甚至更长的时间,同时还要祈求自己的运气好,不会出现什么意外和纰漏。即使一切顺利的话,也至少要耗费孟德尔十来年的时间,这在当时是不现实的。

选择豌豆作为实验材料正好巧妙地克服了这一缺点,豌豆的生长周期很短,只需要两个月左右,孟德尔很快就能够得到实验结果。此外,豌豆的花朵较大,便于进行人工授粉等操作,而且豌豆的性状在变异后差别大,易于观察。例如,花的颜色,有的是白色,有的是红色,有的是紫色;果实的外观,有的是圆滑的,有的是褶皱的。这些都可以通过肉眼直接分辨出来,不易出现统计误差,方便进行实验结果分析。

从 1856 年开始,孟德尔一直在伯伦修道院的豌豆实验地里忙碌着。他买来了具有不同性状的 32 种豌豆植株,对它们进行了一代又一代的筛选,以确保这些豌豆植株都是纯种的,因为只有纯种的豌豆才能保证实验结果的可靠性。最终孟德尔得到了 22 种性状能够稳定遗传的豌豆品种。

豌豆

如何才能够保证种植出来的豌豆是纯种的呢？该如何进行甄别和筛选呢？实际上，这种筛选很简单，只要将它的子代不断地种植下去，如果后代始终没有出现性状的分离，那么就说明这种植株是纯种的，适合作为实验材料。

5.2 遗传学分离定律、自由组合定律的发现

实验在修道院的豌豆园里紧张地进行着，为了能够方便而又直观地得到实验结果，孟德尔采用了单因子分析法。什么是单因子分析法呢？就是在一个系统内，只考虑其中的一种性状，而不考虑其他的因素。

豌豆的不同性状有很多，如有的花色是紫色，有的花色是白色；有的植株茎秆很长，有的植株茎秆很短；有的植株种皮是圆滑的，有的植株种皮是褶皱的；有的花位是腋生

的,有的花位是顶生的……之前都是将这些性状放在一起研究,根本看不出任何的规律,因为其中包含了十几种相对性状,用简单的数学知识就可以知道,这就存在着"2"的十几次方种可能,当时的科学家们根本无法用统计学的方法得出结论。

孟德尔摒弃了之前杂乱无章的计算方法,仅从这些性状中选择了7种性状,并对每种性状进行单独分析,且不考虑其他性状的影响。比如他选择了开紫色花的豌豆和开白色花的豌豆进行杂交,忽略植株高矮等其他性状的差异,仅仅观察下一代豌豆花的颜色。

如果按照之前遗传因子融合的观点来推测,开紫色花的豌豆和开白色花的豌豆在一起杂交应该能够得到一批花色为粉红色的子一代(将这一代称为F1代)。

令孟德尔感到意外的是,F1代,也就是杂交出来的子一代都呈现紫色的花色。为什么白色的花色基因在交配中被完全掩盖了呢?这中间究竟发生了什么,孟德尔无法解释这一问题。带着疑惑,孟德尔又将这些F1代继续自交种植下去,最后得到了929株第二代植株(将这一代称为F2代)。这929株植株的花色又出现了变化,其中有705株呈现紫色,另外224株呈现白色,大致符合统计学计算得出的3∶1的比例。那么为何在F1代没有表现出来的性状,却在F2代中表现出来了呢?

孟德尔陷入了深深的困惑和沉思中,他无法解释豌豆在杂交繁殖过程中到底发生了什么样的重要变化,使得原本应该在F1代发生性状融合的现象并没有发生,却在F2代中出现了性状分离的现象。

孟德尔没有办法解释这个现象,他尝试着从书本中寻求答案,却找寻不到任何相关的资料。当时的孟德尔并不知道,他做的事情已经走在了遗传学的最前沿,根本无法找到任何可以参考和借鉴的资料。

一个偶然的机会,孟德尔了解到了英国化学家道尔顿(Dalton)的原子学说。道尔顿提出,世界上的万物都是由原子构成的,原子是稳定不可分割的。孟德尔灵光一闪,或许在植物体中也存在这样的不可分割的遗传因子。

可以这样理解孟德尔的思考。如果用"AA"来代表紫色的豌豆花基因型,用"aa"来代表白色的豌豆花基因型,那么F1代豌豆花的基因型就是"Aa"。因为作为父本的紫色豌豆提供了一个“A”基因，作为母本的白色豌豆提供了一个“a”基因，所以结合后的子代就全部是“Aa”基因型。如果遗传基因中有一个“A”，那么豌豆花就会呈现紫色。换句话说，紫色的基因强大到可以覆盖住白色的基因。这样就可以清楚地解释为什么 F1 代的花都会呈现紫色。

孟德尔在完成实验之后，在实验记录上写下了遗传学史上最关键的几句话：“两种遗传因子在杂合的状态下，能够保持相对的独立性，不相沾染，不相混合。在形成配子时，两者分离，又按照原样不受影响地分配到不同的配子中去，组成新的合子。在新的合子中，遗传因子仍保持原样。”

这是遗传学上的第一条定律——分离定律，为了纪念孟德尔的贡献，学术界又把这一定律称为孟德尔遗传学第一定律。

在第一定律阐述完成之后，孟德尔开始思索用这种理论是不是能够解释 F2 代出现的性状分离的现象。

接下来分析一下 F2 代的基因情况。如果 F1 代的基因型是“Aa”，那么将它们进行杂交，产生 F2 代。因为父本母本的基因型都是“Aa”，所以会分别产生“A”和“a”两种配子。这两种配子进行自由组合，就会产生“AA”“Aa”“aa”三种基因型，并在数量上遵循 1∶2∶1的规律。含有“A”基因的植株会开出紫色的花，只有“aa”基因型的植株才能开出白色的花，这正好印证了开出紫色花朵植株和开出白色花朵植株在数量上呈 3∶1 的关系。因此，控制紫色花色性状的“A”基因被称为显性基因，控制白色花色性状的“a”基因被称为隐性基因。含有“AA”基因型或者“aa”基因型的个体被称为纯合体，而含有“Aa”基因型的个体被称为杂合体。另外，含有“AA”基因型的个体还被称为显性纯合体，含有“aa”基因型的个体又被称为隐性纯合体。

为了进一步验证自己的理论，孟德尔设计了复杂一点的实验，他把两种相对性状组合在一起，试图分析两种相对性状在一起杂交会不会同样遵循分离定律。

孟德尔选取了两种不同的相对性状：一种是子实的颜色，分别为黄色和绿色；另一种是子实的形状，分别为圆滑和褶皱。他用“A”表示子实圆滑的性状，用“a”表示子实褶皱的性状；用“B”表示子实黄色的性状，用“b”表示子实绿色的性状。

豌豆的7种相对性状

特性	显性性状	×	隐性性状	第二代显性-隐性比	比例
花的颜色	紫色	×	白色	705∶224	3.15∶1
花的位置	侧生	×	顶生	651∶207	3.14∶1
种子的颜色	黄色	×	绿色	6022∶2001	3.01∶1
种子的形状	圆粒	×	皱粒	5474∶1850	2.96∶1
果荚的形状	饱满	×	皱缩	882∶299	2.95∶1
果荚的颜色	绿色	×	黄色	428∶152	2.82∶1
茎的高度	高	×	矮	787∶277	2.84∶1

首先,将黄色圆滑"AABB"和绿色褶皱"aabb"的纯合体植株选择出来。如何达到这一目的呢?以表观是黄色圆滑的性状为例,孟德尔选择出黄色圆滑的植株,让这些植株不断地自交,产生下一代,下一代再继续自交。如果后代始终不发生性状分离,所有的子代都是黄色圆滑的植株,那么就说明这个植株可以用来作为实验的亲本。这种植株只能产生一种配子,那就是"AB",无论如何自交,产生的子代基因型都是"AABB"。

孟德尔用黄色圆滑“AABB”和绿色褶皱“aabb”的纯合体植株进行杂交，得到的F1代种子都是杂合型的黄色圆滑“AaBb”。

他再用F1代进行自交，父本和母本都可以产生4种不同类型的配子——“AB”“Ab”“aB”“ab”。F1代在一起交配就会产生16种组合：1种“AABB”、2种“AABb”、4种“AaBb”、1种“AAbb”、2种“Aabb”、2种“AaBB”、1种“aaBB”、2种“aaBb”、1种“aabb”。按照只要有“A”基因就会显示圆滑，只要有“B”基因就会显示黄色来分类，黄色圆滑的子实、绿色圆滑的子实、黄色褶皱的子实和绿色褶皱的子实应该满足9∶3∶3∶1的比例。孟德尔统计了F2代的植株类型，发现产生黄色圆滑子实的植株有315株，产生黄色褶皱子实的植株有101株，产生绿色圆滑子实的植株有108株，产生绿色褶皱子实的植株有32株，与统计学计算得出的9∶3∶3∶1的比例大致相吻合，符合预期结果。孟德尔激动得跳了起来，他终于发现了隐藏在植物中的遗传规律。虽然时间已经是后半夜了，但他还是立刻去找那卜主教和克拉塞神甫，与他们分享自己的新发现。

为了验证自己的学说，孟德尔又进行了3种性状的实验，结果发现，性状的分离比例是27∶9∶9∶9∶3∶3∶3∶1。简单来说，就是满足$(3:1)^N$的比例，N代表了相对性状的种数。至此，孟德尔彻底打开了遗传学的大门。

1864年，孟德尔提出了他的第二定律，也就是遗传学中的自由组合定律：“生物体的遗传因子在形成配子后，在雌雄配子组成合子时，是没有选择的、随机的、自由的。一种相对性状的雌雄配子的结合，也是无选择的、随机的、自由的。”至此，孟德尔成功地奠定了遗传学理论的两块基石——分离定律和自由组合定律。

孟德尔的工作成功地弥补了达尔文学说中最难以解释的地方——如何保证在生殖杂交中性状不被湮没。遗憾的是，孟德尔的研究成果并没有得到时人的认可，达尔文也没有机会读到孟德尔的论文，两位伟大的科学巨匠就这样擦肩而过。

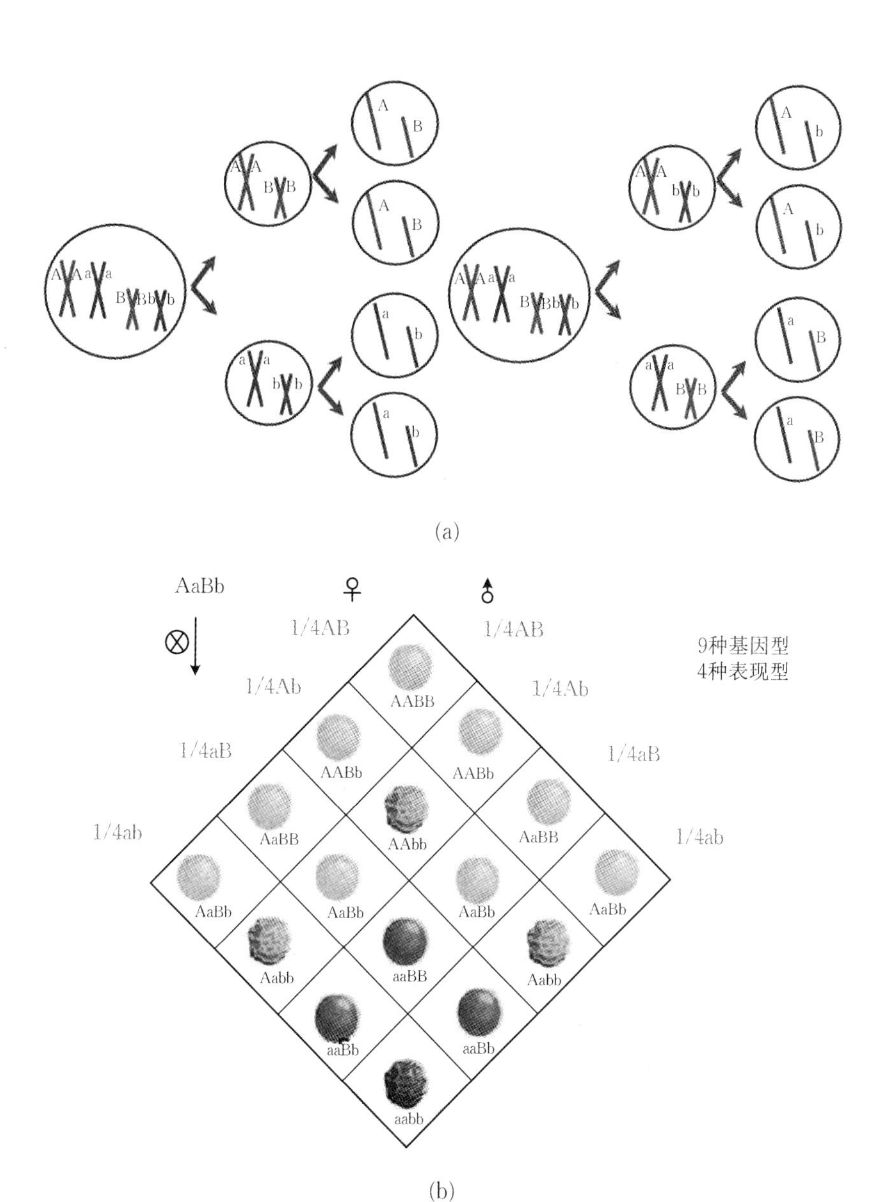
A
B
a
b
AaBb
♀
♂
1/4AB
1/4Ab
1/4aB
1/4ab
9种基因型
4种表现型
AABB
AABb
AaBB
AAbb
AaBb
Aabb
aaBB
aaBb
aabb

(a)

(b)

自由组合定律

5.3 理论不被接受

经过多年的辛勤劳作和豌豆栽培,孟德尔进行了超过 350 次的人工授精,精心挑选了 10000 余颗种子,终于完成了自己精心设计的实验。依据实验,孟德尔创造性地提出了分离定律和自由组合定律。孟德尔认为是时候公布自己的研究成果了,且这一成果应该能够得到全社会的认可。

伯伦市的自然历史博物学会于 1865 年举行了一场大规模的科学报告会,这场报告会颇有些像现在的学术论坛。会议组织者邀请了在自然科学和历史学上有贡献的人士前来做报告。孟德尔得知这一消息后,觉得这是一次向大众展示自己学术成果的极佳机会,于是他积极写信毛遂自荐。由于当时的孟德尔在学术界的知名度不高,学会的举办者对他并不热情。但孟德尔没有放弃,不断地给组织者写信,他坚信这是一个近距离接触学术大师,并且宣传自己学术观点的极佳机会。

最终,学会的组织者被孟德尔的执着精神打动了,批准了他的申请,给了孟德尔一个在公共场合汇报自己学术成果的机会。他的报告被安排在第二天的最后一场,也是整个报告会的最后一场。

历史是如此相似,一如当年达尔文提出进化论时所面对的艰难。即使孟德尔的理论可以被看成是进化论的有力补充,但是还未达到锦上添花的程度。在各种思想和利益的交织下,当时的社会丝毫不能容忍对进化论的质疑。

毫无悬念,孟德尔的观点虽然很新颖,但并没有得到与会者的重视,甚至导致会场上一度产生了混乱。主持人要求孟德尔终止发言,并且斥责他的观点是荒谬的。孟德尔怀着满腔的怒火,坚持在会上宣读完自己的报告。

孟德尔预想,与会者在第一次接触"遗传因子"的概念时不一定能够理解。另外,口头叙述这么复杂的遗传学定律,无法令与会者产生直观的感受,大家不能接受也是可以理解的。虽然孟德尔已经考虑了可能会面临的困难，但是让他没有想到的是，这些人不是不理解他的观点，而是完全不愿意去接受！

会后，孟德尔决定将自己的成果写成论文并投稿发表。1866年初，他完成了论文《植物杂交实验》。这篇论文例证翔实、观点新颖、论证严密。同年秋天，孟德尔的论文在伯伦市的自然历史博物学会的会刊上刊登了，结果并没有像他期许的那样，在社会上引起巨大的轰动。论文在发表之后便如石沉大海，音信全无。

5.4　山柳菊实验的巧合

孟德尔觉得社会上的普通民众因为没有相关知识背景，所以不了解自己的工作。于是他计划把论文交给学术界的权威人士，请他们来为自己作个鉴定。孟德尔将论文邮寄给著名的植物学家卡尔·耐格里(Carl Nageli)，但令人意外的是，耐格里对他的研究并不认可。“欲将心事付瑶琴，知音少，弦断有谁听。”既然拥有了超前的思维和理论，就要忍受这种超前所带来的孤独！

耐格里秉持着植物学家的严谨性，让孟德尔继续补充自己的实验，既然是植物学的普适规律，就应该适合所有的植物。因为耐格里的主要实验研究对象是山柳菊，所以他也想验证一下山柳菊能不能满足遗传学定律。于是耐格里告诉孟德尔，如果你能够证明山柳菊能够满足遗传学的分离定律和自由组合定律，那么我就承认你的理论。

耐格里提出：“如果你在山柳菊属植物中成功地搞出人工杂种的话，那将是很了不起的事。就过渡类型而言，这个属的植物不久肯定将成为极有名的材料。”孟德尔答应了，他对自己的理论也有很多疑问，心里并不是完全肯定，所以不妨趁这个机会来作一次检验。

在这里有必要先介绍一下山柳菊。山柳菊为菊科山柳菊属，多年生草本植物，高60～90厘米。花茎上的叶互生，头状花序由花茎顶端叶腋抽出，有数个排列成伞房状的长梗；每一头状花序的总苞长约1.3厘米，呈圆柱状；苞片长披针形，先端尖，背面有黑色条纹；花序内全为舌状花，有10余朵，花冠黄色，舌片先端截平，有五齿裂。瘦果长圆形，顶端有淡褐色的冠毛。

给卡尔·耐格里的信

格雷戈·孟德尔

（1867年）

最尊敬的先生：

最诚挚地感谢您如此友善地寄给我这些出版物。《植物界中种的形成》、《关于推论的植物杂种》、《杂种形成的理论》、《植物种间的中间类型》及《根据种的中间型及种的区域对 Hieracien 的分类处理》诸文特别引人注目。根据当代科学对杂交种理论作出这一彻底的修正是最受欢迎的，再一次向您致以谢意。

关于阁下好意收下的那篇拙文，我想补充下述资料：所述试验是从1856年到1863年进行的。我知道，我取得的结果很难同我们当代的科学知识相容，而且在这种情况下发表一项如此孤立的试验有着双重危险性：对试验者以及主张进行这项试验的动机都是危险的。为此，我作了最大的努力用其他植物来验证在豌豆方面所得到的结果。1863年和1864年所做的一些杂交，使我相信难以找到适合于开展大量试验的植物，而且在不利的情况下时间消逝了，却没有得到我所需要的资料。我曾试图启发人们作一些对照试验，为此在自然科学家地区性学会会议上谈到了豌豆试验。如预期的那样，我遇到了分歧意见；但就我所知，却无人去重复此试验。去年，当要我把我的演讲在学会会议录上发表时，经过再次检查我在各年试验的记录而未发现有什么错误后，我同意予以公开发表。呈送给您的文章是上述讲话草稿未作修改的翻印本；对一个公开讲话作这样一个扼要的说明是必要的。

据闻阁下对我的试验不信任，这一点并不奇怪；在同样的情况下我也会照此办理。看来在您尊敬的信件中有两点非常重要，但没有答复。第一点涉及这样一个问题，当杂种 Aa 产生 A 植株，而这个 A 植株又继续只产生 A 植株时，是否可以作出结论：已经得到了类型的稳定性。

请允许我说明，作为一名试验工作者，我必须把类型的稳定性规定为在观察期间一个性状的保持力。这就是说我的提法，即一些杂种后代产生相同的类型只包括进行观察的那些世代；没有把它扩大到这些世代以外的情况。有两个世代全部试验都是用数目相当大的植株进行的。从第三代开始，由于试验地不足，必须限制植株数，因此，7项试验中的每一项试验，只能取样第二代的一部分植株（它们或产生相同类型的后代，或产生不同类型的后代），作进一步观察。观察扩大到四至六代。在产生相同后代的变种中，取一些植株观察四代。我必须进一步提及，有一个变种六代都产生相同类型后代的例子，尽管其亲本类型有4个性状是不同的。1859年，我从杂种第一代得到了一个孕性很好的后代，种子大、味道好。翌年，由于其后代保持了这些优良性状，并且整齐一致，该变种被栽种在我们的菜园里，直到1865年，每年都栽种许多植株。它的亲本植株为 bcDg 和 BCdG：B 代表胚乳黄色；C 代表种皮灰棕色；D 代表豆荚鼓起；G 代表轴长；b 代表胚乳绿色；c

·1·

孟德尔给耐格里的信

（资料来源：孟德尔，等.遗传学经典论文选集[M].梁宏，王斌，译.北京：科学出版社，1984.）

实验在孟德尔的满心期待中进行，但是事与愿违，针对山柳菊的实验无论重复多少次，结果总是不稳定。一部分植株可以形成杂种，而另一部分植株却总是不行，他没有办法，便将能形成杂种的母本称为“好母本”，将不能形成杂种的母本称为“坏母本”。其中橘黄山柳菊是“最坏的母本”，因为它的杂交总是以失败告终；而耳状山柳菊是“好母本”，它的杂交总能成功。如果将耳状山柳菊作为母本放上橘黄山柳菊的花粉，那么可以形成杂种。反之，以橘黄山柳菊作为母本并给以耳状山柳菊的花粉，却不能形成杂种。

孟德尔无法解释这样的实验结果，他将实验结果原原本本地反映给了耐格里。耐格里对他的遗传理论本来就不看好，这样的实验结果更加重了耐格里对他的偏见。所以耐格里对孟德尔的结论便没有放在心上，认为遗传学的分离定律和自由组合定律只是在某一个种属上出现的巧合而已。

其实，耐格里的表现并没有什么错。虽然后世有些人对他没有支持孟德尔的遗传学定律，以至于使遗传学定律被埋没了34年之久颇有微词，但平心而论，孟德尔没能利用山柳菊得到符合遗传学定律的实验结果，说明孟德尔遗传学定律并不是植物学中的普适性原理，从而导致耐格里没有支持它成为普适的遗传学理论，这无可厚非。

孟德尔没有隐瞒，将实验的真实结果告知了耐格里，因为生物学界普适性的理论最重要的特征是可重复性，即使谎报结果，迟早也会因为实验无法重复而被批驳。孟德尔非常遗憾地表示，自己得出的遗传学定律在植物学权威耐格里提供的植物品种上没能实验成功。

山柳菊杂交实验为什么会失败呢？1905年，完成孟德尔遗传学定律再发现的三位植物学家之一——德国植物学家考伦斯(Correns)找到了答案，原来包括橘黄山柳菊在内的“坏母本”无需花粉就可以结实。这是一种单性生殖，无需父本和母本的基因结合，因此不可能在结果上满足分离定律和自由组合定律。

5.5 迟到34年的认可

经过长时间的努力，孟德尔的理论依然没有得到学术界的认可，他开始心灰意冷了，又将工作重心转移到自己的实验上来。

1884年，也就是达尔文去世后的第三年，孟德尔也患上了严重的心脏病，在弥留之际，他依然对自己的学说充满信心。他和达尔文一样，心怀不甘和遗憾离开了人世，只不过达尔文纠结的是他理论中的漏洞，而孟德尔在意的是自己的理论得不到世人的

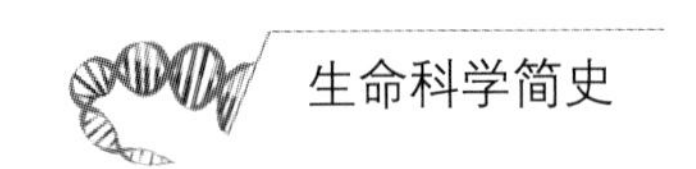

认可。

在当时的社会条件下,信息传播的不及时和滞后,决定了达尔文几乎没有机会读到孟德尔的论文。因为孟德尔发表在会刊上的论文单行本总共就印了 40 份,除了 3 份由孟德尔自己留存以外,剩余的 37 份很难满足广泛流传的需要。这也许就是两位科学巨匠擦肩而过的原因吧。

孟德尔的理论注定会迎来属于它的荣誉。19 世纪末 20 世纪初,欧洲迎来了生产的大繁荣,各种农作物的种植和家畜的饲养都需要培养更加优良的品种,也需要更为贴近实际的理论指导。1900 年,荷兰植物学家德弗里斯(De Vries)、德国植物学家考伦斯和奥地利植物学家柴尔马克(Tschermark)在实验中各自独立地发现了孟德尔遗传现象。在查阅文献的时候,三人不约而同地发现了孟德尔发表在伯伦市自然历史博物学会会刊上的论文《植物杂交实验》。至此,这篇沉寂了 34 年之久的论文,再度回到公众的视野,并得到了学术界的认可。

检验科学真理的唯一标准就是科学实验的可重复性。孟德尔遗传学定律能被反复验证正说明了这一理论的正确性。与近年出现的基因编辑实验不能重复的事件不同,孟德尔的实验能够在各大实验室被不断重复,这是它最终得到认可的重要原因,也是一份迟到多年的对于科学和事实的尊重!

5.6　孟德尔的数据是否造假

自 1864 年孟德尔发现分离定律和自由组合定律以来,已过去了 100 多年的时间。在对孟德尔的实验数据进行仔细研究之后,部分学者从不同的角度对孟德尔的实验数据提出了质疑,其中一个重要的焦点是孟德尔的实验数据过于完美!

对于孟德尔遗传学第一定律——分离定律的质疑主要集中在数据上。从统计学的角度看,孟德尔对 556 颗种子进行了检测,结果是:315 颗是圆滑、黄色的,108 颗是圆滑、绿色的,101 颗是褶皱、黄色的,32 颗是褶皱、绿色的,比例是 9∶3∶3∶1,数据符合统计学规律。紧接着,孟德尔进行了 7 种相对性状的遗传规律检测,也符合统计学规律。

针对自由组合定律,孟德尔进行了多性状的杂交实验。他选择了子叶颜色、种子形状、花的颜色 3 种性状进行自由组合杂交实验,而这 3 种性状恰好是位于 3 条不同的染色体上。

控制种子形状的基因位于 5 号染色体上,控制茎长度的基因位于 3 号染色体上,控制子叶颜色的基因位于一号染色体上,控制花的颜色的基因位于 2 号染色体上,控制豆荚颜色的基因位于 5 号染色体上,控制花的着生位置的基因位于 4 号染色体上,控制豆荚形状的基因位于 3 号染色体上。孟德尔选择的这几组性状恰好位于不同的染色体上,不会发生基因的连锁与互换,能够较完美地契合 9∶3∶3∶1 的比例。

如果他选择的是种子形状、豆荚颜色这两种都位于 5 号染色体的性状,或者是茎长度、豆荚形状这两种都位于 3 号染色体的性状,那么他就未必能得到这样完美的数据。如果两种性状都位于同一条染色体上的话,那么就可能因为基因位置过于靠近而发生一定比例的交叉和互换。

对于孟德尔来说,从 7 种性状中任意选择 2 种,会有很大的概率选中在同一染色体上的性状。从 7 种性状中任意选出 2 种性状,共有 21 种可能的组合;从 7 种性状中任意选择 3 种性状进行组合,共有 35 种可能。在选择 3 种性状时,2 种性状在同一条染色体上的情况有 10 种。因此,孟德尔选择到在同一条染色体上的性状的可能性是很大的,但是他却完美地避开了,这是后人质疑他数据造假的主要原因。

从孟德尔如实地面对山柳菊实验的结果,并且将实验结果一五一十地告诉耐格里一事上,应该能够看出来,他是具有实事求是的科学精神的。那么为何他的实验结果却饱受诟病呢?部分学者进行了大胆推测:孟德尔做了大量的实验,其中也包括了在同一条染色体上的两种性状的杂交实验,并得出了一系列的实验结果。孟德尔发现,与不在同一条染色体上的性状的数据相比,这些数据不能契合自己的理论,虽然对这些数据进行了搜集,但是并没有对外公布。

孟德尔研究的豌豆的7种相对性状

性状	表现型		基因符号	连锁群
	显性表型	隐性表型		
种子形状	圆粒	皱缩	*R*-*r*	Ⅴ
茎的长度	高茎	矮茎	*Le*-*le*	Ⅲ
子叶颜色	黄色	绿色	*I*-*i*	Ⅰ
花的颜色	红色	白色	*A*-*a*	Ⅱ
未成熟豆荚的颜色	绿色	黄色	*Gp*-*gp*	Ⅴ
花的着生位置	腋生	顶生	*Fa*-*fa*	Ⅳ
豆荚形状	饱满	缢缩	*V*-*v*	Ⅲ

从实验硬件上看,孟德尔的实验室包括两个部分:一部分在修道院里,他有一座22.7米×4.5米的玻璃房和一座14.8米×3米的温室;另一部分是在户外的实验园。单基因实验一开始用15株植株做亲本,产生的F1代有253株,F2代有565株。1856年用了25株,1857年的实验株数是531株,1860年的统计数字是4739株。双基因实验数据:1854年种了850株,1856年种了575株,1857年种了1081株,1860年种了6457株,1861年种了8600株。对豌豆种子进行统计,在单基因实验的时候,孟德尔选择了556颗种子……

这些数据充分表明,孟德尔是做了大量实验的,只是他选择性地公布了部分结果。针对这一推测,也有很多科学家表达了他们的意见。

1936年,费歇尔分析了孟德尔的数据,认为孟德尔的数据是"过于好了",怀疑它"是真实的吗"。费歇尔认为,总而言之,孟德尔是在实验之前就已经晓得了理论的结果,或者也有可能是孟德尔的园艺助手在完全了解孟德尔的期望之后而伪造出来的。其他学者也纷纷表达了自己的观点:

(1) 扎克尔说:"这位善良的神父或许稍许捏造了他的实验结果。"

(2) 邓恩推测道:"孟德尔是在实验之前,心中就有了学说的。"

(3) 斯特蒂文特说:"孟德尔在开始实验之前就已经知道了答案,并造出了证明答案的结果。"

（4）斯坦说："过于好的原因何在呢？这一点还不清楚。"

（5）克西岑内基认为，这种情形是由于孟德尔记录种子的技术造成的，就是他预先想出期望的概率，数很多的种子，在达到期望的比例后就不记录了。

（6）克尔认为，孟德尔在做实验之前心中就已经描绘好了遗传的机制，实验的设计只是"作为抽象性理论分析的一点小意思"来检验自己想法的正确性。

孟德尔在其论文的26页写道："在形成各式各样的卵细胞和花粉细胞时，数目完全相同，只是停留在希望的范围内。在各个杂种中，卵细胞和花粉细胞并非一定要按照数学的准确性形成相同的数目。"因此，可以得出一个相对客观的结论：孟德尔是在做一道证明题，而不是在做一道解答题。在进行自己的伟大实验之初，他就已经在心中演练出了具体的实验结果，甚至通过道尔顿的原子学说，预测了基因在植物体内遗传的过程，因此实验只要能够证明这个结果是正确的就可以了。他已经知道了分离和自由组合的基本事实，现在只需要知道这个理论能不能在现实中得到豌豆实验的支持。

客观上，孟德尔希望实验能够支持自己的想法，因此他对诸多实验结果进行了选择，选择了那些符合自己理论的实验数据来进行理论支撑，这也是无可厚非的事情。他做了大量的实验，包括多基因的自由组合，同时也确实得到了支持自己理论的数据，于是他的实验目的也达到了。他公布的所有数据，相信都是基于严格的实验，并且有实验记录佐证和后续实验证实的。

第6章　摩尔根与连锁互换定律

在孟德尔遗传学定律被再次发掘出来后，学术界一度产生了很大的争议。有认可、有赞赏、有质疑、有不屑……众说纷纭，莫衷一是。

6.1　孟德尔的接棒人——摩尔根

在孟德尔1866年发表《植物杂交实验》论文的当年，在遥远的美国马萨诸塞州的列克星敦镇，诞生了一位孟德尔理论的接棒人——遗传学家摩尔根（Morgan）。列克星敦镇在美国历史上有着极其重要的地位，美国独立战争的第一枪便是在这里打响的，北美殖民地反对英国殖民统治的斗争就是在这里拉开了帷幕。摩尔根在遗传学史上的地位和独立战争在美国历史上的地位一样，不可替代！

摩尔根父母双方的家族都是当年南方的豪门贵族，南军的陆军准将约翰·亨特·摩尔根是摩尔根的伯父。美国南北战争中南方的失败让摩尔根的家庭从富裕转为贫困。

然而，这些对摩尔根的影响并不大，他的兴趣始终集中在他所喜爱的大自然上。他喜欢在野外尽情地奔跑、掏鸟窝、捉昆虫、制作标本……摩尔根享受着快乐的学习和生活时光，后来他顺利地通过选拔，进入了约翰斯·霍普金斯大学学习胚胎学，并成功地获得了博士学位。

摩尔根

摩尔根在大学主修胚胎学，但是自从孟德尔的遗传理论被关注后，他动摇了，他认为这是一个对生命本质认知来说很关键的领域。因此，他决定放弃主修的胚胎学专业，转而研究新兴的遗传学。

6.2 上帝的礼物——果蝇

摩尔根接过了孟德尔遗传学的大旗，发现了遗传学第三定律，奠定了遗传学的理论基础。摩尔根和孟德尔一样，都有着执着追求的科学精神。同时，他俩也是幸运儿，他们都成功地选择了合适的实验对象。孟德尔选择了豌豆，摩尔根选择了被称为"上帝礼物"的果蝇。

果蝇作为实验材料，有着诸多的优点，如生命周期短、单次繁殖量大、易于饲养、仅有四对染色体、染色体的形态各异且易于区分等。果蝇可以被大量饲养，而且透过透明的玻璃管可以清楚地观察果蝇的具体性状,这可以说是摩尔根能够快速获得实验成功的秘诀。

果蝇

摩尔根从1908年开始以果蝇为遗传实验的研究对象,经过两年不懈的努力,他发现了伴性遗传现象和连锁互换定律,它是对孟德尔遗传学定律的补充和延伸,也被称为遗传学第三定律。

摩尔根建立了果蝇室,在窄小的果蝇室中放入了8张桌子,还有一个用来制作果蝇培养基的台子。刚开始,摩尔根实验室的学生用压碎的香蕉来吸引和饲养果蝇,但是发现果蝇并不太喜欢新鲜的压碎的香蕉,它们更倾向于已经完全熟透发酵的并滴着发酵汁水的香蕉。于是,大家就用发酵的香蕉来饲养果蝇,香蕉熟透之后会散发强烈的臭味,因此遭到其他课题组的反对。摩尔根还发现,香蕉汁比香蕉便宜,也能起到同样的效果,同时还减少了难闻的气味。然而,在果蝇室门口吊着的一串香蕉没有被移走,这串香蕉是为了吸引果蝇中的"散兵游勇"。这间果蝇室中有四处乱飞的果蝇,有被蔬菜(用于配制培养基)吸引来的大量蟑螂,甚至还有很多乱窜的老鼠。和摩尔根一起工作的柯蒂·斯特恩说:"每次拉开抽屉都能看到蟑螂向暗处逃去。"而且他还告诉摩尔根:"您放下脚就能随时踩死老鼠。"

就在这样恶劣的环境下，摩尔根和他的同事们、学生们一起完成了大量的经典遗传学实验。

1910年，摩尔根在实验中发现，白眼的雄性果蝇和红眼的雌性果蝇交配，产生的F1代全是红眼果蝇。如果再将F1代进行相互交配，在F2代果蝇中又会出现白眼果蝇，并且产生的白眼果蝇全部是雄性的。除非发生突变，否则不会出现白眼雌性果蝇。摩尔根发现这一性状是与性别紧密联系在一起的，也就是说，控制眼睛颜色的因子是连锁固定在性染色体上的，这一发现成为继孟德尔遗传学定律之后的又一项重大突破。

除此之外，摩尔根还发现了另外一个规律，在进行多种性状遗传实验的时候，会出现部分性状的重组或者交换现象。简单来说，就是会产生一些介于不同的相对性状之间的中间类型，而这些性状发生交换的频率和它们在染色体上的距离是有相关性的。这就是遗传学第三定律——连锁互换定律。

打个比方，一条染色体上的所有基因就像是一副扑克牌，每一张牌都有着独一无二的作用，当父本和母本的染色体发生交换时，就相当于将两副扑克牌放在一起混洗，之前离得越近的基因被分开的可能性就越小。实际上，紧挨着的两张牌，被分开的概率大约为2%，始终保持相邻位置的概率约为98%。

至此遗传学三大定律全部被揭示出来，这也意味着经典遗传学的大厦已经打下了坚实的基础。

1913年，摩尔根通过大量的实验确定了自己的理论，立刻着手完成了《性和遗传》一书。1915年，摩尔根和他的三位年轻同事——斯特蒂温特、布里奇斯、赫尔曼·约瑟夫·穆勒(Hermann Joseph Muller)又一起合著了《孟德尔式遗传的机制》一书，这本书成为了摩尔根的代表作，书中概述了果蝇研究的全部内容，详细描述了因子(基因)的行为和染色体的行为完全相关，基因成对，染色体也成对，传给后代的仅仅是各对染色体中的一个，基因被分为连锁群，连锁群与染色体的数目和大小相对应。

这本书给摩尔根带来了诸多荣誉，约翰斯·霍普金斯大学授予摩尔根名誉法学博士学位，这也是摩尔根在日后的著作中最常使用的头衔；肯塔基大学授予摩尔根哲学博士学位；他成为了美国科学院院士，最后还当上了院长；他被评为英国皇家学会的外籍会员，并在1924年荣获达尔文奖……这些荣誉让他能够轻松地从洛克菲勒财团和卡内基财团等组织获得科研经费。

1933年，摩尔根获得了诺贝尔生理学或医学奖，这一荣誉让他可以更加方便地宣传自己的遗传学理论。同时，他在遗传学和胚胎学方面继续自己的研究。1934年，他完成了《胚胎学和遗传学》这本重要的著作，他提出："在遗传实验所在的水平上，基因是假设的单位还是某种物质粒子，这没有任何区别。在每种情况下，这个单位都是和一个特殊的染色体相连，都能被纯遗传分析所定位。"摩尔根关于胚胎分化细节的想法是错误的，他曾经考虑到"当发育进行时，基因的不同电池开始起作用"的可能性，但是后来拒绝了这种可能性！摩尔根置基因的物理性于不顾，认为这是不需要的、未成熟的，这种观点在现在看来是完全错误的。

6.3 不一样的摩尔根

摩尔根与传统意义上的科学家有着很大的区别，在学术精神、工作思路和生活状态上，摩尔根都有着自己鲜明的特点。

首先，他有着强烈的质疑精神。在他的著作《实验胚胎学》中有这样一句话："研究者对于一切假说，特别是自己提出的假说，应养成一种怀疑的心态。而一旦证明其谬误，则应立即摒弃之。"因此，在实验科学中，研究人员要学会发现和珍视例外。

1911年9月10日，《科学》杂志上刊登了摩尔根关于果蝇的一篇论文，这篇论文是摩尔根关于果蝇的独创性研究的两篇重要论文之一，主要讨论果蝇的连锁遗传规律。他在文章中写道："孟德尔遗传法则的基础在于假定单位性状的因子随机性分离。孟德尔式遗传的特征，在两种性状下，呈现9∶3∶3∶1这样的分离比。到了近些年，在关系到两种以上的性状的场合，发现了几例分离比例与孟德尔的独立分离假定并不符合。在这种例子中，最有名的是梅雨蛾类和果蝇的伴性遗传……基于对果蝇眼色、体色、翅的突变和性因子遗传的研究结果，我敢提出一个比较简单的说明。如若与这些因子相当的物质包含在染色体中，另外，如果这些因子连接成一条直线的话，那么在异质合子中，从双亲来的各对染色体在进行配对时，相同的部位就会靠拢……原来的物质距离短的话，相对于切断面，进入同一侧的可能性大，而离开原部位进入同一侧的可能性和进入反对侧的可能性相等。”

摩尔根是个讨厌建立假说的人，喜欢用事实来说话，用定量的实验来说明问题，用数据来表达自己的观点，可是这篇让他成名的代表作中却连一个数据也没有，这是不符合他的性格的。文中他用了大量的理论来阐述这一观点，说明这是他迫切想表达的新颖的观点。一年之后，摩尔根才发表了相关的实验数据，一年的时间他也不愿意去等，可见这一发现对于摩尔根的重要性有多大！

摩尔根在工作中平易近人。作为摩尔根的学生和同事，年轻的斯特蒂温特经常叼着烟斗，斜躺在座椅上，两条腿随意地翘在桌子上，跟自己的恩师摩尔根探讨学术问题，这种场面是我们无法想象的。师从摩尔根的年轻学生对他的不拘小节无不赞许。在伊恩·夏因、西尔维亚·罗贝尔合著的《摩尔根传》中记录了这样一个故事。休厄尔·赖特博士在洗手间碰到了自己的导师摩尔根，但是当时男厕所的门已经被锁住了，摩尔根二话不说，托起休厄尔·赖特，让他方便地跨了进去。摩尔根在生活中也毫不讲究，在找不到皮带的时候，他就用细绳系裤子，即使衬衫上的纽扣全部掉了，他也毫不在意地穿在身上。有一次，摩尔根发现自己的衬衫上有一个明显的破洞，他竟然让同事用白纸把破洞贴上。因此，他不止一次地被人误认为是实验室里的清洁工。

摩尔根的实验桌并不是想象中的那样干净整齐，始终是杂乱无章的。与他在实验数据上的精细形成鲜明对比的是他的工作环境，他经常将自己桌子上散落的各种信件和其他实验物品一股脑地推到邻桌学生的位置上，然后专心致志地用放大镜数着自己的果蝇。在数果蝇的同时，他会将不用的果蝇用大拇指直接摁死在陶瓷板上，却一直不去清洗陶瓷板，以至于这些陶瓷板上长满了真菌……

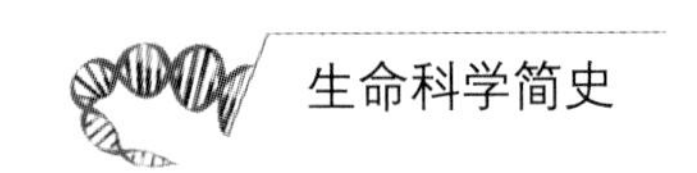

6.4 中国的摩尔根学派

摩尔根对中国的遗传学发展影响深远，我国有多位学者与摩尔根学派有着密切的关系，包括陈桢、陈子英、潘光旦、李汝祺、卢惠霖、谈家桢……其中，谈家桢被誉为“中国的摩尔根”。

1909 年 9 月，谈家桢出生于著名的院士之乡——浙江宁波，从小家境富裕，受到了良好的教育。10 岁时和哥哥一起进入当地教会创办的道本小学读书，12 岁时进入宁波斐迪中学读书，16 岁时只身前往湖州东吴中学高中部求学，一年后，成绩优异的他被保送到苏州的东吴大学深造，1930 年谈家桢大学毕业后，被保送到燕京大学唯一一位从事遗传学研究的李汝祺教授名下继续深造。

李汝祺被称为数果蝇的大师，1895 年 3 月生于天津，1919 年到 1923 年在美国普渡大学留学，毕业之后进入美国哥伦比亚大学学习，师从摩尔根教授，1926 年以优异的成绩完成学业，是摩尔根实验室第一位获博士学位的中国留学生。

在导师李汝祺教授的指导下，谈家桢利用瓢虫进行了大量的遗传学实验。在导师的建议下，谈家桢将自己的学位论文拆解成独立的三篇文章——《异色瓢虫鞘翅的变异》《异色瓢虫的生物学记录》《异色瓢虫鞘翅色斑的遗传》。前两篇文章发表在《北平自然历史公报》上，最后一篇文章，也是谈家桢论文的核心部分，则由导师推荐给了加州理工学院摩尔根实验室，这篇文章的学术分量可见一斑。

摩尔根在仔细阅读了这篇文章后，感受到了这位青年人的才气，他把论文交给了自己的助手——群体遗传学家杜布赞斯基(Dobzhansky)。之前杜布赞斯基也有用瓢虫进行实验的打算，但是由于种种原因未能如愿。看到谈家桢的论文，他非常欣喜，在他的推荐之下，这篇论文发表在 1935 年的美国《博物学》杂志上。

经过导师引荐，谈家桢和大洋彼岸的摩尔根实验室取得了联系。1934 年，谈家桢前往美国加州理工学院攻读博士学位，师从摩尔根和他的助手杜布赞斯基。攻读博士期间，谈家桢利用果蝇唾液腺中的巨型染色体，分析果蝇种内和种间遗传物质的结构和变异情况，探讨不同种之间的亲缘关系。他发现，不同种的果蝇在染色体的倒位和易位等方面存在极大的差异，在不能发生杂交的种之间，这种差异更大。在此基础上，谈家桢提出，亲缘关系越远，遗传物质之间的差异越大，在染色体畸变上，种内和种间是没有区别的。这一观点修正了"种内微进化，种间大进化"的观点。1936 年，谈家桢完成了自己的博士论文——《果蝇常染色体的遗传图》，并顺利通过答辩，获得了加州理工学院的博士学位。

在谈家桢获得学位之后，杜布赞斯基等人希望他能够留在美国，继续从事果蝇遗传学研究，但是谈家桢立志报效祖国，他不想继续留在美国。在发现无法打消谈家桢回国的决心时，杜布赞斯基提出让谈家桢再做一年实验研究的折中方案，于是谈家桢在美国又待了一年之后，毅然返回祖国。谈家桢说："我不能一味地钻在果蝇遗传学研究领域里。中国的遗传学底子薄、人才奇缺。要发展中国的遗传学，迫切需要培养各个专业的人才。因此，我在这宝贵的一年时间里，尽可能多地接触各个领域，多获得各方面的知识。我，是属于中国的。"

谈家桢

回国之后，谈家桢受竺可桢的聘请，前往浙江大学任教。1944 年，他发现瓢虫色斑遗传的镶嵌显性现象，这一发现被认为是经典遗传学发展的重要补充和现代综合进化理论的关键论据。

谈家桢培养了一大批著名的生物学家，包括微生物遗传学家盛祖嘉、细胞生物学家施履吉、进化遗传学家刘祖洞等，夯实了新中国的生物学研究力量。

20 世纪 50 年代，谈家桢在复旦大学建立了中国第一个遗传学专业、第一个遗传学研究所，在 1986 年创建了国内高校的第一个生命科学学院。谈家桢率先将“基因”一词引入中文，为了纪念他的开创性工作，1999 年国际编号为 3542 号的小行星被命名为“谈家桢星”。

第7章 列文与四核苷酸假说

糖类、脂类、蛋白质、核酸四类大分子是构成生物体的重要物质。其中,核酸的发现过程最为坎坷,由于四核苷酸假说的盛行,有关核酸的研究受到了一定程度的限制。

7.1 核素的命名

核酸是重要的生物大分子。1868年,瑞士生物学家米歇尔(Miescher)从绷带上的脓细胞的细胞核中分离出一种有机物。这种有机物有一个不同于其他物质的特点,它的磷酸含量超过了当时已知的所有化合物。但是,这种物质究竟是什么?米歇尔没能给出答案。

为了区别于其他的物质,米歇尔将其(核酸)命名为核素,以表示它是从细胞核中分离出来的。现在人们知道,这种核素就是脱氧核糖核蛋白。

19世纪末20世纪初,德国生理学家、化学家柯塞尔(Kossel)发现了核酸的主要成分是四种不同的碱基以及磷酸、戊糖,他设想核酸可能在生物的遗传过程中起重要的作用,但这仅限于猜测。随后,美国细胞学家威尔逊(Wilson)也猜测核酸在遗传中发挥重要作用。

20世纪20年代,核酸研究迎来重大突破。1924年,德国细胞学家福尔根(Feulgen)

发现核酸中的戊糖有不同的特征，进一步研究发现，戊糖主要包含两种：一种是核糖，另一种是脱氧核糖。根据戊糖的不同，可以把核酸分为脱氧核糖核酸(DNA)和核糖核酸(RNA)。之后，柯塞尔的学生——美国生物学家列文在核酸研究领域作出了突出贡献。

7.2 列文提出“核苷酸”的概念

有很多的科学家从事核酸研究，其中研究成果最丰富、最为著名的还要数列文(Levene)。

1869年2月25日，列文出生于立陶宛的萨格尔。4岁时，他随父母举家移居到俄国的圣彼得堡，在那里他度过了自己的少年时光。中学毕业后，列文进入帝国军事医学院学习，并在23岁时获得了博士学位，其间，他对生物化学专业产生了浓厚的兴趣。由于受到俄国反犹太主义的影响，1893年，列文全家迁往美国，在美国期间他从未间断过在生物化学方面的研究。列文后来到欧洲的波恩大学、慕尼黑大学进修，在进修期间，他结识了很多生物化学研究方面的权威人物。列文跟随柯塞尔学习核酸化学、跟随费歇尔学习糖类化学。经过严谨的科研训练，列文的科研水平得以迅速提高。

学成归来的列文在1905年被洛克菲勒医学研究所(现在的洛克菲勒大学)聘为助理研究员、化学部主任。列文在这个职位上一直工作到退休。

作为美国科学院院士、美国生物化学学会的创始人，列文一共发表了700余篇研究论文，荣获了美国化学会的吉布斯奖和纽约地区的尼尔科斯奖章，他在核酸化学领域作出了重要贡献。

1868年，“核素”这一概念被提出来之后，柯塞尔的研究组通过大量的反复的实验证明，核酸是由碱基、磷酸和糖类组成的。当时，将取自胸腺的核酸称为胸腺核酸(实际上就是DNA)；将取自酵母的核酸称为酵母核酸(实际上就是RNA)。柯塞尔指出酵母核酸的糖是五碳糖，这种说法是正确的，但是他却错误地认为胸腺核酸的糖是六碳糖。

1909年，列文在洛克菲勒医学研究所用酸水解肌苷酸，得到了次黄嘌呤和核糖磷酸；如果改用碱水解肌苷酸，则会得到肌酐和磷酸盐。在此基础上，列文进一步提出了“核苷酸”的概念，并认为，核酸是以核苷酸为基本结构单位的。

随后，列文又对酵母核酸和胸腺核酸进行了细致的研究。1909年，列文和雅各布斯(Jacobs)通过水解酵母核酸得到了肌苷和鸟苷，然后继续在温和的反应条件下水解，得到了一种结晶的五碳糖，首次证明酵母核酸中的五碳糖是D-核糖。因此，人们将所有的酵母核酸称为核糖核酸。

1929年，列文继续用酶解的方法来处理胸腺核酸，得到的居然是脱氧核苷，经过短暂的稀酸处理，获得了D-2-脱氧核糖的晶体。因为它在酸性环境中极其不稳定，包括柯塞尔在内的多位科学家用酸水解胸腺核酸的方法均无法制得它，所以大家一致认为胸腺核酸的糖是六碳糖，而列文通过自己的研究纠正了这一错误观点。

列文还纠正了另外一个错误观点。因为之前的核糖核酸是从酵母、小麦胚芽等植物体中分离出来的，而脱氧核糖核酸是从动物组织，如胸腺中分离出来的，所以人们普遍地将核糖核酸和脱氧核糖核酸分别称为植物核酸和动物核酸。列文的研究证实了这种观点是错误的，无论是核糖核酸还是脱氧核糖核酸，在动物和植物体内都有可能存在。

列文的主要贡献包括：首次提出并明确“核苷酸”的概念，科学地区分并命名核糖核酸与脱氧核糖核酸，提出了核酸的化学一级结构，证明了DNA分子具有高分子量。这一系列成就，让列文在核酸化学研究领域拥有了崇高的威望。

7.3 四核苷酸假说

列文在核酸化学领域作出了重要贡献，他的很多研究成果都被奉为经典。然而他的部分错误观点也对后来的核酸研究产生了重要影响。其中，影响最大的就是四核苷酸假说，这一假说目前已被证明是错误的，但是在当时，却被人们奉为经典，即使在艾弗里的肺炎双球菌转化实验证明 DNA 是遗传物质之后，还是有相当一部分人认为四核苷酸假说是完全正确的。艾弗里迫于舆论的巨大压力，不得不对自己的实验持“谨慎”的态度。从这一点可以看出，四核苷酸假说的影响力是多么的巨大。那么这一影响深远的假说是怎样被提出来的呢？

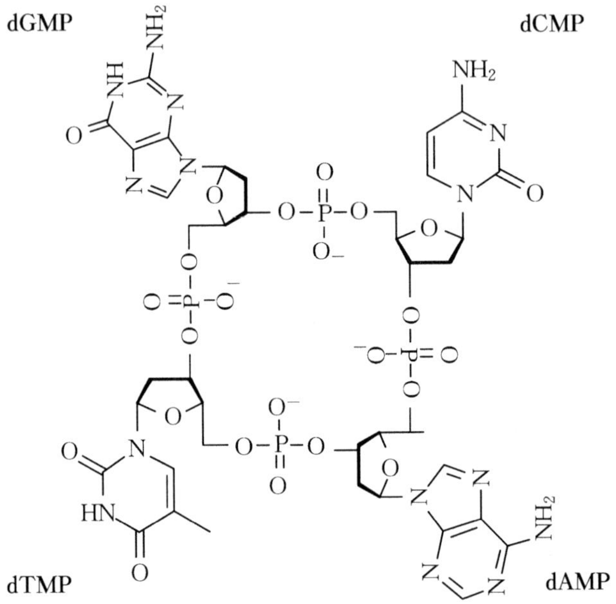

dGMP　dCMP　dTMP　dAMP

四核苷酸假说模型

20 世纪初，人们都是用较强的酸来提取核酸，核酸在强酸环境下很容易分解成短的片段。最初，列文等人通过实验测得这些短片段的分子量在 1500 道尔顿左右，这样的分子量说明核酸是个小分子，并且这个小分子的分子量和四个核苷酸的分子量总和大致相当。又经过仔细的实验，列文发现核酸中四种碱基的含量基本相等。于是，这就顺理成章地形成一种结论，即阻碍核酸研究发展几十年之久的四核苷酸假说：DNA 分子是仅含有四个核苷酸的小分子，每种核苷酸的数量大致相同。

这一错误观点的最大危害在于，它否定了核酸是大分子物质的客观事实，也排除了核酸成为遗传信息携带者的可能性。因为重复的、过于简单的结构很难在遗传信息的传递中发挥重要作用。

虽然柯塞尔等科学家也曾提出了核酸可能在遗传方面具有重要作用的观点，但是他们仅仅是猜测,在四核苷酸假说佐证了核酸的分子量仅有 1500 道尔顿之后,这些想法被再一次搁置了。

1938 年,相关研究出现了转机,列文和施密特(Schmidt)用超速离心法测出 DNA 的分子量高达 200000～1000000 道尔顿,而非之前测得的 1500 道尔顿,这就说明 DNA 是一种大分子化合物,是具有携带遗传信息潜力的。

因为列文对四核苷酸假说深信不疑,所以他仅仅对这一假说进行了些许的修正,再次错过了发现正确理论的机会。列文对四核苷酸假说进行了修改:DNA 分子是由相同的四核苷酸单元聚合而成的高分子化合物。这种简单的聚合物虽然在分子量上达到了大分子化合物的标准,但是因为在结构上过于简单,所以无法成为遗传信息的携带者。

7.4 四核苷酸假说的影响

列文在核酸化学研究领域有着重要地位,很多人都认可他的结论,相信核酸是由相同的四核苷酸在一起简单排列组合后形成的。因此,核酸成为遗传物质的可能性微乎其微。核酸的每个小结构都是完全相同的四核苷酸,如果要蕴含遗传信息,那么只有两种可能:一种是依靠核酸的空间结构,另一种是依靠核酸片段的长度变化。相对于核酸能蕴含庞大的遗传信息来说,这两种情况都是不大可能的。所以在糖类、脂类、蛋白质和核酸中,有可能成为遗传物质携带者的就只有蛋白质与糖类,而在这两者中,蛋白质的可能性最大。

蛋白质不但含有多种氨基酸,而且蛋白质在空间结构上存在着很多种可能,因此很多人更倾向于相信遗传物质为蛋白质。然而这样的努力违背了事实,注定会徒劳无功。从某种角度上说,列文的四核苷酸假说在客观上阻碍了对遗传物质本质的研究!

第8章　遗传物质核酸

人类以及各种生物的遗传物质究竟是什么？相关争论一直都没有停息过，有人说是蛋白质，有人说是脂肪，有人说是糖，有人说是核酸。于是科学家们进行了无数次的实验，去找寻最终的答案……

8.1　艾弗里的肺炎双球菌实验

核酸最终被确定为遗传物质，离不开分子生物学家艾弗里(Avery)的推动。艾弗里于1877年出生在加拿大新斯科舍省的哈利法克斯，他是分子生物学的先驱以及细菌学和免疫学的重要奠基人。10岁时，他随父母一起移居美国纽约，进入大学之后，艾弗里一直主修人文科学，偶尔选修一些自然科学课程。1900年，23岁的艾弗里进入哥伦比亚大学医学院学习，四年后，他获得了博士学位。1907年，艾弗里来到纽约南部布鲁克林的霍格兰实验室工作，他在那里授课，并学习实验技能和生物化学。从此，艾弗里对致病菌的生理化学产生了浓厚的兴趣。

1923年，英国卫生部的医学官员弗雷德里克·格里菲斯(Frederick Griffith)证实了肺炎双球菌存在两种不同的品系：一种是粗糙的R品系，另一种是光滑的S品系。其中R品系没有毒性，而S品系有毒性。艾弗里指出，S品系之所以有毒性是因为外部有荚膜的包被，而R品系因为丧失了荚膜的包被，所以失去了毒性。人们现在知道，S品系因为有荚膜的包被，所以不能被吞噬细胞消化，可以快速地增殖，进而导致宿主生病。

格里菲斯进行了一项实验，他分别给小鼠注射活的R型菌、活的S型菌、加热灭活的S型菌，结果小鼠分别出现了活、死、活的实验现象。此外，如果将加热灭活的S型菌和活的R型菌的混合菌注入小鼠体内，则结果让人惊奇，小鼠竟然发病死亡了。

这一实验结果该如何解释呢？格里菲斯思考良久，猜测在小鼠体内可能存在一种转化因子，能使R型菌转化成S型菌，但是他无法确认这种转化因子究竟是什么。

艾弗里对于这种转化因子的说法并不满意，希望通过实验来解释这一现象。1931年，艾弗里团队发现不用小鼠也能够顺利地完成实验。他们对S型菌的提取液进行处理，将其稀释到不同的浓度，然后将这些稀释后的溶液倒入含有R型菌的培养基中。如果菌落发生了变化，那么就说明在这种浓度之下，细菌可以发生转化。

艾弗里在1944年发表的文章中用谨慎的语言提及，他们可能提取到了转化因子。为了得到转化因子，他们做了大量的实验。他们把肺炎球菌放在牛心制成的培养基中培养，将细菌用冷冻离心机分离出来，重新悬浮在盐水中，将稠的、奶油状的细胞悬浮液快速加热，杀死所有细胞，并使体内破坏转化因子的酶失活（这种酶实际上就是DNA酶）。他们将煮过的肺炎双球菌用盐水洗三次，除去荚膜多糖及蛋白质，再将洗过的细菌放在胆汁盐中摇动一小时，以破坏它们的细胞壁，然后用纯酒精将提取物再沉淀。

他们对提纯后的转化因子进行了一系列的物理、化学以及酶学分析，实验中DNA的检测结果是阳性的。对样品进行元素比例分析，得出氮磷比为1.67∶1，与DNA中的比例十分类似，因此大致确定了转化因子的本质是DNA。

为了进一步证实自己的理论，他们还做了免疫学实验。精确的免疫学实验证明，在转化的提取液中既没有蛋白质也没有荚膜多糖。艾弗里后来在描述实验过程时写道：“简单地说，这种物质是有很高活性的……它和纯脱氧核糖核酸（胸腺型）的理论数据十分相符，谁能想到这一点呢？如果我们是对的（当然这还需要得到更多的证实），那就意味着核酸不但从结构上说是重要的，而且从功能上说，它是决定细胞生化活性和具体特性的有效物质。用已知的化学知识推测，也许它在细胞中能够诱导可预测、可遗传的变化……但现在我们有足够的证据来说明，不含蛋白质的脱氧核苷酸钠或许也具有这些生物活性和特性，我们正试图全力得到这些证据。肥皂泡是很美丽的，但聪明人会自己把它击破，而不是让别人来击破它。”

因为团队提取的 DNA 纯度并非 100%，所以艾弗里一直对自己的判断不自信。四核苷酸假说的创始人列文是这种观点的强烈反对者之一。

从事生化遗传研究的米尔斯基(Mirsky)确信并试图证明，在高等生物染色体中与核酸相连的蛋白质才是活性物质。米尔斯基在公开场合多次明确地指出，在艾弗里的实验过程中，有些蛋白质对消化酶是不敏感的，因此在转化液中一定存在微量的蛋白质污染。

虽然艾弗里的实验已经很清楚地说明了问题，但是他却在自己的表述中含糊其词，不敢说得太过绝对，因为之前曾经发生过一件类似事情。

在 20 世纪 20 年代的慕尼黑，维尔施泰特(Willstatter)是当时举足轻重的有机化学家和酶专家。他对外宣称，他已经得到了不含蛋白质却具有酶活性和催化活性的样品。这让很多人认为酶的生物学特性并不是蛋白质。1930 年，洛克菲勒医学研究所的诺思罗普(Northrop)通过使胃蛋白酶结晶证实了它是蛋白质；1934 年，萨姆纳(Sumner)用脲酶得出了同样的结论。诺思罗普和他的同事通过精密测量指出，维尔施泰特的错误实验结果是由微量的蛋白质污染造成的。

这件事情对艾弗里产生了重大影响，导致他存有诸多疑虑，不大自信。

8.2 查伽夫的反对与查伽夫规则

在生物学史上，美国生物化学家查伽夫(Chargaff)作出了巨大的贡献，然而在现实中，很多人却并不了解他的工作。

查伽夫是第一位站出来反对列文的科学家。他质疑列文的四核苷酸假说的正确性，认为这一假说完全排除了核酸作为遗传信息携带者的可能性。

查伽夫受过传统的科学教育，是一位语言上的天才，据他自己描述，他可以熟练地使用15国语言。同时，他也是一位有着鲜明个性的科学家，比如查伽夫常说自己是误打误撞地走入了科学研究的殿堂。他宣称，对于生物化学专业，他始终是一个门外汉，是一个旁观者。

在看到艾弗里的研究论文之后，查伽夫决定研究DNA。在一开始，检测和精确测量复合物的方法刚刚出现，查伽夫立刻将这种方法运用在DNA测量上。通过几年时间的持续摸索，1949年他和同事一起发现了一种奇特的现象：四种不同的碱基在DNA中成比例出现，在相同物种的所有组织中，这种比例是恒定的，但是不同物种之间的差距却很大。1950年，查伽夫写了一篇综述，详细地批判了列文的四核苷酸假说，文章中有这么一段话："然而值得注意的是，这不是偶然的，还没法作出结论。就是说在所有测量过的DNA中总嘌呤和总嘧啶的摩尔（即分子对分子）比值，以及总腺嘌呤对总胸腺嘧啶、总鸟嘌呤对总胞嘧啶的比值都很接近于1。"查伽夫将这个结论告诉了前来拜访他的沃森和克里克，无意之中对DNA双螺旋结构的发现起到了推动作用。

1952年5月的最后一个星期，查伽夫与沃森和克里克碰了一次面，此时的查伽夫已经是哥伦比亚大学的正教授，而沃森和克里克还是两个不出名的年轻人。

查伽夫的想法给沃森和克里克以极大的启示。9个月后，沃森（Watson）和克里克（Crick）构建了DNA分子的双螺旋结构，DNA双螺旋结构模型参考了查伽夫关于碱基1∶1比例关系的设想，一条链上的腺嘌呤总是和另一条链上的胸腺嘧啶配对，鸟嘌呤总是和胞嘧啶配对。

查伽夫在他的回忆录中用了三页纸来描述这次会面："我似乎是错过了令人颤抖的认识历史的时刻：一个改变了生物学脉搏节奏的变化……印象是：一个（克里克）36岁，他有些生意人的模样，只是在闲谈中偶尔显示出才气；另一个（沃森）24岁，还没有发育起来，咧着嘴笑，不是腼腆而是狡猾，他没说什么有意义的话。"

查伽夫接着写道："我告诉他们我所知道的一切。如果他们在以前知道配对原则，那么他们就隐瞒了这点。但他们似乎不知道什么，我很惊讶。我提到了我们早期试图把互补关系解释为，假设在核酸链中，腺嘌呤总挨着胸腺嘧啶，胞嘧啶总挨着鸟嘌呤……我相信,DNA 双螺旋结构是我们谈话的结果……1953 年,沃森和克里克发表了他们关于双螺旋的第一篇文章,他们没有感谢我的帮助,并且只引用了我在 1952 年发表的一篇短文章,但没有引用我 1950 年或 1951 年发表的综述,而实际上他们引用这些综述才更自然。"

从文字中能够深深地感受到查伽夫的不满。实际上,他直爽的性格让他在沃森和克里克发表 DNA 双螺旋结构后没多久,就直接给克里克写了一封信,责备他们没有适当地引用他的工作。查伽夫一个最大的问题在于:他把 DNA 考虑成单链,而没有考虑分子是双链的可能性。如果没有双链作为前提,那么即使在知道碱基比例的情况下,也很难构建出这种 DNA 双螺旋的结构模型。不过,从客观上说,查伽夫在 DNA 双螺旋结构的发现上还是起到了积极的作用。

查伽夫最先发现了 DNA 碱基互补配对规则,但是他为什么没有率先发现 DNA 双螺旋结构呢?在查伽夫站出来反对列文的四核苷酸假说的时候,他刚刚发现了碱基互补配对规则,也应该意识到核酸是最重要的遗传物质。因此在 1950 年和 1951 年,他连续发表了两篇综述,分别介绍了四种碱基在生物体组织中的含量,以及在相同组织中碱基的比例。此时,查伽夫还未看到过 DNA 的衍射结构图,当然也就不可能从中看出 DNA 的螺旋结构。

在后来研究 DNA 结构的时候,与威尔金斯(Wilkins)、沃森、克里克等人不同,查伽夫没有选择他们都心仪的三螺旋结构,而是固执地认为 DNA 应该是单螺旋结构。沿此思路,即使结合碱基互补配对规则,查伽夫也无法构建出正确的 DNA 结构。如果单螺旋要符合碱基互补配对规则的话,那么这个单螺旋就要发生小肠绒毛状对折,并形成一个个不规则的弯曲。这显然是不合理的,最后他放弃了这一结构模型。

8.3 物理学家和化学家的助力

在关于核酸是不是遗传物质的大讨论中,很多物理学家和化学家也从各自的专业角度，提出了不同的看法。其中的一些观点和看法对于遗传物质的研究、DNA 双螺旋结构的发现发挥了重要的促进作用。

这些科学家包括丹麦物理学家玻尔（Bohr）、美国生物物理学家德尔布吕克（Delbruck）、美国化学家鲍林（Pauling）、奥地利物理学家薛定谔（Schrodinger），他们四位都是诺贝尔奖获得者。

1932 年，玻尔做了著名的演讲"光和生命"，呼吁通过发展新概念和运用新方法来进行科学研究。他的学生德尔布吕克转而研究基因本质，1935 年他提出基因的分子模型必须是一种特殊形式，而不只是类似小单位构成的长链，这个观点是对列文四核苷酸假说的否定。随后德尔布吕克又提出，基因突变是基因分子中的电子在辐射激发下发生跃迁的结果。他与美国遗传学家卢里亚（Luria）和赫尔希（Hershey）一起创立了噬菌体学派，他们三人在 1969 年获得了诺贝尔生理学或医学奖。

鲍林

美国化学家鲍林成功地构建了蛋白质肽链的 α-螺旋模型结构，因此在 1954 年获得了诺贝尔化学奖。鲍林对 DNA 结构也进行过研究，但是他研究 DNA 结构并不是为了探究生命的本质，而是把解析 DNA 结构作为化学研究中的一项普通工作。1951 年，他在《美国化学学会杂志》上看到一篇研究核酸结构的论文，出于一名结构化学家的职业习惯，他认为这个化学结构是错误的，因此决定予以反驳。他没有亲自测量和动手实验，而是对搜集来的DNA螺旋结构的相关数据进行了分析，并在1952年12月完成论文《一个核酸结构的建议》。这篇论文后来转给了沃森。

鲍林显然没有给出正确的模型。他并没有把全部的精力放在研究DNA结构上，对遗传物质的本质也没有什么更为清晰的认识，只是对现有的数据进行了分析。沃森和克里克从鲍林的错误模型中吸取了教训，并在与富兰克林和威尔金斯的讨论中加深了对问题的认识。多年之后，沃森回忆道："很高兴，巨人忘记了基础化学。"现在设想一下，如果鲍林对DNA作为遗传物质有着充分的认识和高度的重视，再加上他具有成功构建蛋白质模型的经验，那么他一定能够早于沃森和克里克构建出DNA双螺旋结构模型。

1944年，奥地利物理学家薛定谔出版了《生命是什么》一书。此书启迪和激励了很多人，让很多的年轻人立志揭开生命的奥秘，从而由学习其他学科转为学习生物学。威尔金斯、克里克、沃森等多位科学家都曾在不同的场合表示受过这本书的影响。

《生命是什么》封面

作为量子力学的奠基人，薛定谔在1933年荣获了诺贝尔物理学奖，他的著名的思想实验——“薛定谔的猫”广为人知。作为一名杰出的物理学家，他曾尝试用量子力学、热力学和化学理论来诠释生命，超前的思想使他成为分子生物学研究的先驱！

根据量子理论，他在书中提出了基因的非周期性晶体模型，指出了基因分子实际上是遗传密码的携带者，论证了基因的本质是携带遗传信息的单元、遗传的过程在本质上是遗传信息的传递……

上述这些科学家们的工作，令遗传信息的携带者——DNA的结构更加清晰，DNA结构的正确解析指日可待！

第 9 章　DNA 双螺旋结构

作为 20 世纪的伟大发现之一，DNA 双螺旋结构的确立成为了分子生物学诞生的标志。从此之后，分子免疫学、分子遗传学、细胞生物学等分支学科如雨后春笋般地纷纷诞生，从而加速了生命科学的发展。

在当时，研究分子生物学主要包括三个学派：结构学派、信息学派和生化遗传学派。研究 DNA 的结构学派主要集中在英国伦敦大学的国王学院和剑桥大学的卡文迪许实验室。

9.1　卡文迪许实验室的研究

卡文迪许实验室，是一个在科学史上有着重要地位的实验室。DNA 双螺旋结构的发现者沃森、克里克以及与 DNA 双螺旋结构发现直接或者间接相关的科学家——威尔金斯、佩鲁茨(Perutz)、布拉格(Bragg)等都与这里有过交集。

1936 年，化学家佩鲁茨来到剑桥大学，从事血红蛋白晶体 X 射线衍射工作的资料收集，在卡文迪许实验室主任、晶体学奠基人、诺贝尔奖获得者布拉格的帮助下开展工作。布拉格进行理论研究，而佩鲁茨进行实验验证，两人合作，一起研究复杂的分子晶体结构。此时，克里克正在佩鲁茨的领导下进行蛋白质晶体结构的研究。在卡文迪许实验室，大家对于蛋白质的研究兴趣远高于对核酸的研究兴趣，可能就是受列文四核苷酸假说的影响。

沃森在《双螺旋：发现DNA结构的故事》一书中写道："我到剑桥以前，克里克只是偶尔想到过DNA和它在遗传中的作用。这并不是因为他认为这个问题没有什么趣味，恰恰相反，他舍弃物理学而对生物学发生兴趣的主要原因是，他在1946年读了著名理论物理学家薛定谔写的《生命是什么》。"

当时，人们普遍认为基因是特殊类型的蛋白质分子。然而艾弗里的实验让人们意识到DNA可能是携带遗传信息的载体。此时的克里克并没有打算研究DNA，毕竟他在这个领域已经工作了两年，并且在卡文迪许实验室，大家对DNA的研究兴趣都不大，同时组建一个新的研究小组也需要两三年时间，所以克里克选择继续研究蛋白质结构。

与此同时，生物学家威尔金斯的课题组正在进行DNA结构的研究，这个课题组非常小。威尔金斯对DNA结构的研究并没有抱太大的希望，只是按部就班地开展着工作，完全没有料想到多年之后，自己会因此和沃森、克里克一起获得诺贝尔生理学或医学奖。

富兰克林当时是威尔金斯的助手，两人在工作中经常争吵，威尔金斯甚至动了解雇她的念头，却没有找到合适的理由。生物学家鲍林也在研究DNA结构，他向威尔金斯索要结晶DNA的X射线衍射照片副本，被威尔金斯委婉地回绝了。

1951年，沃森进入卡文迪许实验室做博士后，主要从事肌红蛋白的研究。在这里，他认识了比他大12岁的克里克。这一次相遇，孕育了生物学史上的一次伟大发现。沃森和克里克相处得相当融洽，他们志趣相投，并且两人的研究领域正好互补。克里克在X射线晶体学研究上有着很深的造诣，同时还拥有一定的生物蛋白质学知识。沃森来自著名的学术团队——艾弗里的噬菌体小组，拥有丰富的噬菌体实验工作经验和细菌遗传学研究背景。克里克是一位很有个性的人，可能有些过于自我和狂妄自大，他的性格影响了他与其他人之间的合作，然而沃森却能够包容他的这个缺点，因为他更看重克里克的工作能力和对科学的热情。

沃森在《双螺旋：发现DNA结构的故事》一书中提及，克里克虽然从来不知道谦虚，但是自己和他很谈得来，同时他认为克里克是一位在当时就懂得DNA比蛋白质更为重要的人。

9.2　克里克与DNA双螺旋结构的研究

克里克极有天赋、睿智且不流于肤浅。在受薛定谔《生命是什么》一书影响后，他决定放弃之前的物理学方向，转而研究生命科学。在研究DNA之前，克里克还是存有一些顾虑的，从沃森的回忆录中可以了解到，其原因主要有两个方面：一是对蛋白质研究的不舍；二是DNA结构一直是威尔金斯和他的助手富兰克林的研究领域，克里克当时并不打算介入。

按照之前蛋白质的研究模式，沃森和克里克潜心摸索DNA的结构。他们假设DNA分子含有大量有规律直线排列的核苷酸。如果DNA分子中的核苷酸不是有规律直线排列的话，那么就无法理解DNA分子是如何堆积在一起并形成晶体聚合体的。威尔金斯告诉克里克，DNA的分子直径比单独一条多核苷酸链的直径要大一些，因此他认为DNA的结构是一种复杂的螺旋结构，包含着几条彼此缠绕在一起的多核苷酸链。这也解释了为什么多数生物学家都偏向于认为DNA是三螺旋结构。

9.3　富兰克林与DNA衍射图

平心而论，沃森和克里克能够获得1962年的诺贝尔生理学或医学奖，与另外一位科学家的功劳密不可分，她就是英国著名生物物理学家罗莎琳德·富兰克林（Rosalind Franklin）。但是现在人们已经很少提及这位女科学家的贡献了，这是不公平的，也是对历史的不尊重。

1920年7月25日，罗莎琳德·富兰克林出生在英国伦敦的一个犹太家庭中，她的父亲是著名的商业银行家。

令人遗憾的是，她在38岁时就早早地离开了人世。如果她没有早逝的话，那么1962年的诺贝尔生理学或医学奖的获奖名单上就会出现富兰克林的名字。在女性科研地位十分低下的当时，富兰克林能取得这样的成就，付出了比其他男性科学家更多的努力。

罗莎琳德·富兰克林

少年时代的富兰克林便对物理、化学产生了浓厚的兴趣，她18岁进入英国剑桥大学，21岁获得了物理化学专业的自然科学学士学位，25岁获得了剑桥大学博士学位。从1947年至1950年，她在罗纳德·诺里什(Ronald Norrish)手下从事研究工作。1950年，她受聘于伦敦大学国王学院，从事蛋白质晶体X射线衍射研究。

富兰克林任职于伦敦大学国王学院，既是幸运的，也是不幸的。幸运的是，她在这里拍摄出DNA晶体X射线衍射照片。这张照片促进了沃森和克里克构建出DNA双螺旋模型。不幸的是，富兰克林因罹患癌症而离开了人世，这与她长期从事X射线衍射工作有着密切的关系。长时间、大量地接触X射线使她的身体细胞发生突变，从而引发了癌症。

对于富兰克林的评价，不同的人有着不同的看法。沃森在《双螺旋：发现 DNA 结构的故事》中写道："她学术思想保守、脾气古怪、难以合作、对 DNA 所知甚少。"1975 年，美国作家安妮·塞伊尔（Anne Sayre）出版了《罗莎琳德·富兰克林和 DNA》一书，书中展现了一个正直勇敢、宽宏大量，对科学执着、富有激情的女学者形象。无论评价如何，她对发现 DNA 双螺旋结构的贡献都是无法抹杀的。

富兰克林在实验器材和实验样品的处理上下过一番苦功夫。她改进了 X 射线照相机，使其能够感触到像针一样细的光束，并找到了更为合适的方法来排列 DNA 的绒毛状纤维。

1951 年 11 月 21 日，在伦敦举行的核酸结构学术讨论会上，富兰克林率先展示了一幅 DNA 结构 X 射线衍射照片，这是她拍摄的最清晰的一张照片，她使用的样品是萃取自小牛胸腺的纯 DNA 样品。

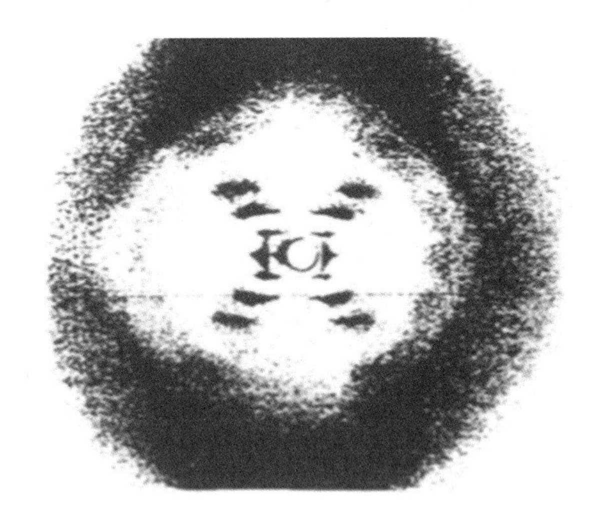

富兰克林拍摄的 DNA 结构 X 射线衍射照片

1952 年，富兰克林拍摄出了极其清晰的"A 型"和"B 型"两种 DNA 结构式 X 射线衍射照片，其中"B 型"的那张照片为日后 DNA 双螺旋结构的解析提供了实验证据。科学家贝尔纳（Bernard）在富兰克林的悼词中写道："她拍摄的 X 射线照片是已拍摄的所有物质照片中最为漂亮的。"

富兰克林通过不断地改变 DNA 绒毛纤维周围的空气湿度，使 DNA 分子在"A 型"和"B 型"之间不断转换。当纤维周围的空气达到 75% 的相对湿度时，DNA 分子就会转变成干燥状态的“A”形态；当相对湿度上升到95%左右时，DNA分子就会伸长25%，成为“B”形态。

1953年1月，威尔金斯将这张照片展示给了沃森和克里克。后来，沃森在回忆时说道：“看到这张照片时，我不禁兴奋地张大了嘴巴，脉搏也剧烈地跳动起来。”1953年2月24日，富兰克林在研究笔记中记录了DNA分子三螺旋结构的构象，虽然这种三螺旋结构是错误的，但是它已经很接近最终的答案了。3月17日，她完成了关于DNA结构的论文草稿，她推断出DNA每10个碱基为一个周期，距离为34埃，螺旋直径为20埃……这些数据为沃森和克里克提出具体的双螺旋结构模型提供了实验依据。

富兰克林推算出DNA是双链同轴排列的螺旋结构、磷酸根基团和脱氧核糖在螺旋外侧、碱基在螺旋内侧，测定了DNA螺旋体的直径和螺距……1953年初，DNA分子结构的基本数据已经解析，但是尚未形成合理的结构模型。

1956年夏天，富兰克林经历了好几次剧烈的疼痛，经检查，她得了卵巢癌。富兰克林在接下来的两年时间里动了三次手术，还尝试着接受了一些实验性的化学疗法。富兰克林于1958年去世，年仅38岁。

1962年的诺贝尔生理学或医学奖颁给了沃森、克里克和威尔金斯，以表彰他们在DNA分子研究方面的贡献，因为他们发现了核酸的分子结构及其对遗传信息传递的重要性。

因为诺贝尔奖不颁给已经去世的科学家，所以富兰克林没能获此殊荣。2002年，为了纪念她，英国皇家学会特地设立了富兰克林奖章。为了科学事业，富兰克林奉献了毕生的心血，终身未婚。

富兰克林的工作为什么会被大家忽视呢？仔细分析后，主要有以下几点原因：第一，沃森在《双螺旋：发现DNA结构的故事》一书中对富兰克林颇有些微词：“真正棘手的还是富兰克林，像她这样一个女权主义者，最好还是另找去处……我们平时的闲谈总要涉及富兰克林，因为来自她那里的麻烦与日俱增……后来事态竟然发展到富兰克林不愿把她的最新工作成果告诉威尔金斯……”沃森作为获得过诺贝尔奖的知名科学家，他有着足够的话语权，况且富兰克林已经去世，也就没有办法为自己进行辩解，大家当然会以沃森的说法为准了。第二,富兰克林忽视对双螺旋结构模型的构建。当时包括化学家鲍林在内,大家对发现 DNA 结构的意义都缺乏充分的认识,还是从物理的研究手段入手,并没有进行仔细的分析和评估,只是把构建结构模型作为 X 射线衍射实验的一个例证而已。第三,富兰克林的工作没有得到合理引证。她的工作对于沃森和克里克发现 DNA 双螺旋结构起到了重要作用,在看到富兰克林拍摄的照片时,沃森的欣喜表现充分地说明了这一点。然而,他们却没有在发表的论文中加以引证,在获得诺贝尔奖的演讲报告中对富兰克林也是只字未提……这些都是造成富兰克林的工作被低估的重要原因。

克里克　　沃森　　威尔金斯

1962 年的诺贝尔生理学或医学奖获得者

9.4　值得钦佩的威尔金斯

1916 年,威尔金斯出生在新西兰,6 岁时随父母回到英国。威尔金斯学习成绩优异,在拿到一等奖学金后进入剑桥大学的圣约翰学院攻读物理学。他的老师有核物理学家奥利芬特(Oliphant)、原子物理学家科克罗夫特(Crckroft)等,这些大师的教导让威尔金斯受益匪浅。1938 年,他在获得物理学学士学位后,进入伯明翰大学物理系,成为著名固体物理学家约翰·蓝道尔(John Randall)的助手。1940 年,他凭借对磷光理论和磷原子中被俘获电子的稳定性机理的研究获得了博士学位。

1943年，威尔金斯跟随奥利芬特的研究小组从英国伯明翰前往美国，在奥本海默(Oppenheimer)的领导下参与到曼哈顿计划中。参与这项计划是为了对抗德国，但是后来在了解了原子弹的巨大破坏力后，威尔金斯成为战后核武器使用的强力反对者。

第二次世界大战后，威尔金斯在《生命是什么》的影响下，开始转向研究生物物理学，主要工作是研究包括DNA在内的复杂生物大分子的结构。

1950年，威尔金斯在伦敦参加法拉第学术会议时，研究核酸的瑞士化学家席格纳(Signer)给了他一些自制的牛胸腺高度聚合DNA样品。威尔金斯发现这些样品形成凝胶之后，会有纤维产生。在用玻璃棒轻轻地触碰这些凝胶后，可拉出蛛丝般的细丝。威尔金斯和同事戈斯林(Gosling)把35束DNA纤维缠绕在纸片上，过夜后用X射线照射样品，显示图片上分布很多完美的斑点，这说明DNA是一种晶体结构，排列整齐、规矩、有序，碱基间距离是0.34纳米。1951年5月12日的《自然》杂志上刊载了威尔金斯的论文，文章中提出了DNA结构呈螺旋状。

威尔金斯偏爱DNA三螺旋结构，认为这个构型最符合DNA的密度值，但是他一直无法解释DNA三螺旋结构所面临的包括结构稳定性、含水率等在内的一系列问题。

虽然据一些文献记载，威尔金斯和富兰克林等人有矛盾，但是他的学术品质还是非常令人敬佩的。沃森和克里克在1953年4月发表著名的DNA双螺旋结构论文的时候，曾经提出要在文章中署上威尔金斯的名字，但是威尔金斯拒绝了，他认为作为实验素材的提供者，这是他应该做的，不需要署名。

9.5　沃森与克里克的合作

沃森和克里克的合作可以说是生物学史上一个划时代的事件，虽然两人之前的研究领域并没有交集，但是他们之间的合作却碰撞出最耀眼的火花。1953年是生物学史上极有成就的一年，也是分子生物学的诞生之年。从此，人类正式步入分子生物学时代，植物学、动物学、细胞生物学、生物化学等生物学分支学科的科学家们都纷纷展开了分子尺度的研究。

沃森和克里克在卡文迪许实验室相识，美国化学家鲍林的儿子彼得和另外一位科学家多诺休(Donohue)也在卡文迪许实验室，两人和沃森、克里克逐渐有了工作上的往来。1952年12月的一次交谈中，彼得告诉沃森，鲍林在给他的一封家信中提到自己已经完成了DNA分子结构的构建。这让沃森感到非常紧张，他和克里克已倾注了多年的心血，如果被抢先发现，那么他们所有的努力都将化为乌有。沃森于是催促彼得给鲍林写信，希望能够获得论文的复印件。不久，论文《一个核酸结构的建议》寄到了剑桥。这个模型结构是错误的，和之前被他们否定的错误模型有几分类似，沃森和克里克都松了一口气。

有机分子有多种同分异构体，因此沃森和克里克带着草图去请教化学家多诺休。多诺休指出，草图中的碱基构型的烯醇式应该改为酮式异构体。沃森回忆道："1953年2月20日星期五的这一刻，我们彻底明白了碱基在分子内部靠氢键的专一性来配对。"

1953年4月25日，《自然》杂志发表了沃森和克里克发现DNA双螺旋结构的论文。这篇论文并不长，只有薄薄的一页纸，但是这薄薄的一页纸却改写了生物学的历史，开创了现代分子生物学的研究先河。这篇解读人体遗传物质的论文被称为"人类有史以来伟大的50篇论文之一"。

客观地说，沃森和克里克的科研之路也是充满坎坷的。富兰克林和戈斯林发现了DNA的两种结构形式：一种是"A型"，另一种是"B型"。富兰克林负责研究"A型"，威尔金斯负责研究"B型"。"A型"结构在生物体中很少存在，大部分的DNA结构都是"B型"。也许从富兰克林负责"A型"结构、威尔金斯负责"B型"结构的那一刻起，结局就已经注定了。现在人们知道DNA结构共有"A型""B型""Z型"三种。其中，"A型"和"B型"是DNA的两种基本结构，均是右手结构；"Z型"比较特殊，是左手结构。总的来说，"A型"结构比较粗短、碱基倾角大，"B型"适中，"Z型"细长。人类的DNA大多是"B型"结构。

沃森、克里克与双螺旋结构模型

沃森和克里克受到富兰克林那张衍射照片启发,开始着手构建 DNA 的结构模型。他们首先构建的是 DNA 三螺旋结构,也就是三条不同的 DNA 链相互缠绕在一起形成的螺旋模型。富兰克林犀利地指出,他们的模型在结构上有很多缺点,比如结构不稳定、含水率与实际测量结果间存在很大的误差等。因此这一模型刚面世就宣告失败。

这次模型构建的失败,对两人来说都是一次极大的打击,让他俩都有些心灰意冷。在随后半年里,克里克回归到自己的蛋白质课题研究中,沃森也开始研究烟草花叶病毒。关于 DNA 结构模型构建的事情就被暂时搁置了起来。

1952 年 6 月的一天,克里克在一次茶会上遇到了年轻的数学家约翰 · 格里菲斯(John Griffith)。格里菲斯告诉克里克,他已经完成了 DNA 中碱基互补吸引配对的计算。这次深入的交谈又一次激起了克里克继续研究 DNA 结构的热情,克里克立刻联系了自己的老搭档沃森。也许是源于对 DNA 结构的痴迷,抑或是对于未知结构探索的渴望,沃森爽快地答应了克里克的邀请。两人再一次联手,开始迎接新一轮的挑战。

1952 年 7 月,克里克和沃森拜访了生物化学家查伽夫,查伽夫明确地告诉沃森和克里克,不同种类的碱基在总量上完全符合 1∶1 的比例关系,也就是说四种碱基分别是互补配对的。这意味着两人距发现 DNA 双螺旋结构仅剩最后一层窗户纸了。

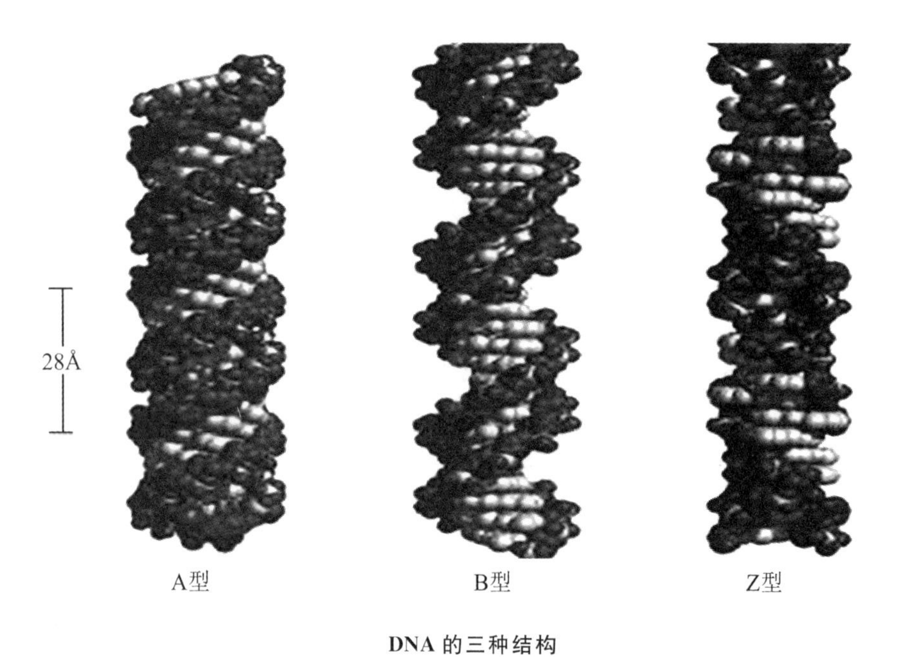

DNA 的三种结构

1953 年 1 月，沃森再次来到伦敦大学国王学院，拜访了威尔金斯。从威尔金斯的口中，他听到了富兰克林报告的全部内容。而此时的威尔金斯依然偏爱 DNA 三螺旋结构，始终认为这个模型最符合 DNA 的密度值。威尔金斯的研究因此走入了死胡同。

在查伽夫规则的影响下，沃森和克里克彻底摒弃了 DNA 三螺旋结构的思路，开始思考双螺旋结构是否更适合。按照双螺旋结构建立模型的过程出乎意料地顺利，双螺旋结构完美地解释了包括稳定性、含水率、衍射图在内的绝大多数问题。因此这一结构逐渐地获得了沃森和克里克的认可。

1953 年春夏之交，沃森和克里克一共写了四篇关于 DNA 结构与功能方面的论文。第一篇顺利地发表在《自然》杂志上。紧随其后，威尔金斯、艾力克 · 斯托克斯（Alec Stokes）、贺伯特 · 威尔森（Herbert Wilson）、富兰克林和戈斯林也发表了两篇论文。五个星期后，沃森和克里克又在《自然》杂志上发表了第二篇论文，这次的主题是讨论 DNA 双螺旋的遗传学意义。这两篇文章奠定了他俩在分子生物学研究中的鼻祖地位。

有人说沃森和克里克发现 DNA 双螺旋结构就像是哥伦布发现了新大陆。其实两者之间存在着极大的不同，生物学研究除了自身的实力之外，还受到其他很多因素的制约，包括实验经费、实验技术、运气等。沃森在提及这段历史时曾经说道："发现 DNA 双螺旋结构，部分是我的幸运，部分是正确的判断和灵感，以及持之以恒的勤奋。"

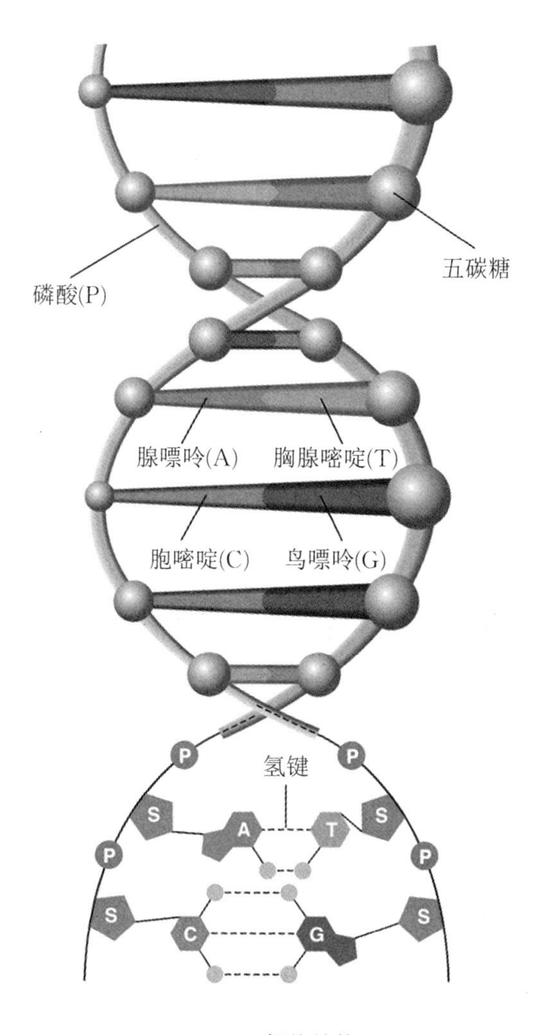

DNA 双螺旋结构

第10章　生命公式

发现DNA双螺旋结构后，人类进入了分子生物学时代。但是，遗传物质是如何将这些蕴含在双螺旋结构中的信息表达出来的，便成为了接下来的研究重点。

10.1　遗传中心法则的发现

1953年4月，遗传密码的设想被重新提上了研究日程。当时的研究基于两点认知：第一点，在DNA的核苷酸链上，碱基的排列顺序就决定了基因的遗传信息；第二点，基因携带的信息除了代表一种给定的多肽的一级结构外，不包含其他的信息。这两点将核酸和蛋白质联系了起来，但其中起联系作用的机制是什么呢？当时却并不清楚。

1954年，物理学家伽莫夫(Gamow)提出了一种遗传密码方案，也是第一次公开发表的关于遗传密码的解读方案。他认为，在DNA的多核苷酸链上存在着一组组以相邻的三个核苷酸碱基作为一种氨基酸编码的密码。这种三联体密码是有重叠的，因此一个氨基酸可能存在几种不同的密码。这是第一种以三联体形式作为遗传密码的解读方案，具有一定的先进性。但是，伽莫夫的这一方案仅仅是理论上的猜测，并没有进行实验验证。

20世纪50年代，在研究DNA的同时，还有一部分科学家致力于研究RNA和蛋白质之间的编码关系，布拉舍特(Brachet)和卡斯帕森(Caspersson)就提出了RNA控制蛋白质合成的观点。但是随后的发现证实，RNA合成蛋白质是在核糖体上进行的，同时DNA在受到酶的破坏之后，依然会有蛋白质的合成。因此，蛋白质的合成是受细胞质中的RNA直接控制的，可能遵循着从DNA到RNA再到蛋白质的过程。

1955年，克里克发现三联体密码的长度约为10埃，而氨基酸分子的长度为2～3埃，存在着明显的差异，因此两者之间一定还存在着一些中介物。在不清楚中介物是什么的情况下，克里克提出了适配器学说。这一学说认为：氨基酸并不和模板直接结合，而是首先和一种特异的受体分子结合。这样，模板和氨基酸分子在体积上就能够完全匹配了。1957年，美国生物化学家霍格兰(Hoagland)在大鼠的提取液中发现一种RNA能够和氨基酸相结合，这一发现证实了克里克的配适器学说是完全正确的。

1958年，克里克根据实验结果提出了中心法则，认为遗传信息只能从核酸流向蛋白质，传递是单方向进行的。虽然这一观点后来被证实并不完全正确，但是在当时却有着重要的意义。

1961年，雅各布和莫诺把这种能够将遗传信息从DNA转移到核糖体上的物质称作“信使”。他们提出每个DNA基因的核苷酸顺序都是转录在RNA分子上的，由此确定了RNA的信使作用。

10.2 三联体密码子的确定

1961年是遗传三联体密码研究取得重要进展的一年。

克里克和布伦纳(Brenner)进行了一项重要实验，解决了遗传密码传递信息的问题。他们利用T4噬菌体的γⅡ基因做材料，经原黄素类化学诱变剂处理后，应用移码突变的方法进行验证。

实验是这样进行的：在一条多核苷酸链的相邻的两个核苷酸中间，插入一个由核苷酸引起的突变,会使译码过程中读码的起点移位,结果在肽链之间插入一段不正确的氨基酸。如果在该噬菌体的DNA中再减去一个碱基,或者再加上两个碱基,那么就会让编码蛋白质的结果恢复到原来的样子,不再有突变发生。这说明核酸的密码是以三个核苷酸为一组所组成的。克里克和布伦纳根据实验得到了三条正确的结论:

(1) 信息从基因的一端不重复地连续读出,信息阅读的对错取决于信息的读取起点;

(2) 信息的读出以三个核苷酸为一组;

(3) 大多数的三联体密码都可以决定一个氨基酸的合成,只有少数是没有意义的,因此很多氨基酸都有一个以上的同义码。

1961年夏天,美国生物化学家尼伦伯格和德国生物学家马太(Matthaei)取得了突破性进展。他们建立了一个无细胞系统,把编码氨基酸的mRNA引入无细胞系统中,用来指导某一种多肽的合成。当他们把全部碱基都是尿嘧啶(U)的多聚尿苷引入后,产生的都是苯丙氨酸,这说明苯丙氨酸的密码是UUU。随后,生物学家奥乔亚(Ochoa)和同事进行了一系列破解实验,在一年内弄清楚了多种氨基酸的密码子。1964年,生物学家科拉纳通过一系列双密码子的交替共聚物实验,确定了密码排列的顺序问题。1966年,克里克根据已经取得的成果,排列出遗传密码表。

20世纪70年代,比利时肯特大学的菲尔斯(Fiers)等人用MS2噬菌体做材料,对三联体密码进行了验证。他们分析了MS2噬菌体外壳蛋白中129个氨基酸的顺序,以及与外壳蛋白对应的390个核苷酸的顺序,其结果完全符合遗传密码表上的对应关系。至此,三联体密码系统正式为人们所认同。

到目前为止,三联体密码在整个生物界都是适用的,这也从分子水平上证明了有机体遗传信息传递的重要性。

遗传密码表

第1密码子	第2密码子				第3密码子
	U	C	A	G	
U	苯丙氨酸(Phe)	丝氨酸(Ser)	酪氨酸(Tyr)	半胱氨酸(Cys)	U
	苯丙氨酸(Phe)	丝氨酸(Ser)	酪氨酸(Tyr)	半胱氨酸(Cys)	C
	亮氨酸(Leu)	丝氨酸(Ser)	终止密码子	终止密码子	A
	亮氨酸(Leu)	丝氨酸(Ser)	终止密码子	色氨酸(Trp)	G
C	亮氨酸(Leu)	脯氨酸(Pro)	组氨酸(His)	精氨酸(Arg)	U
	亮氨酸(Leu)	脯氨酸(Pro)	组氨酸(His)	精氨酸(Arg)	C
	亮氨酸(Leu)	脯氨酸(Pro)	谷氨酰胺(Gln)	精氨酸(Arg)	A
	亮氨酸(Leu)	脯氨酸(Pro)	谷氨酰胺(Gln)	精氨酸(Arg)	G
A	异亮氨酸(Ile)	苏氨酸(Thr)	天冬酰胺(Asn)	丝氨酸(Ser)	U
	异亮氨酸(Ile)	苏氨酸(Thr)	天冬酰胺(Asn)	丝氨酸(Ser)	C
	异亮氨酸(Ile)	苏氨酸(Thr)	赖氨酸(Lys)	精氨酸(Arg)	A
	甲硫氨酸(met)	苏氨酸(Thr)	赖氨酸(Lys)	精氨酸(Arg)	G
G	缬氨酸(Val)	丙氨酸(Ala)	天冬氨酸(Asp)	甘氨酸(Gly)	U
	缬氨酸(Val)	丙氨酸(Ala)	天冬氨酸(Asp)	甘氨酸(Gly)	C
	缬氨酸(Val)	丙氨酸(Ala)	谷氨酸(Glu)	甘氨酸(Gly)	A
	缬氨酸(Val)	丙氨酸(Ala)	谷氨酸(Glu)	甘氨酸(Gly)	G

10.3　RNA 酶的发现

除了中心法则外，“酶”的概念也在不断丰富。长期以来，人们一直认为酶的本质就是蛋白质，RNA 酶的发现宣告了酶的本质不是单一的。RNA 病毒、RNA 逆转录酶以及朊病毒的陆续发现表明，在一定条件下 RNA 和蛋白质都可以作为携带遗传信息的载体。RNA 酶的发现再次证实了生命现象的多样性和复杂性。

中国人对酶的利用已经持续了几千年。早在公元前21世纪的夏禹时期，古人就已学会了酿酒；在3000年前的周朝，古人已开始制作饴糖和酱；在2000多年前的春秋战国时期，古人已经知道用麦曲来治疗消化不良等肠胃疾病。虽然那时候的人并不了解酶的本质，但是酶的利用已经相当广泛。现代生物化学研究表明，生物的新陈代谢等基本的生命活动都是在酶的催化下通过生物大分子的合成和分解来完成的。生物体中的酶是一种生物催化剂，它通过降低生物的活化能来加速和调节生物体内的生物化学反应。直到20世纪，人类才揭示了酶的本质。1926年，美国化学家萨姆纳从刀豆中提取了脲酶并将其结晶，这证明了它具有蛋白质的特性。1930～1936年，诺思罗普和库尼茨(Kunitz)先后得到了胃蛋白酶、胰蛋白酶和胰凝乳蛋白酶的结晶，并证实它们均属于蛋白质。从此，“酶的本质是蛋白质”成为学术界的共识。为此萨姆纳和诺思罗普在1949年一起获得了诺贝尔化学奖。

核糖核酸简称RNA，由核苷酸通过磷酸二酯键连接而成。RNA普遍存在于动物、植物、微生物及某些病毒、噬菌体内，是一种具有重要作用的生命大分子物质。RNA的发现时间要晚于DNA。哈马舍尔德(Hammarskjold)于1894年首先发现酵母核酸中的糖是一种不同于DNA的戊糖。德国科学家柯塞尔因在核酸化学组分研究方面作出了重要贡献而荣获1910年的诺贝尔生理学或医学奖。

现在人们已经知道，RNA主要有三种类型：核糖体RNA(rRNA)、信使RNA(mRNA)和转移RNA(tRNA)。RNA的作用广泛，其主要功能是控制蛋白质的合成，在经RNA转录后，以加工与修饰等方式参与遗传信息的加工和细胞功能的调节。虽然绝大多数的生物是以DNA为遗传物质，但一些病毒和噬菌体却是以RNA为遗传信息的载体，这显示了RNA功能的多样性和生命现象的多样性，然而人们似乎很难将RNA的功能与酶联系在一起。

在RNA酶的研究过程中有两位重要的科学家。其中一位是美国生物化学家切赫(Cech)，他从小就对自然科学十分感兴趣。1966年，切赫进入格林内尔学院学习，实验室中的一系列设计、观察和解释训练让他喜欢上了生物化学。1975年切赫获得博士学位，随后前往麻省理工学院做博士后，在帕杜的实验室中，他学到了很多生物学知识，对生物学逐渐产生了浓厚的兴趣。

1978年,切赫在科罗拉多大学担任教职。在科罗拉多大学,切赫选择了四膜虫作为研究RNA拼接机制的对象。内含子是核酸链上不编码任何蛋白遗传信息的碱基片段。1986年,切赫在四膜虫rRNA前体中观察到一个由395个碱基的线状RNA分子组成的内含子,他将其命名为L19RNA。经过深入研究,切赫发现L19RNA具有自我剪接的双向催化作用,既能将五聚胞苷酸转化成或长或短的聚合物,降解为C4及C3,也能将C5聚合形成C6,甚至达到30个胞苷酸残基的寡聚核苷酸片段。这表明L19RNA具有类似酶的作用,在一定条件下能够像酶一样以高度专一的方式去催化寡聚核糖核苷酸底物的切割或连接,既有核糖核酸酶活性,又有RNA聚合酶活性。L19RNA表现出的这种酶活性的意义在于可以通过自我剪接除去内含子。

另一位重要的科学家是奥尔特曼(Altman)。他于1939年5月7日出生在加拿大蒙特利尔一个贫穷的移民家庭。最初激发奥尔特曼对科学产生兴趣的是原子弹和元素周期表。大学毕业后,奥尔特曼作为物理学系的研究生来到哥伦比亚大学。从他的专业背景看,似乎学习物理学更能够发挥他的研究特长,但是伽莫夫看出了他在生物学上的天分,于是把奥尔特曼推荐给科罗拉多大学从事将染料分子插入DNA研究的勒曼(Lerman),从而使他与核酸分子打起了交道。在完成吖啶分子对T4噬菌体DNA复制影响的研究后,他加入了哈佛大学的梅塞尔森实验室,研究核酸内切酶在T4DNA复制和重组中的作用。两年后他成为布伦纳和克里克的剑桥分子生物学实验室研究小组成员。

1967～1971年,奥尔特曼在剑桥大学继续从事用大肠杆菌进行tRNA合成的研究。他提取到了纯化的tRNA的前体——一种生物合成tRNA的中间产物。按照生物化学代谢的规律,如果有一个中间产物,那么就意味着存在一种催化生成这种中间产物的酶。据此,他顺利地找到了核糖核酸酶P,它的功能就是切开RNA链上的磷酸二酯键,释放出最终的tRNA。这种RNA酶在反应中不会被消耗,同时能够加速反应,完全符合酶的特性。

切赫和奥尔特曼在不同的实验室用不同的实验材料证明了某些RNA分子具有生

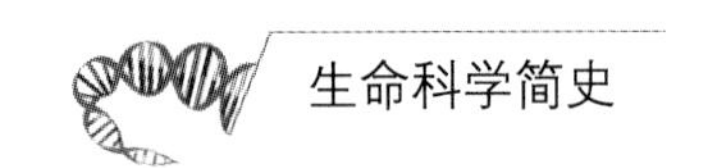

物催化的功能，按照酶的定义，可以称之为 RNA 酶。RNA 酶的发现意味着酶的本质不一定是蛋白质，从而向酶本质的传统观念提出了挑战。不久，越来越多的具有催化自我剪接功能的 RNA 被发现。到 1989 年，核酸酶终于得到大家的认可并被写进教材。它的发现者切赫和奥尔特曼也因此荣获了 1989 年的诺贝尔化学奖。

2000 年，一项科研成果间接地再次证实了 RNA 具有酶的功能。人们以前一直以为蛋白质肽键的合成是由核糖体的蛋白质催化的，所以称其为转肽酶。尼森(Niesen)等人对核糖体的大小亚基的晶体进行 X 射线衍射分析，发现在距肽键形成处 2 纳米的范围内，并没有蛋白质的电子云存在，这说明在肽键的形成过程中可能是核糖体中的信使 RNA 起了催化作用。其实早在 1992 年哈里·诺勒(Harry Noller)等就证实了 23SrRNA 具有酶的活性，能够催化肽键的形成。

因为 RNA 的稳定性不如 DNA，极易降解和被污染，所以 RNA 研究一度较为滞后。20 世纪 80 年代，研究 RNA 的实验条件逐步成熟，RNA 研究出现了高潮，取得了一系列的成果。1981 年，切赫和奥尔特曼发现具有催化功能的 RNA 酶。1983 年，反义 RNA 被发现，表明 RNA 还具有调节功能。随后科学家们还发现，一个基因转录产物通过选择性拼接可以形成多种同源异倍体蛋白质，从而使“一个基因一条多肽链”的传统观念也受到冲击。1986 年，班尼(Benne)等人发现锥虫线粒体 mRNA 的序列可以被自我编辑，于是基因与其产物蛋白质的共线性关系也被打破。1987 年，科学家发现了核糖体移码，说明遗传信息的解码也是可以改变的……许多的传统观念被纷纷打破，RNA 成为一个热门的研究领域。2006 年的诺贝尔生理学或医学奖颁给了在 RNA 研究领域作出重要发现的美国科学家安德鲁·法尔(Andrew Fire)和克雷格·梅洛(Craig Mello)。他们发现了独特的 RNA 干扰机制，它可能导致某一功能基因的沉默和不再表达。RNA 的这种作用有望在临床医学中使某些致病基因沉默，从而控制或治愈疾病。

RNA 酶的发现表明 RNA 的功能具有多样性。随着分子生物学研究的不断深入，RNA 在生命活动中的重要作用将会越来越多地被揭示出来。

生命起源一直是科学家们关注的课题，生物体内的 DNA、RNA 和蛋白质等生物大分子，在生物的遗传和生命现象的表达中各司其职、相互配合、缺一不可。然而在生命起源的初期，哪一种生物大分子是最早出现的呢？RNA 酶的发现说明，RNA 在遗传方面的功能更为全面，从携带遗传信息、调节基因表达到催化自我复制，RNA 在某些场合中可以不需要 DNA 和蛋白质而完成自我复制，因此 RNA 是一种可以独立进行生命表达和遗传的大分子。《科学》杂志在 2000 年 12 月介绍当年的重大科学成就时，把人类基因组工作草图的绘制工作放在了第一位，认为生命可能是源于 RNA 而非 DNA。沃特 · 吉尔伯特率先提出了“RNA 世界”假说，认为在生命起源初期，RNA 已经表现出了 DNA 和蛋白质的某些功能特性，同时 RNA 在生物体的遗传信息等方面还起着承上启下的纽带作用。一些常见的低等生物，如艾滋病病毒、丙型肝炎病毒、埃博拉病毒和烟草花叶病毒等均以 RNA 为遗传信息载体，因此地球上的生命起源很可能是从 RNA 开始的，中心法则中 DNA、RNA 和蛋白质等生物大分子的基本分工应该是生物长期演化的结果。

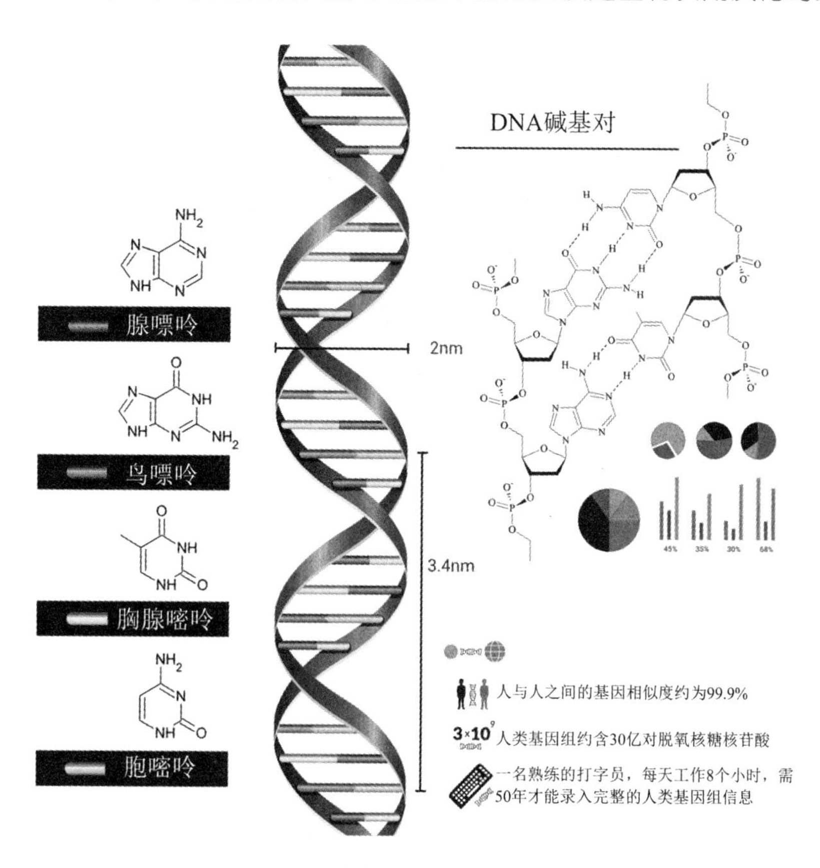

人类 DNA 小知识

10.4 生命公式的完善

对于自然界来说，所有具有遗传物质的动物和植物，都遵守着一条内在的定律——被称为生命公式的中心法则。中心法则是克里克于 1958 年提出的，最初并没有得到学术界的足够重视。1970 年，克里克在《自然》杂志上重申：遗传信息既可以从 DNA 传递到 RNA，再从 RNA 传递到蛋白质，完成遗传信息的转录和翻译过程，也可以从 DNA 传递到 DNA，完成遗传信息的复制过程，但是不能由蛋白质转移到蛋白质或者核酸中。

朊病毒的发现完善了中心法则。从此，生命公式从原先的直线形式变成了现在的三角形的相互关联的形式。

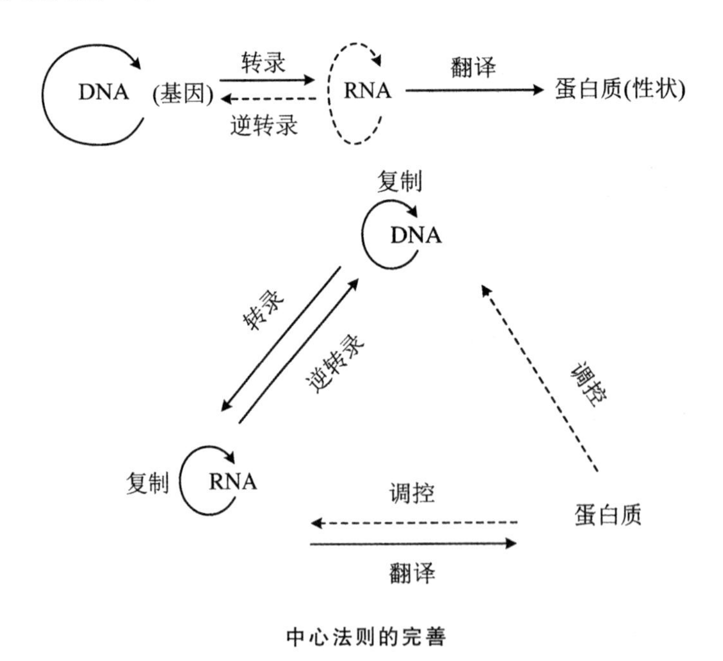

中心法则的完善

现在的中心法则呈现闭合的三角关系，顶点之间皆存在着密切的联系。在自然界中，三角形结构是较为稳定的，有很强的抗压能力。然而也不能妄言这就是定论，毕竟科学的发展是没有止境的，人类只有在发展中不断地完善已有的学说，才是对待科学应有的严谨态度！

第 11 章　细胞的发现与显微镜

细胞作为生命体结构和功能的基本单位，无论是单细胞的生物，还是多细胞的有机体，都显现出多层次、非线性的复杂结构体系。正是有了细胞，才出现了完整的生命活动。在此基础上，还衍生出一门独立的分支学科——细胞生物学。细胞生物学是研究和揭示细胞基本生命活动规律的一门科学，从显微、亚显微和分子水平上研究细胞的结构与功能。

11.1　细胞生物学的发展阶段

从生物学史的角度对细胞生物学的发展规律进行仔细分析，现在绝大多数的学者认为，可以把细胞生物学的发展分为三个阶段：20 世纪前是第一个阶段，是以形态描述为主的细胞生物学时期；20 世纪上半叶是第二个阶段，是实验细胞生物学时期；从 20 世纪 50 年代至今是第三个阶段，是分子细胞生物学时期。

在第一个阶段，随着透镜放大倍数的逐渐提高，细胞被发现，细胞学说建立了起来。19 世纪 40 年代普金耶(Purkinje)、冯 · 莫尔(Von Mohl)首次提出了“原生质”(protoplasm)的概念，他们将动物和植物细胞内均匀的有弹性的胶状物质称为原生质。1861 年，舒尔茨(Schultze)提出了原生质理论，认为组成有机体的基本单位是一小团原生质，这种物质在各种有机体中都是相似的。1880年，汉斯坦(Hanstein)又提出了“原生质体”(ptotoplast)的概念，细胞被进一步演绎成具有生命活性的一小团原生质。在第一个阶段，基本上都是基于形态观测上的描述，对于细胞内部发生的各种化学反应并没有办法进行分析，这也是受当时的实验条件限制所致。1876年，赫特维希发现受精后的两个细胞核合并的现象，并在1892年出版的《细胞和组织》一书中，提出了生物学的基础在于研究细胞的特性、结构和机能，并以细胞为基础，对所有的生物学现象进行了归纳和总结，从而使细胞生物学成为了生物学的一个独立分支。

在第二个阶段，赫特维希在创建细胞生物学的同时，采用实验方法来研究海胆和蛔虫卵发育过程中的核质关系，从而创立了实验细胞生物学。此后，人们开始广泛地运用实验的手段与分析方法来研究细胞学中的重要问题，同时开辟了新的研究领域。1910年，摩尔根进行了大量的实验遗传学研究，证明基因是决定遗传性状的基本单位，并且直接排列在染色体上，从而建立了基因学说，奠定了细胞遗传学的研究基础。从19世纪末开始，科学家们对活细胞变形运动、细胞质流动、纤毛与鞭毛运动和肌肉收缩等方面也进行了详细研究，随着生理学的逐步发展，细胞生理学也得到了长足的进步，在细胞膜及其通透性、细胞的应激性和神经传导方面都取得了大量成果。

1909年，哈里森(Harrison)和卡雷尔创立了组织培养技术，为研究细胞生理学开辟了一条新的途径。1943年，克劳德(Claude)用高速离心机从活细胞内把核和各种细胞器，如线粒体、叶绿体分离出来，在体外研究这些细胞器的功能和化学组成，以及酶在各种细胞器中的定位。随后，包括细胞生长和繁殖的机制、生物膜的主动运输、能量的传递与生物电信号的传导等方面的研究都逐步地开展起来。

在第三个阶段，以1953年DNA双螺旋结构的发现为标志，人类进入了分子生物学时代。随着超薄切片技术的发展，在人类面前显现出一个崭新的细胞微观世界——细胞超微结构，也出现了一些新的细胞结构，包括内质网、核糖体、溶酶体、核孔复合物、细胞骨架体系等。从分子水平进行细胞研究，并且与分子生物学、生物化学、遗传学相互渗透，人类达到了细胞生物学研究的新高度。在20世纪70年代之后，细胞生物学作为一个独立的分支学科被彻底地固化下来。转基因技术的建立和单克隆抗体技术的诞生，各种模式生物的确立和对大量突变株的分析，尤其是基因打靶技术的广泛运用、DNA 测序技术和生物芯片技术的发展，让人类在分子水平上对细胞的基本生命活动规律有了更加深刻的认识。从 20 世纪 80 年代开始，细胞生物学更多地被称为分子细胞生物学或细胞分子生物学。进入 21 世纪之后，对于细胞生物学的研究主要集中在五个方面：(1) 以细胞（及其社会），特别是活体细胞为研究对象；(2) 以细胞重大生命活动为主要研究内容；(3) 在揭示细胞生命活动分子机制方面，以细胞信号调控网络为研究重点；(4) 在多层次上，特别是在纳米尺度上揭示细胞生命活动的本质；(5) 多领域、多学科的交叉研究成为细胞生物学研究的重要特征。

11.2 简单透镜组的发明

人眼可以分辨相距 0.1 毫米的两条线。换句话说，如果两条平行线之间的距离小于 0.1 毫米的话，那么它们在人眼中就变成了一条线。因此在显微镜发明之前，人们只能看到动物和植物表面的性状，要想深入地了解究竟是什么东西构成了大自然中各种千奇百怪的生物是无法实现的。

大自然是极其神奇的。最小的细胞是细菌中的一类——支原体，它的直径仅有 100 纳米，约为头发丝直径的千分之一。而最大的细胞是鸵鸟的卵细胞，人们经常吃的鸡蛋的蛋黄实际上就是一个卵细胞。

因此，不同细胞个体的体积差别是极大的。大多数的细胞，无论是动物细胞还是植物细胞，都无法直接用肉眼观察，所以在相当长的一段时间内，人类对于细胞的研究一直停滞不前。

关于细胞的体积大小有很多的猜想：鲸鱼的细胞是不是比蚂蚁的细胞大很多呢？生物个体的体积差别究竟是组成细胞的大小不同还是组成细胞的数量不同导致的呢？换句话说，鲸鱼比蚂蚁大的原因是鲸鱼的细胞比蚂蚁的大，还是两者细胞大小相似，只是鲸鱼的细胞数量要远远多于蚂蚁的呢？这些问题一直深深地困扰着人们。

在古罗马时期，尼禄皇帝曾经在竞技场上通过一块具有弯曲刻面的宝石来观看表演。大家现在可以大胆地猜测，位高权重的尼禄皇帝应该是一名近视患者，他通过这种曲面透镜来矫正视力，以便自己能够清晰地观看表演。这也许是关于透镜使用的最早记录了。1589年，一位叫波塔(Porta)的博物学家出版了一套百科全书式的著作，他在其中的《论奇妙的玻璃》一书中，提出了可以使用凹透镜来矫正视力的观点。这种简单的透镜只能纠偏，并不能将细微的物体放大，但是波塔提出用凹透镜来矫正视力，绝对是那个时代伟大的发现之一。

在使用单个镜片进行观测的时候，无论凸透镜的体积有多大，由于受到工艺和实际尺寸的限制，凸透镜的放大倍数都是很有限的。但是，如果将不同的透镜搭配在一起，形成透镜组合，那么就会产生意想不到的结果。

詹森父子(Hans Janssen, Zacharias Janssen)是荷兰的眼镜制造商。在不断打磨镜片的过程中，一次偶然的机会，他们在一根直径1英寸(1英尺＝12英寸＝304.8毫米)、长1英尺半的管子两端分别装上了一块凸透镜和一块凹透镜。奇妙的事情发生了，他们突然发现这一装置可以把很细小的东西放大到以前无法企及的倍数。他俩欣喜若狂，因为这一发现说明他们终于找到了突破单个透镜放大倍数瓶颈的方法！这可以称得上是人类历史上第一台原始的复式显微镜，通过镜片组合，它实现了观察倍数的大幅度提升。

第一批复式显微镜的放大倍数只有十几倍，然而已能够使一些本来人眼看不清楚的小物体被看得很清楚。大家试想一下，一般的小物体倘若能够放大十几倍，就足以让人清楚地观察它的表面结构了。伽利略(Galileo)利用这种复式显微镜对苍蝇进行了仔细的观察。他甚至对外宣称，在他的透镜组下，苍蝇竟然有羔羊般大小。这一说法虽然有些夸张，但是却充分地表现出在发明透镜组之后人们难以抑制的喜悦心情。

当时，人们都喜欢用它来观察跳蚤，所以这种透镜组又被亲切地称为“跳蚤镜”。这一名称虽然难登大雅之堂，但却表现出人们对新鲜事物的好奇和热情。

要将这种新鲜的科学事物传播给普通民众，并非是一件容易的事情。在当时，宗教和巫术盛行，教会思想禁锢之下的普通民众还很难接受这种新兴的科学事物，一切可能给宗教统治带来威胁的事物都被看成是“大逆不道”的。

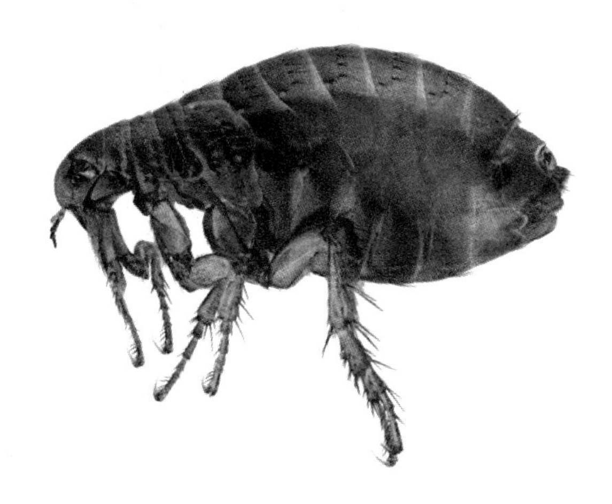

当时，著名的诗人施田海姆（Stiemhielm）曾说服一位牧师，让他通过透镜组来观察跳蚤的外形。在并不清晰的视野下，牧师看到了跳蚤的真实形状。这名牧师被显微镜下的跳蚤外观彻底惊吓住了，感到非常惶恐。这种感觉大家应该也有体会。在生活中，人们可以很坦然地和蚊子、苍蝇同处一室，并不觉得它们有什么可怕之处。但是，如果苍蝇和蚊子变大若干倍，比如达到老鼠或者鸟类一样大小，那么就会让人觉得相当恐怖。由于平时的认知习惯，物体突然间的放大会对人的心理产生巨大冲击，这就是放大的效果。

受到惊吓的牧师立刻宣布施田海姆是一名男巫，而且还是一名无神论者。在当时宗教统治的环境下，这一指控无疑是致命的，教会立刻逮捕了施田海姆，并且判处他火刑。施田海姆是一位有名望的人，他被教会逮捕并判刑一事被克里斯蒂娜（Christina）女王得知，由于女王的干预，他才幸运地捡回了一条命。由此可见，在中世纪，为了让一项新技术被世人接受，要付出比当今社会更多的努力，甚至要冒着生命危险。

11.3 五位巨匠

在最简单的复合透镜组(显微镜)被发明之后,显微镜发展史上极为杰出的五位人物陆续出现了,他们分别独立地把显微镜性能提升到了新的高度。他们的工作是其他人难以企及的,令后人深深地折服于他们的奇思妙想和极致的工匠精神!这五位巨匠分别是列文虎克(Leeuwenhoek)、胡克、施旺麦丹、马尔比基和格鲁。

前两位巨匠——列文虎克和胡克相信大家并不陌生。在提到显微镜的发明或者细胞的发现过程时,都会提到他俩。

列文虎克

在阅读列文虎克的传记时,可以获得这样一幅画面:一位在那个人均寿命极低的年代却活到90多岁的长者,家境优越,父亲经营篮子制造企业,母亲出生于酿酒世家。他在经营自己店铺的同时还承担了多项工作,与此同时,他还有着异乎常人的爱好——吹玻璃、磨透镜、精制金属品等。现实生活中有很多这样的例子,一个行业中最顶尖的从业者往往并不是该领域科班出身的人,而是那些对这项工作有着极大兴趣的人。

列文虎克对透镜的爱好持续了一生,甚至因为爱好而失去宝贵的家庭生活乐趣。列文虎克是位优秀的科研工作者,却绝对不是一名好丈夫、好父亲、好儿子。他耗费毕生心血制作出400多台显微镜,它们的放大倍数从50倍到200倍不等。这样的放大倍数在现在看来并不算什么,但是和同时期的其他显微镜相比,这可是巨大的成就。

列文虎克是一位伟大的工匠,制作出了短焦距的双凸透镜。这一技术在当时是难以想象的,需要极为精细的打磨技艺,然而列文虎克做到了。用毕生的精力做好一件事情,用严谨的态度对待每一件作品,这就是列文虎克留给后人的最大启示。十分可惜的是,列文虎克巧夺天工的技艺在他去世后逐渐失传,这是全人类的损失。

列文虎克极少过问家庭生活,将所有的精力都投入到科学研究中。他从事科学研究活动完全是出于自身的兴趣爱好,真正达到了如痴如醉的境界。当时,很多的科学成就都是由"上流"人士实现的,因为他们无需为温饱担忧,有着足够的时间、足够的金钱来支持他们从事自己喜欢的事业。当有人问列文虎克为何不将自己的技艺传授给年轻人时,他回答道:"训练年轻人来磨透镜,或者为了这个目的去创立学校,我可看不出来这有什么作用,因为很多学生去那里是为了从科学中赚钱,或者想在学术界获得名声。更重要的是,大多数人都没有求知欲望……"科研是一项"奢侈"的活动,而非谋生的工具,这一点值得大家深思。

列文虎克使用放大倍数高达200倍的显微镜,看到了其他人无法观测到的微观世界。他观察了大量的昆虫——跳蚤、蚜虫等,也观察了鱼、青蛙和鸟的红细胞。于是,他提出了一个观点:血管中的血液循环依赖于心脏的搏动。

在列文虎克之前,人们对于精子的认识普遍不够准确。受到观察手段的限制,科学家们在精液中没有观察到精子。而另一位巨匠哈姆(Hamm)通过自制的显微镜在淋病患者的精液中发现了精子,因此他认为精子是导致疾病的罪魁祸首。列文虎克却对这一观点抱有深深的疑虑。"工欲善其事,必先利其器。"因为他研制的显微镜放大倍数较高,所以列文虎克有着别人不具备的研究优势。他在很多健康的动物,包括人类的精液中都观察到了精子的游动,因此他认为精子不是疾病的诱因,而是一种普遍存在的细胞。因为有了精子,所以才会出现精卵结合的生理现象。

列文虎克是一位有着鲜明个性、特立独行的卓越科学家和天才匠人。限于当时的科技水平，他在自己的学术生涯中也提出了很多不正确的观点，但是瑕不掩瑜，这并不会影响他在科学发展史上的崇高地位！

第二位科学家是胡克(Hooke)。他曾任英国皇家学会的干事长，主要在皇家学会中承担演示显微镜研究成果的工作，他对自己在工作中观察到的现象进行了仔细的总结和归纳。在研究软木显微结构时，他在显微镜下看到了大量中空的小室，他把这些小室命名为“Cell”，也就是现代人所说的细胞，这是人类第一次命名这种神奇的组织单位。让胡克更为惊奇的是，他通过计算发现，在1平方厘米的软木薄片上竟然有多达7000万个细胞。细胞学如今已经发展成为一门独立的分支学科，在生物学中占有重要的一席之地。

胡克

第三位人物是科学家施旺麦丹(Swammerdam)。他与列文虎克一样，都是显微镜发展史上的天才。他设计出人类历史上第一台解剖镜，显示出了极高的仪器制造水平和工匠精神。他创造性地制造了两个臂，一个用于固定被研究的物体，另一个用于固定透镜，并且两个臂都有粗调和微调功能，通过粗调能更快地到达合适的位置，通过微调能更清晰地观察物体的微观结构。施旺麦丹通过自己制造的不同放大倍数的显微镜来观察各种物体。为了更好地观察虱子,他甚至让虱子咬自己的手以观察它的口器活动。

与列文虎克不同的是,施旺麦丹的生活相当清苦,甚至基本的生活都难以保障,在晚年饱受病痛折磨的时候,他也无钱医治,后来依靠皇家图书馆的朋友的资助才勉强多撑了几年。

第四位是马尔比基(Malpighi)。他是动植物显微材料制作的创始人。虽然他对显微镜的发明、改进没有太多的贡献,但是他在显微材料的制作方面显示出了过人的天赋。被观测材料的切片的制作水平会对观察效果产生很大的影响,因为很多被观测的物体都是不透明的,所以如何通过合适的方式将它们制作成既不改变物体内部结构而又方便观测的切片是一个大问题。马尔比基最初使用染色剂固定待观测的材料,后来又使用水银和蜡注射固定,显著地提升了观测效果。

马尔比基的主要研究对象是血液循环和毛细血管、肺和肾的细微结构、大脑皮层,以及植物微解剖学。他提出了蚕从卵到蛹演化过程中的结构和生活史,并且第一次发现了植物体中的维管组织。从 1660 年 9 月至 1661 年夏,他通过研究提出,肺是一种多空实质的肉质器官,是由充满空气的膜状的小泡组合而成的。血液和空气被注入肺中,在肺的空隙中自由地混合。

第五位是著名的动植物解剖学家格鲁(Grew)。他成功地解剖了 40 多种动物的肠胃并作了类比。他在刚杀死的动物身上看到了肠胃的蠕动过程,这种现象在当时是难以解释的,动物已经被杀死了,它们的生命已经不存在了,但是身体里的器官为什么还会发生蠕动呢?这种现象在日常生活中也会经常出现。例如,把鱼的头部切除了,但是它的身体有时候还会发生蠕动;青蛙在被去除脑干后仍可发生膝跳反应。实际上,这些现象都是基于同一个原理,它们的反射弧仍继续存在于体内。

格鲁把显微镜引入了解剖学领域,发现了很多动物身上特有的现象,并扩大了显微镜的应用范围。自他之后,显微镜就成为了解剖学研究中必不可少的利器。

格鲁还研究了植物的维管组织,虽然他的研究比马尔比基更为全面和准确,但是他还是充分尊重了马尔比基在维管组织上的发现优先权。1671 年 12 月 7 日,马尔比基把《植物解剖》提纲草稿寄给皇家学会,同一天格鲁也把印刷好的《植物解剖初探》提交给皇家学会。

格鲁是一名典型的宗教拥趸，1701 年，他出版了最后一部著作《神圣的宇宙》，该书通过论述动植物的精致与奇妙来证实上帝的智慧。

11.4 显微镜的发展

很多的后继者仍循着以前的道路，不断地发展着透镜的磨制工艺。受当时工艺技术的限制，透镜的磨制技艺出现了诸多瓶颈。如色差和球面相差的问题，当时的学术权威牛顿在研究了色差问题之后，宣布色差问题是无法解决的，这无异于给了从事研究的匠人和学者当头一棒。此外，玻璃的制作工艺水平普遍较低，导致制造出来的玻璃浑浊有气泡。这些只是表面上的问题，还有一个最关键的问题——如果要不断地增加放大倍数，那么就要不断地扩大凸透镜的体积。然而，在凸透镜体积增大的同时，就相当于将凸透镜分散成若干大小不同的棱镜，因此无法实现持续放大的效果。

此时，英国科学家约翰·多伦德(John Dollond)制造出第一台消色差透镜。多伦德是一位有点传奇色彩的人物，他从一名普通的纺织工人一步步成长为皇家学会会员。他通过实验发现，在使用单块透镜和普通光的时候，色差是无法解决的，但是使用单色光或者制造具有不同折射率的双片透镜便可以解决色差问题。多伦德在 1752 年加入儿子的公司，将冕玻璃和燧石玻璃组合起来制成消色差透镜，并由此获得了科普利奖章，该奖是英国皇家学会颁发的最古老的科学奖之一。鉴于他的杰出贡献，多伦德在去世的当年获选为皇家学会会员，负责为皇室制造光学仪器。

此后不久，显微镜的浸没观测技术出现了，相对于之前的光学显微镜技术来说，这是一项重要的创新。显微镜物镜的前面部分可以浸没在某种液体中，要观察的物体也放入这部分液体中。精心选择的浸没物体的液体，可以消除色差效应以及光线在不同折射率的介质中通过时产生的色散。折射率同玻璃相近的各种油类，可以使光线从玻璃到油，再从油回到玻璃时保持在同一个平面内。

摩德纳大学教授阿米西(Amici)在天文学和显微镜研究中都作出了重要贡献，他首次证明了校正过的透镜的优点，也是第一位应用浸没透镜技术的科学家。由常识可知，在放大10倍的时候，很多简单的物体就能够被观察清楚；在放大50倍的时候，可以看清楚很多解剖细节；在放大300倍左右时，就可以观察到细胞的内部结构，包括各种微生物和细菌。在光学显微镜领域，500倍的放大率或0.2微米的分辨率是难以突破的理论极限。如果采用浸没式显微镜，那么就能在之前的基础上获得更加清晰的图像。阿米西研制出放大率为600倍的显微镜，同时显著地提高了图像的清晰度。1827年，他发明反射显微镜，并进行了早期花粉管的生长研究。

随着显微镜技术的不断发展，人们知道，在不提高分辨率的前提下，仅仅增加放大倍数对于提升显微镜的实际显微效果来说是徒劳无益的。1935年，诺贝尔奖获得者格罗宁根大学教授泽尔尼可(Zernike)发明了相差显微镜技术。细胞内部各细结构的折射率和厚度不同，光波通过时会发生人眼无法观察到的相位差变化，而相差显微镜可以将相位差转变为振幅差，从而用来观察活细胞和未染色的标本。并且这种显微镜在生物标本观察研究方面具有得天独厚的优势，不需要对标本进行脱水、固定等操作，从而避免对标本产生影响。

为了不断地突破光学显微镜的物理极限，显微镜研制者开始使用比普通光线波长更短的光线，以期获得相对清晰的观测效果。在理论上，紫外线显微镜可以突破普通光学显微镜的分辨率极限，但是因为人眼对紫外光不敏感，所以限制了这种显微镜的应用。后来，生物学家需要更大的放大倍数来观察细胞的亚显微结构，如核糖体、叶绿体、中心体……这是光学显微镜无法实现的，此时就需要使用电子显微镜。这将在后续章节中给予详细介绍。

第12章　细胞学说的建立和发展

作为19世纪自然科学的三大发现之一，细胞学说与生物进化论、能量守恒和转化定律一起为科学的发展奠定了坚实的基础。

12.1　细胞学说的提出背景

细胞学说的提出有着深厚的历史背景。一方面，受16世纪、17世纪科学革命的影响，物理学领域涌现出大量的"科学巨星"，也诞生了一批重要的理论成果。以牛顿三定律为代表的经典力学研究，全面地融合了伽利略和开普勒的理论，实现了物理学理论的大一统。准确地说，当时的生物学应该称为博物学，也遵循着物理学的发展逻辑，寻求能否在动物和植物之间建立起紧密的联系，并找出两者之间的内在联系，实现博物学的大一统。另一方面，当时的学术界还流行着一种机械论，该观点倾向于将细胞看作为一台机器，动植物就是细胞的简单罗列和堆叠。细胞学说的提出既可以看成是显微镜发展的直接产物，也可以看成是解剖学发展的必然结果。

法国解剖学家比沙(Bichat)提出了组织学说，组织学说可以认为是细胞学说问世之前重要的过渡理论。比沙通过解剖600具尸体，完善了"组织"的概念，使得"组织"不再用来指代过去那些模糊且互不连贯的概念。比沙主张：理解疾病必须追溯到器官的损伤，那才是疾病的根源。器官是由不同的成分组成的，因为在器官层次上找不到相似性，所以他设想可能在分辨率更高的层次上会存在某种相似性。

比沙通过分解不同的器官来分析组成它们的原始机构——组织。"组织"一词原指一种很特别而且价格很高的纺织品，比沙用它来称呼那些有机结构的组成部分。他把有机体分解成21种组织：神经、脉管、黏液、浆液、结缔、纤维……比沙的研究工作让人们认识到，在组织层次上，动物和植物之间存在着一些共性。那么在比组织更低一个层次的微观结构上，是否还存在着其他的共性呢？这一疑问吸引着生物学家们继续开展研究。

1932年，因提出布朗运动而广为人知的自然学家布朗(Robert Brown)在他的著作《兰花的授粉》中提到："兰花及其他植物的每个细胞中都含有一个黑的圆晕。"所谓"圆晕"，实际上就是现在广为人知的细胞核。随后，德国自然学家奥肯(Oken)发展了"原液"的概念，这种"原液"实际上就是细胞质的"雏形"。他假定存在一种原始未分化的黏液状的被称为"原液"的液体，复杂的有机体是由简单实体集合而成的，每个动物或者植物都是纤毛虫的克隆，纤毛虫放弃了各自的独立性，把生命从属于整体的有机体。德国解剖学家、生理学家弥勒(Miller)是第一批使用新的显微镜来研究病理现象的人，同时也激发了人们使用更高分辨率的显微镜来观察细胞的兴趣。他培养了菲尔绍(Virchow)、施旺(Schwann)等人，他们对于细胞学说的提出发挥了至关重要的作用。

12.2 细胞学说的建立

对建立细胞学说起决定作用的人物是植物学家施莱登(Schleiden)和动物学家施旺。

建立细胞学说的施莱登是一个学术上的狂热分子，性子火暴、傲慢、偏激。他早年在海德堡攻读法律，之后在汉堡从事律师工作。可能是在工作上遇到了不顺心的事情，或者是不喜欢自己所从事的工作，施莱登的忍耐达到了极限，于是他选择了自杀。他将枪口对准自己的前额并扣动了扳机，幸运的是，子弹没有击中要害。

“大难不死，必有后福。”养好伤后，施莱登彻底放弃了法律专业，转而从事生物学和医学研究。在27岁时，他拿到了医学和哲学的博士学位，并开始在耶拿大学执教。从开始跨专业学习到拿到博士学位，施莱登只用了几年的时间，这让人不得不佩服他的学习能力！

施莱登固执地坚持着自己的学术观点，认为只有植物化学和生理学才是世界上最基本的原理和规律。他猛烈地抨击林奈制定的植物学分类法，认为植物学是一门综合性的科学，不能通过人为的分类将它分裂开来。

施莱登

施莱登受弥勒的影响比较大，他在布朗的研究基础上发现，“圆晕”就是细胞核，并把它重新命名为“细胞核”(cytoblast)。他认为所有复杂的植物都是细胞的集合体，细胞是个体化、独立、个别的实体。他提出了一个重要假设——细胞游离形成假设，在现在看来，这一假设是完全错误的，但是在当时对于细胞的起源与形成研究还是起到了关键的推动作用。他认为细胞的形成过程与化学中的结晶过程类似，植物细胞在发展之初，富含糖和黏液的液体作为细胞形成质，其中逐渐地会有一些较重的颗粒聚集析出，然后堆叠在一起，细胞核就是这样通过微小颗粒堆积而形成的。施莱登提出的理论具体包括：

“很快，从半液体状基质中产生出许多极小但富有黏性的微粒，使原本均一而透明的基质显得较混浊。如果微粒数量太多的话，那么基质就完全不透明了。渐渐地，又从较为混乱的基质中出现了类似核仁的结构，很大而且界限分明。再过一段时间，细胞核就形成了，看起来就像是大量微颗粒物质包围了核仁。在这个阶段，细胞核是自由的，会不断长大，一旦细胞核生长到最大限度，在它的周围就会出现一个非常脆弱而透明的微载体结构，成为新生细胞。刚开始时，它更像是个小圆饼而不是微球体。此时，细胞核常常位于小圆饼中较为平坦的那一侧，看上去有点像手表的内芯躺在手表的玻璃罩上。从此以后，整个细胞开始生长，并逐步朝各个方向扩展。到细胞长大成熟时，细胞核就变成了细胞内一个微小的结构。”

由于细胞核形成的游离理论，施莱登和另外一位植物学家梅恩(Meyen)之间发生了激烈的争执。梅恩是第一位描述细胞并推测其来源的植物学家，在《植物生理学》一书中针对细胞和细胞分裂进行了大量论述。梅恩认为，新的细胞是从老的细胞中分裂而来的。他的这一观点是正确的，但是施莱登却认为这种说法完全不合适，这会回归到预成论的老路上去。

1838年，施莱登在《解剖学和生理学文献》杂志上发表了《植物发生论》一文，把研究注意力集中在细胞核的结构上。他在文中提出，无论是多么复杂的植物体，都是由细胞组成的，细胞不仅是一种独立的生命，还维持着整个植物体的生命。他认为：不论多么复杂的植物体，都是各具特色的独立的分离的个体，即细胞的聚合体。植物内部的每个细胞“一方面是独立的，进行着自身发展；另一方面则是附属的，作为植物整体的一个组分生活着”。

简单地总结一下施莱登的工作，他主要提出了三点内容：(1) 提出了一个简单的以无机物晶体为基础的细胞形成模型；(2) 他反对一切自然发生学说，认为细胞是由细胞质中的物质逐步发展产生的；(3) 他提出了“植物是个体细胞群”的观点。

在真正意义上提出细胞学说的科学家是德国动物学家施旺。

在柏林工作期间，施莱登遇到了施旺。施旺主要的研究领域集中在动物方面，师从著名科学家弥勒，在研究过程中他发现了神经纤维的鞘、胃蛋白酶等。通过研究，施旺逐步意识到活力学说的错误性和局限性。施莱登和施旺的会面可以与百年后沃森和克里克的会面比肩，前者在一起商讨细胞学说的雏形，后者则一起叩开了分子生物学的研究之门。

施旺

施旺的性格非常内向和腼腆，同时为人比较谦和，不喜欢争论，他放弃了很多本该属于他的荣誉。面对他人的打击和嘲讽，他始终保持着沉默。德国化学家李比希(Liebig)和同事维勒(Wohler)曾经这样评价他的研究："溶液里的酵母产卵并孵化出烧瓶形状的动物，动物吞食了溶液里的糖后开始消化，最后粗鲁地打嗝并喷出二氧化碳和酒精。"面对这样的嘲讽，施旺始终一言不发，最终还是巴斯德站了出来，给予了坚决的反击。施旺选择在学习和讲授解剖学中度过余生，在生命的后半段时间里，他甚至将部分精力投向了研究宗教和神学。

施莱登和施旺这两位性格迥异的生物学家在交流中擦碰出的学术火花——细胞学说，对生物学的发展有着划时代的重大意义。

施莱登和施旺的合作一直进行得非常和谐和顺利，没有繁文缛节的烦恼，他们经常在用餐的同时进行学术上的交流和沟通。在一次用餐时，施莱登谈及细胞核在植物细胞的活动中起着非常重要的作用，施旺立刻联想到在动物的脊索细胞中也有同样的细胞核结构，如果能够证明细胞核在动植物细胞活动中起着相同的作用，那么这将是一个极其重大的发现。

施旺把组织分为五类:第一类,由分离的独立的细胞组成,如血液和淋巴细胞;第二类,结合成连续组织的独立细胞,如角质组织和眼球晶体;第三类,细胞膜已经相互结合的组织,如软骨、骨骼和牙齿;第四类,纤维性细胞;第五类,细胞膜和细胞腔已经相互融合的组织,如肌肉、神经和毛细管。1839年,施旺出版了《动植物结构和生长的相似性的显微研究》,书中指出,所有的细胞,无论是动物细胞还是植物细胞,均由细胞膜、细胞质、细胞核组成。他分三部分对细胞学说的内容进行了详细的阐述:第一部分是蝌蚪的脊索以及各种不同来源的软骨的结构和发育过程;第二部分论述了无论动物组织有多么特殊,细胞都是动物组织的基础;第三部分通过对各种动物组织进行仔细检查,证实它们都来源于细胞,这些动物细胞与植物细胞相似。施旺综合了施莱登的细胞游离形成假说和其他人的观点,给出了一个折中的说法:他承认细胞起源于细胞内部——一种无结构的液体或者细胞形成质,这种过程只是和结晶类似,但是不同于化学结晶过程。

施旺主张各种有生命的物体(动植物)的共同起源都是细胞,把"细胞"解释为细胞本身分化的"核外的一层",通过膜的形式加以包围,在一种较坚硬的物质沉积的地方渐渐变空,像一只液泡,或者本身同其他细胞的"层"融合。

归纳施旺的研究成果,主要包含了三个方面的内容:(1) 系统地论证了细胞是动植物体的基本构成部分,也是有机体活动的基本单元,有机体是细胞的集合体;(2) 论证了动植物的各种组织和细胞都具有基本的构造、基本特性,按照共同的规律发育,有共同的生命过程;(3) 论证了细胞有机体并非是自始至终一成不变的,细胞有自己的生成和发展过程,即细胞的形成由核仁开始,先形成细胞核,然后在它的表面出现膜和芽,物质向膜内渗透,最后扩大成新细胞。

12.3 施莱登和施旺的贡献

19世纪30年代末，在对生物细胞的研究过程中，有两个重要问题始终未得到彻底解决：一个是"细胞在生物中的功能是什么"，另一个是"新细胞是怎样产生的"。这两个问题在德国动物学家施旺和植物学家施莱登的细胞学说中得到了初步解答。施莱登是当时最有影响力的细胞学家，他不仅以极大的热情说服了施旺参加细胞学研究，还培养了一些优秀的年轻植物学家，如霍夫迈斯特（Hofmeister）、耐格里。他还劝说年轻的卡尔·瑞斯创建光学仪器公司，并向他提出中肯的意见，令其得以顺利发展。施莱登将后生论、渐成论的原理应用于细胞形成过程的研究中，并在1838年提出自由细胞形成学说。综合施莱登和施旺两人的研究成果，最原始的细胞学说便这样建立了起来。

施旺认为，无论有机体的各个基础部分有怎样的不同，它们在发生和发育上都遵循一个普遍的原则——形成细胞的原则。首先存在着无结构的物质，然后它们围绕着已存在的细胞，或者在已存在的细胞的内部，依照一定的规律，在其中形成细胞。根据这一规律，各个细胞以各种方式发育，最后组成生物体的各基本部分。

施莱登和施旺两人对细胞学说建立的贡献是不相等的。施莱登的论文主要对植物细胞的形态学等方面进行了描述，同时提出了细胞发生假说。他的论文对细胞学说的正式建立起到了促进作用，然而真正提出细胞学说的还是施旺。施旺在自己的专著中对动物细胞的相关研究情况进行了总结，并且和施莱登的植物细胞研究结果作了比较，从中概括出了一致性的结论，将细胞学说上升为一种科学理论。

因为施莱登和施旺几乎同时发表了有关植物细胞和动物细胞的论文（或专著），所以我们还是沿袭之前的说法——施莱登和施旺共同提出了细胞学说。

施旺在《动植物结构和生长的相似性的显微研究》一书的前三部分中，提出了细胞学说的雏形，但是这本书并没有完全写完。在他的后半生，在读书和教学的同时，他远离纷争，致力于第四部分和第五部分的写作，但是这两个部分的内容和前三个部分有很大的脱节。《动植物结构和生长的相似性的显微研究》的第四部分是关于感应性和脑功能的研究，第五部分是关于万物产生的理论。可以看出，这两个部分的内容完全是宗教和哲学方面的，与前三个部分中的细胞学说完全分离，这体现出晚年的施旺已经将工作重心从自然科学研究转到了宗教研究上。

12.4 细胞学说的修正

综合施莱登和施旺的观点，细胞学说的雏形已经显现了出来。现代的细胞学说主要内容包括：细胞是有机体，一切动植物都由细胞发育而来，即生物是由细胞和细胞的产物组成的。所有的细胞在结构和组成上基本相似，均由细胞膜、细胞质、细胞核组成。生物体通过细胞的活动来反映其功能。新细胞由已存在的细胞分裂而来。除意外创伤外，生物的疾病是由其细胞机能失常所导致的。

现代的细胞学说与该学说的雏形之间有相当大的差别，很多地方都作了修正。修正的过程也并非是一帆风顺的，而是汇聚了多位学者的共同努力。首先是对"如何形成自由细胞"和"成细胞原浆"的概念进行修正。

1839年，在细胞学说提出的当年，普金耶开始使用"Protoplasm"来代表原生质，而"原生质"概念的真正普及，要从默勒开始。默勒把"原生质"这个词描述为植物细胞的一部分，他猛烈地抨击施莱登的观点，认为"施莱登从来没有观察到细胞的分裂"。默勒使"原生质"成为广泛通用的生物学词汇。1868年11月在英国爱丁堡，赫胥黎在做题为"生命的物质基础"的演讲时，把原生质的概念介绍给了广大公众。另外，德国解剖学家舒尔策认为，植物和动物的原生质与最低等生物的肉浆是同一物质，同样，他也尖锐地批评施莱登和施旺过分强调细胞壁的重要性，将细胞定义为"一团内部有一个核的裸露的原生质"。

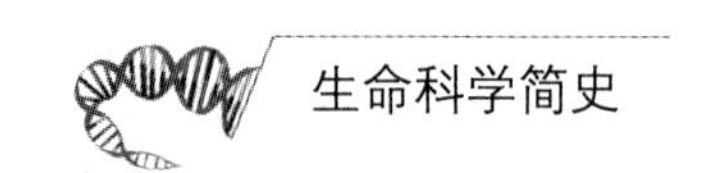

此后，弥勒的学生菲尔绍在《病理解剖学文献》第一卷中，综述了关于组织的结构和生长方面的流行观念。受施莱登和施旺的影响，他把细胞起源描述为由从脉管中流出的一种液体——“无定型的成胞原浆”分化而来，就像血液中的白细胞大量进入受伤部位、变成巨噬细胞一样。在治愈角膜的过程中，他观察到与之前细胞生长观点不一致的现象。1855 年，他在杂志上发表文章《细胞病理学》，第一次提出“所有细胞都来源于之前存在的细胞”的论断。

在细胞学说的发展过程中，实验技术和观测手段的发展进步也起到了至关重要的作用。例如，在观察细胞的时候需要使用固定剂和硬化剂，刚开始使用的固定剂是粗制标本的防腐剂，硬化剂使用的是络酸盐和铝酸盐。舒尔茨发现，锇酸固定法可以把细胞的精细部分完好保存，让其与活体没有多少区别。弗勒明(Flemming)通过改进的固定和染色技术，并结合浸没显微镜来观察细胞和细胞核内的物质，奠定了现代细胞生物学研究的技术基础。随着实验技术的进步，科学家们修正了之前细胞学说中的部分错误观点，这充分体现出技术进步对理论发展的巨大促进作用。

总的来说，细胞学说的发展主要经历了三个阶段:(1) 1840～1870 年，建立起细胞学、遗传学连续性的基本轮廓和原理;(2) 1870～1900 年，细胞学、细胞胚胎学趋于成熟，遗传学物质基础和发育机制新概念不断发展;(3) 1900 年至今，对性别和遗传的机制开展现代的更彻底的探究。整个细胞学说从提出到发展，直至最后成熟，始终在不断修正错误的过程中前行。目前，呈现在人们面前相对完善的细胞学说也未必是最终定论，随着科学技术的发展进步，可能还会不断的出现变化，这也是理论发展的必然。

12.5 各种细胞器的发现

细胞学说问世之后，关于细胞的研究逐步进入正轨，人们对原生质的认识进一步加深，海克尔对这一学说进行了进一步阐述。海克尔提出，动物界应该分成原生动物和后生动物两大类，单细胞的原生动物具有与高等生物类似的生命活动机能。这是对细胞学说强有力的补充。

此外，各种细胞器也成为研究热点。下面以线粒体为例，详细地介绍一下细胞器的发现过程。

线粒体大多是一种椭圆形的细胞器，由于细胞的形态不同，线粒体的形态易发生多种变化，如短棒状、圆球状、线状、分叉状、扁盘状等。短棒状的线粒体长约 2 微米，直径约 0.5 微米，在它"层峦叠嶂"的内膜上分布着大量的与氧化呼吸相关的酶，这些酶与呼吸链有着密切的联系。因为线粒体的主要功能是为细胞提供能量，所以它又被称为"细胞的动力工厂"。

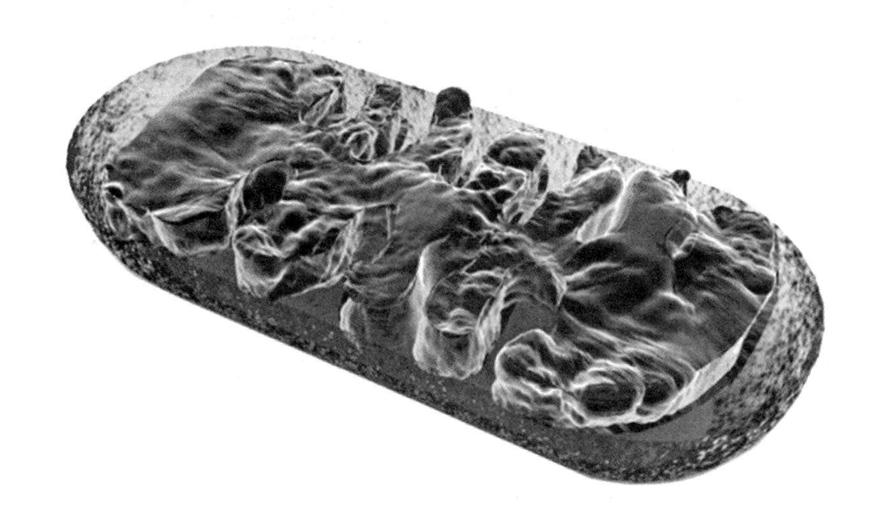

线粒体

线粒体是生物细胞中普遍存在的一种重要的细胞器，从 1850 年对它进行形态描述开始，虽然对它的研究已有约 170 年的历史，但至今依旧存在着大量的未解之谜。

线粒体之所以会成为研究热点，原因是多方面的。一方面，它是"细胞的动力工厂"，没有它的供能，整个生物体将陷入瘫痪，同时它也是糖类能量代谢的发生场所；另一方面，线粒体的基因组比较保守，这对于研究物种的进化与相互间的亲缘关系有着重要的鉴别作用。线粒体在长期的进化过程中形成了一套相对独立的遗传方式：它既受细胞核内的遗传物质的控制，又受自身遗传物质的支配。这种遗传方式在生物的进化中占

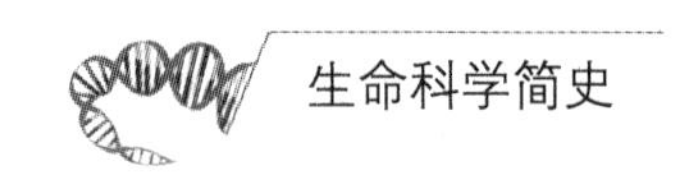

据着重要的一席之地。因此,无论是对于动物细胞还是对于植物细胞,甚至对于很多微生物来说,线粒体都是至关重要的,如果缺失了线粒体,那么生物体就无法存活下去。

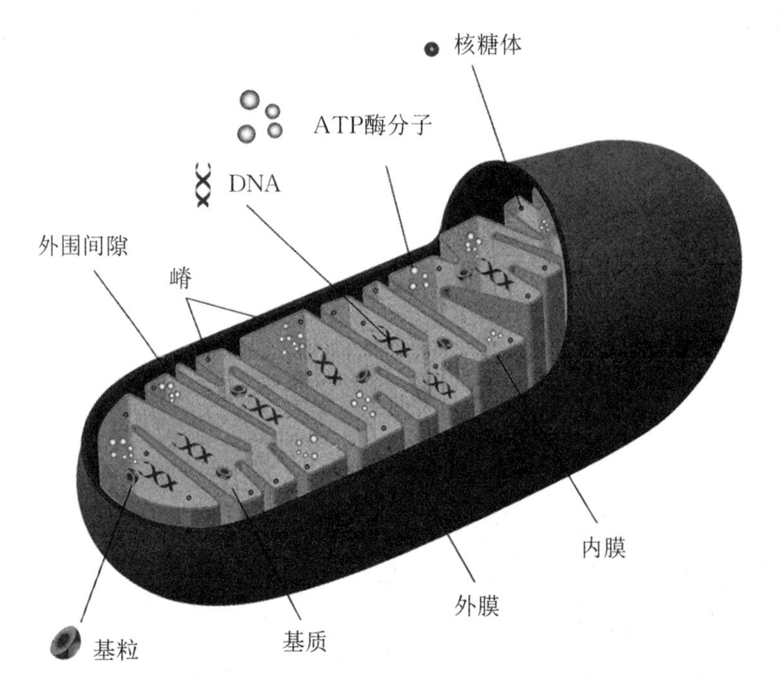

线粒体结构

显微技术的广泛普及,使得研究细胞的亚显微结构——细胞器成为可能,细胞的微观结构被逐步揭秘。细胞学说的建立,为研究细胞内部微小的细胞器提供了契机,在这一学说建立后,对各种细胞器的研究也逐步展开。

线粒体的重要性是毋庸置疑的,由于研究条件的限制和自身体积的微小,它并没能在研究初期被科研工作者发现。鉴于线粒体在能量代谢中的特殊作用,对其结构的成功解析无疑会成为解开能量代谢谜团的关键。虽然线粒体形态复杂,但是大多数线粒体长度集中在 2 微米左右,直径集中在 0.5 微米左右,属于细胞的亚显微结构,只要有高分辨率的显微设备,就能对其结构进行解析。

自 18 世纪以来,解剖学迅速发展,关于生物器官的结构及其相应功能的研究得到了学术界的重视。德国生物学家、解剖学家寇里克(Kolliker)在这一研究领域作出了杰出的贡献。寇里克于 1817 年出生在瑞士苏黎世,1838 年进入波恩大学学习生理学,毕业后一直从事解剖学研究。在研究动物学的过程中,他细致地解剖了哺乳纲和两栖纲动物的横纹肌、平滑肌、骨头、皮肤、血管等多种组织，并且详细地记录了实验结果。1850年，他在实验中观察到昆虫的横纹肌中具有许多颗粒结构，他对这些颗粒进行了分离研究。根据实验，寇里克推测它们被半透性的膜包被着，这些小颗粒就是线粒体。寇里克是第一位描述线粒体的科学家，但他并没有对这些颗粒进行命名。因为他当时还无法观察到线粒体内部的亚显微结构，所以也就无从得知这些细胞器的具体功能，进而无法对其进行功能上的命名。

寇里克能发现线粒体也是有一定客观原因的。他在实验中解剖的都是一些需要能量较多的组织，如平滑肌、横纹肌、心肌等，这些组织都是与运动紧密联系的，需要大量的能量供给，而线粒体正是细胞中的“动力工厂”，需能的多少和线粒体数量呈正相关，因此这些组织中的线粒体数量相对较多。虽然体积很小，但是数量上的巨大优势使得发现它们成为可能。这一点也是寇里克取得成功的最主要原因。

因为当时的学术界对细胞的微观结构还没有达成共识，同时显微镜也刚刚应用于生物学研究中，所以对新发现的细胞器的研究大多停留在对表象的描述上，从而未能进一步深入到相应的功能研究上。在17世纪初显微镜问世之后的很长一段时间里，科学家们使用的都是简易显微镜，即在一个底座上加装一块粗糙的球面透镜。因为这种显微镜的放大功能有限，所以限制了细胞学理论向亚细胞结构的进一步发展。虽然寇里克在未给出明确名称的情况下，首次描述了线粒体这种未知颗粒，但是他未能弄清楚这种颗粒的微观结构，也不知道它们的功能和其内部的具体构造，只是猜测这种数量众多的颗粒可能有着极为重要的生理学功能。

1880年前后，显微技术有了质的飞跃，出现了多个镜片组合在一起的复合显微镜，显微镜的放大倍数提高到了2000倍，从而使生物学家能够深入地研究细胞的亚显微结构。德国病理学家、组织学家阿尔特曼（Altmann）在研究细胞的亚显微结构时，在需能组织附近发现了大量的颗粒聚集，他将观察到的这些颗粒命名为原生粒。阿尔特曼决心将这种原生粒与细胞中的其他结构区分开来。1886年，他发明了一种鉴别这些颗粒的染色法，通过这一方法可以在显微镜下清楚地看到细胞中所有这种原生粒的分布状况。阿尔特曼猜测这些颗粒可能是共生于细胞内的独立存活的细菌，他并没有想到这种小颗粒是细胞自身的组成部分。1890 年,生物学家帕特斯(Petzius)将观察到的这种小颗粒命名为肌粒,因为它在肌肉细胞中的数量较多。这一点完全符合实际,肌肉是需要能量较多的组织。同年,生物学家奥塔曼(Oatman)将线粒体命名为细胞质活粒。他认为这种小颗粒可能是共生于细胞内的细菌,这种细菌是独立存活的,并不是细胞的组成成分。也就是说,它不是一种细胞器。他的观点与阿尔特曼如出一辙,全都偏离了事实真相。

1897 年,德国科学家卡尔 · 本达(Carl Benda)首次正式将这种颗粒命名为线粒体(Mitochondrion)。他在研究中发现,这些原生粒数量众多且形态多变,有时呈线状,有时呈颗粒状,所以他用希腊语中的"Mitos"(线)和"Chondros"(颗粒)组成"Mitochondrion"一词来为其命名。至此,"线粒体"的名称正式被学术界采纳。从 1850 年发现线粒体到它被正式命名,经历了近半个世纪的漫长时间。

细胞中还有多种细胞器:高尔基体、核糖体、内质网、中心体、叶绿体……它们都有着各自的发现过程。在这些细胞的亚显微结构被全部发现之后,人们开始真正地认识到细胞蕴含的无穷魅力。

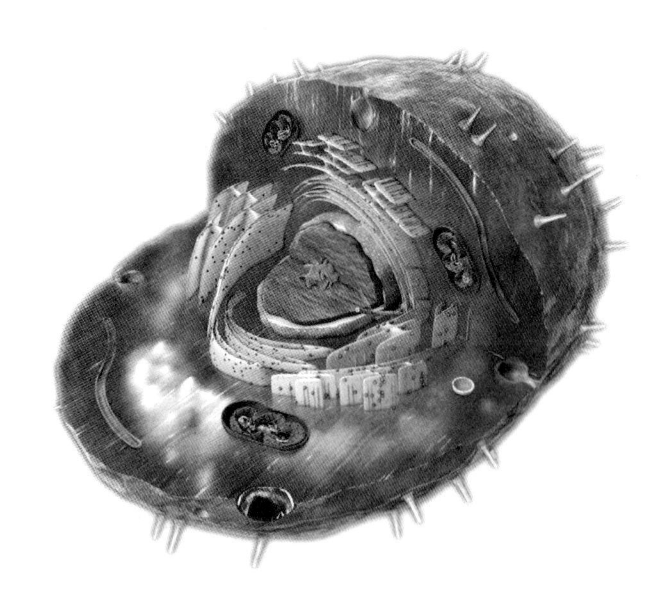

细胞中的各种细胞器

第13章　发育生物学

生命来自哪里？在自然界中有多少种不同的生殖和发育方式，从而保证了物种的延续？关于这些问题人们的思考和讨论始终没有间断过。

13.1　朴素的发育观

希波克拉底，被后人尊为发育生物学研究的始祖，同时也被誉为西方“医学之父”，他用20多个鸡蛋敲开了最原始的胚胎研究的大门。希波克拉底拿来20多个鸡蛋，让数只母鸡同时进行孵化。从孵化的第二天开始，他每天都取一个鸡蛋进行解剖检查，观察鸡蛋发生了哪些具体的变化。通过这种原始的方法，他发现了胚胎发育的具体步骤及其形态变化。他将自己的发现写成了《幼体的特性》一书，此书是胚胎学的开山之作。

希波克拉底通过这一实验观察到了鸡胚胎的发育过程。然而，从科学的角度分析，该实验在设计上存在着缺陷。首先，他每次选取的鸡蛋都不是同一个体，因此在发育时间上肯定存在着差别，很难严格地按照时间顺序，每隔一天就会发生变化；其次，作为实验对象的20多个鸡蛋，未必能全部孵化出小鸡。虽然这个实验在设计上存在着缺陷，但是在约2400年前，就能够想出这样的实验方式绝对是令人叹为观止的。

希波克拉底同时认为：“不论是动物还是人，后代的性别都取决于母亲的卵巢，母亲右侧的卵巢决定生出来的是男孩,左侧的卵巢决定生出来的是女孩。”在希波克拉底之前,亚里士多德对于胚胎发育也曾提出过独特的见解:胚胎一直被认为是来自母体的“质料”和来自父体的“形式”的结合体。这种“形式”在交媾后立即从父体“突然排出”并进入子宫。随后,母体的血液养育了胚胎,直至发育成熟。

医学家哈维对这种观点持有不同的意见,他认为“一切生命来源于卵”,这种观点有点像后文将要介绍的卵源论。哈维选择了一头受精的母鹿作为研究对象,在胚胎发育6～7周后将母鹿杀死,他在母鹿的子宫中寻找发育产物,却没有找到任何实质性的东西,因此他认为受精可能对于发育没有实质性的作用,小鹿是从卵中发育出来的。现在人们知道,哈维的观点是错误的,受到观察设备的限制,在母鹿妊娠 6～7 周时,鹿的胚胎还非常微小,不足以让哈维观测到。

在胚胎形成后,对于出生的幼体性别,古代的博物学家们也进行了仔细研究。亚里士多德认为,在生儿育女的过程中,胚胎是在子宫中由月经血凝结形成的,男子的精液在胚胎选择中起到了决定性作用。当男子精液质量好的时候,就会生出男孩;当男子精液质量不好的时候,生出来的就是女孩。被誉为西方第二位医学权威的盖伦也认同这一错误的观点。他认为男性的睾丸在生男生女的过程中也起到了决定性的作用,右侧的睾丸决定生出来的是男孩,左侧的睾丸决定生出来的是女孩。右侧的睾丸或右侧的卵巢决定生出来的是男孩,这些观点得到了当时全社会的认可,在亚里士多德和盖伦生活的年代都是以右为尊,在男性至上的大环境下,有这样的观点也是一件顺理成章的事情。

盖伦也提出了自己的观点,他在《论身体其他部位的用途》一书中提出:“人类是所有动物中最完美的一类,但是男人要优于女人,因为男人具有更多的大自然原始的器具以及过度的热量。”按照盖伦的观点,生殖是命中注定的,因为睾丸承担着血液加热与改善的任务,热量不足就会使胎儿成为女性。他通过研究动物和人类的阉割结果发现,破坏睾丸会导致热量和男子气概丧失,而女性缺乏热量会导致脂肪堆积,在太监的身体中会出现同样的堆积。

13.2 预成论与渐成论

在古代,科技极其不发达,各种迷信思想和言论泛滥,人和动物的诞生和发育过程一直是社会关注的焦点。教会希望学术界提出的相关学说能够为宗教服务,成为维护宗教权威的工具,但是科学家们只是想真正客观地了解其中的奥秘。

18世纪,预成论在学术界占据统治地位。什么是预成论呢?这里引用古罗马哲学家塞涅卡(Seneca)的一段话来表述:"精子里面包含着形成人体的每一个部分。在母体子宫里的胎儿已经具有了有朝一日长出须发的根基。在这一小块东西里面,同样已具备了身体的雏形,以及后代子孙身上应有的一切。"换句话说,无论是精子还是卵子,其内部都存在一个小小的人。最为经典的一幅伪科学图画就是哈特索克(Hartsoeker)画的一张微型小人图——一个精子里面蜷缩着一个微小的人。

哈特索克还作了一个推算,计算出上帝创世的时候,第一代兔子应达到多大的体积,它的肚子里才能容纳下开天辟地后的所有兔子。他的学说因为迎合了当时教会的需求,所以得到了大力推崇。

在预成论中还存在着不同的理论派别:一个是以哈特索克为代表的精源论派,另一个是以哈勒(Hailer)和博内为代表的卵源论派。卵源论的观点认为,事先存在的微小个体是在卵细胞中,而不是在精细胞中。当时的生理学家哈勒对鸡蛋进行了研究,他坚信卵细胞中存在着个体从发育至成熟所需的一切基本物质。这两派耗费大量的精力在学术期刊上进行争辩,却没有把时间和精力放在最应该放的地方——实验室,没有通过实验给出令对方信服的答案。没有事实依据,光依靠口头和字面上的论战,很难说服对方和广大民众接受己方的理论。换而言之,这样的伪命题也是得不到实验验证的。从本质上说卵源论和精源论没有任何的区别,两者都认为生物体的雏形事先就已经完全形成了,差别仅是形成的场所不同,一个是在卵细胞中,一个是在精细胞中,仅此而已。

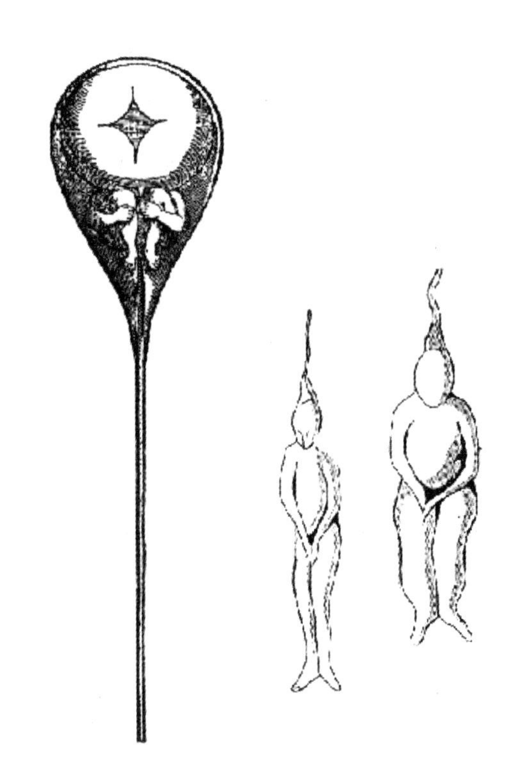

哈克索克的精源论

追根溯源，卵源论的思想起源于在科学史上作出了重要贡献的科学家——列文虎克。列文虎克在观察一些昆虫时发现，某些特殊的昆虫不需要受精就可以完成繁殖，即只要有雌性昆虫，不需要雄性昆虫就可以繁殖出下一代。他根据这一现象认为，生物体都可以由雌性动物的卵直接发育而成。在当时的实验条件下，人们无法真正了解动物无性繁殖的真相，而列文虎克是根据实验观测结果进行相关推测的，所以这一说法赢得了很多支持者。

如果说精源论和卵源论之间的争辩是内部矛盾的话，那么预成论与渐成论之间的分歧就是敌我矛盾了。

在预成论发展得如火如荼的时候，德国胚胎学家沃尔弗(Wolff)对这一观点提出了质疑。沃尔弗从小就对哲学充满兴趣，他指出，任何事情的发生都应该有着充分的理由，无中生有是荒唐可笑的。1759年，沃尔弗发表了一篇有关发生理论的论文，他认为生物的发展是逐步进行的，是渐变的，不存在所谓的事先就已经形成的预成体。这篇文章成为了胚胎学发展史上的一块里程碑。因为沃尔弗的渐成渐变的观点并不符合教会的主张,所以被完全忽略了。当时的人们普遍用神学的眼光来看待生命和科学,所以他的观点未能唤醒学术界的同仁和宗教控制下的民众。

以小鸡生长为例,沃尔弗认为小鸡是由含有小泡囊的物质小块形成的,这种小块预先并不含有身体的结构或者部分,只是在后来逐步形成了管道系统……他极力想证明的是,小鸡胚胎的血管并不是在孵化初期就存在的。虽然他的很多观点在现在看来并不正确,但是他在预成论一手遮天的情况下坚持渐成的观点是非常难能可贵的。抵御教会和其他顽固学派的诋毁和进攻,需要远超常人的坚持和勇气!

13.3 从博内到斯帕朗扎尼

随后,对发育生物学作出突破性贡献的是博内(Bonnet)和斯帕朗扎尼(Spallanzani)。

博内是瑞士著名的博物学家,23岁就进入瑞士皇家学会,他对昆虫有着浓厚的研究兴趣。1745年,他出版了《昆虫的特性》一书,通过研究雌性卫矛蚜虫,他发现并提出了蚜虫孤雌生殖,成为历史上第一位实验昆虫学家。博内发现夏天孵化的雌性蚜虫不经过受精就可以生出子蚜虫,到了秋天,新一代的雌性蚜虫需要与雄性蚜虫交配后才会产卵。他通过实验分离出雌性蚜虫,并依靠单性生殖的方式连续培养了30多代蚜虫。博内提出胚芽学说,这一学说认为:每个雌性动物都包含着以它为祖先的这种动物的“胚芽”,每个物种的第一个雌性动物的卵巢中都包含着这个物种一切后代的雏形,雄性的精子只是起刺激作用,是发育生长必需的物质,发育后期主要还是由母体供给营养。

客观上说,该学说是对预成论很有力的支持,因为孤雌生殖的现象,从某种意义上说,就是一种预成论,预先设定好的遗传信息经过长时间的发育形成个体。这也让博内开始思考,在个体和物种之间,存在着什么样的差别与联系。博内提出,个体的胚芽中携带了物种的所有信息,而不仅仅是某一个个体的特殊印记。换而言之,胚芽中蕴含了这一物种的特殊性，而不同个体之间的差别，是在后天发育过程中，受营养、外界环境、发育等多种因素综合影响，才逐渐显现出来的。

因为博内研究的孤雌生殖现象，是一种相对来说比较典型，却又不是特别常见的生殖现象，同时在自然界中也确实存在这种生殖方式，所以博内认为预成论的观点是完全正确的。

另外一位值得铭记的科学家是与博内同时代的斯帕朗扎尼，他是实验生理学的奠基人。通过对两栖动物，尤其是对青蛙、蟾蜍、蝾螈的研究，他坚信预成论是正确的观点。他通过观察发现，在人工切除青蛙或者蝾螈的四肢后，它们能够通过后天发育让断肢再生长出来，所以他断言，胚芽是存在于之前没有受精的动物的卵细胞中的。

为了证明受精的作用，他曾经做过一些精密的实验。他给雄蛙穿上了一种塔夫绸的紧身裤，这就限制了雄蛙的交配，因此雌蛙在产卵后，卵就没有办法完成发育。但是如果让卵和紧身裤上遗留的精子结合的话，那么卵就会正常发育。这个实验证明了，需要精卵结合才能够完成发育。

斯帕朗扎尼是典型的卵源论支持者，本来是想通过实验证明单独的卵就可以发育成个体，结果却证实了必须经过精卵结合才能完成发育。为了自圆其说，他必须给这种现象找一个合理的解释。他提出，精子是真正的性器官寄生虫，会随着血液循环进入卵细胞中，然后到达预成的性器官中，一直存活到青春期。同时，他也敏锐地指出，孩子与父母双方的相似性表明，新个体在预先形成时存在着一些问题。但是这些问题已经超越了他生活的那个时代。

斯帕朗扎尼通过实验得出了受精卵是精卵结合的结果，这与他坚持的卵源论是大相径庭的。为了自己坚持的学说，他大胆地给精子作了错误的定义。尽管如此，他的工作让人们对精卵发育有了更深层次的认识，开始逐步尝试用实验去证实发育的过程。

13.4 实验胚胎学的发展

1894 年,《有机体发育机制研究资料汇编》第一卷出版,这标志着实验胚胎学正式建立。这一分支学科的发展,主要是为了回答究竟是什么因素控制着胚胎的发育。人们开始利用实验工具对动物胚胎进行细致分析。

实验胚胎学的奠基人是鲁(Roux)和德里施(Driesch)。他俩都是海克尔的学生。

作为一名狂热的进化论者,鲁创办了《有机体发育机制研究资料汇编》杂志,提出了镶嵌式发育学说。发育发生依靠的是自我分裂,还是相互关联的依赖分裂?鲁努力寻求答案。自我分裂是指,在自身内部存在着决定分化的机制,不依赖于外部的分化刺激,而相互关联的依赖分裂则要依靠外部的刺激和胚胎其他部分的影响。鲁把“发育”定义为显而易见的多样性的产物,他进行了一项著名的“针刺”实验。实验中,他把处在两个细胞阶段的青蛙胚胎中的一个细胞用灼热的针杀死,这样就只剩一个细胞,这个细胞发育形成了半个胚胎。由此他提出了胚胎发育镶嵌学说,他认为整个胚胎是各个部分发育的总和,每个部分都会独立于其周围的细胞发育生长。

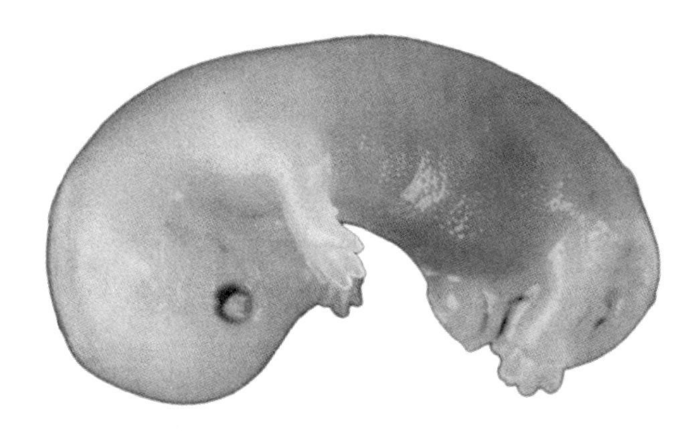

胚胎的发育

他从实验中得出的结论是正确的。胚胎被破坏的部分不发育，而未被破坏的部分按照原先的设计发育成部分胚胎，这说明胚胎的各个部分是独立发育的，不受其他部分影响。类似于将整个个体看作是一个独立的机器，其中胚胎的各个部分都能发育成机器的一部分，发育的部分就相当于镶嵌在机器上一样，这就是镶嵌学说的主要内容。而实际情况是，胚胎在确定分化方向后，各个部分就有了独立的分化路径，而在保有细胞分化全能性之前，是可以发育成整个个体的。

德里施反对镶嵌发育，质疑海克尔、鲁、魏斯曼（Weismann）。他认为："一个新的有机体可以从胚胎的一个部分再生出来，因此不能把胚胎看作是一台复杂的机器。"

德里施是第一批反对鲁的镶嵌学说的人，他根据自己的实验否定了鲁的实验发育模型。德里施是一个桀骜不驯的人，既反对老师海克尔的观点，对于同门师兄弟鲁的观点也不认同，他不断地提出自己的观点，并且公开地对老师的学识提出质疑，这让师生之间的关系弄得很僵。海克尔甚至一度让他去精神病院就诊。德里施没有接受这个建议，但还是放弃了实验胚胎学研究，转而研究哲学。

通过实验，德里施发现了鲁的实验漏洞。他用海胆卵替代了青蛙的胚胎，发现在两细胞阶段的海胆卵胚胎非常地容易分开，仅仅依靠晃动就可以将之分成两个独立的细胞，而这两个细胞都可以独立地形成新的胚胎，这说明两个细胞都具有发育所需的所有成分。随后德里施进行了四细胞和八细胞的实验，都证实了自己的结论。

然而，德里施随后陷入到一个怪圈中。他一直在苦苦地追寻一种发育的机制，但是自己的实验结果表明，在自然界中很难找到一种机器，这种机器被一分为二后，每一个部分都能再次成长为一台具有完整组件的新机器。

鲁和德里施都对对方的理论表示出极大的反感，基于实验得出的结论更让他们坚信自己的结论。其实，他们的工作都是胚胎发育生物学中重要的组成部分。关键的问题在于，在胚胎分化之前，这样的细胞具有全能性，可以分化成完整的个体，但是细胞一旦开始分化，就只能按照遗传信息中蕴含的内容发育成个体的一部分。这也是鲁和德里施的分歧所在。

之前的胚胎发育学家都是在胚胎学的框架内进行研究的，美国的哈里森通过研究，在生物化学和分子遗传学之间搭建起了一座桥梁。他通过移植的方法来研究两栖动物的生长和再生。他通过遗传手段把一种青蛙幼体的头移植到另外一种青蛙幼体的躯干上。他通过不同颜色的物种来区分移植的各种器官,包括肢体的发育情况。

在1905～1907年,哈里森研究了神经纤维等组织的分离生长情况。通过组织和细胞的培养,他对各种分离组织的发育情况有了更深层次的理解。他参与研究、构建的胚胎学方法被称为现代综合有机体学说,这是一种从整体上理解有机体结构和生长的理论,替代了生机论和机械论。

德国生物学家施佩曼(Spemann)因胚胎学研究而获得了诺贝尔生理学或医学奖,这是第一个关于胚胎发育方面的诺贝尔奖。施佩曼希望通过自己的研究找出胚胎在分化的道路上,究竟在什么时候不能够再改变了。即胚胎分化的全能性是什么时候丧失的。19世纪90年代,施佩曼繁殖出中间长有大眼睛的蝌蚪,这些大眼睛中包含了简单的晶状体,他花了12年时间去研究晶状体的诱导机制,同时将从供体胚胎中分离组织并导入宿主细胞的技术锤炼得炉火纯青。施佩曼和助手将选定的胚胎移植到另一个胚胎的特定区域,以观察发育的情况。多次的实验表明,二级胚胎可以包含宿主和供体细胞共同组成的镶嵌图案,这说明被移植的组织和宿主都参与了二级胚胎的形成。虽然成活的案例不多,但是毕竟有成功的案例,这对实验胚胎学的发展产生了重要影响。

从施佩曼开始,胚胎发育生物学也逐步与生物化学、遗传学、分子生物学紧密地结合在一起,与此相关的研究也逐渐渗透到人们的日常生活中,在器官再生、克隆、生殖发育等方面发挥出重要作用。

第14章　微生物学的发展

从整体上看,微生物学的发展史主要包括四个阶段:第一阶段是形态学发展阶段,第二阶段是微生物生理学阶段,第三个阶段是分子生物学阶段,第四个阶段是基因组及后基因组阶段。

微生物学的发展经历了一段较长的历史。现在的很多书在统计微生物学发展时间时,习惯于从1857年巴斯德证明乳酸发酵是由微生物引起的时间开始算起。但实际上,这应该属于微生物学发展的第二个阶段,即微生物生理学阶段。

14.1　自然发生论的发展

微生物学的发展虽然很早就起步了,但在初期并没有形成一个完整的体系。在当时的历史条件下,萌生了很多在现在看来十分可笑的观点,然而这些错误观点却深深地影响了学术界很多年,这些观点的提出者中也不乏像亚里士多德和牛顿这样的科学巨匠。

在科技不发达的古代,人们都渴望了解,生物都来自哪里?是自然产生的,还是由其他物种演变而来的?这些问题深深地困扰着当时的科学家们。

最早支持自然发生论的人是亚里士多德。作为学术大师,他的态度决定了很多人对这些问题的看法，毕竟绝大多数人都会选择相信学术巨匠的判断。事实也多次证明，学术大师们在某些问题上的看法未必就是正确的，大家应该独立地思考，而不是一味地盲从权威。

虽然学术大师的光环在某些时候可以促进学术传播，但是在另一些时候也会阻碍真理的发现进程。在生物起源的问题上，亚里士多德就成为阻碍科学发展的人。

亚里士多德认为物质是自然发生的，甚至还给各种物质的来源编制了一个目录。他认为，每一种物质的繁殖都需要“热量”，这种热量是最关键的。高等动物是通过“动物热”产生的，低等动物是在雨水、空气和太阳热的共同作用下从黏液和泥土中产生的。例如，晨露同黏液或者粪土在一起反应就会产生萤火虫、蠕虫、黄蜂……而黏液会自然产生蟹类、鱼类、蛙类，老鼠则是从潮湿的土壤中产生的。在现在看来，这些观点违反了基本的科学常识，十分可笑。但是在当时，这些观点却被认为是普适的真理。

著名的科学家牛顿也曾为自然发生论摇旗呐喊，他认为植物是由逐渐变弱的彗星的尾巴形成的。这让人大跌眼镜，发现了力学三大定律的牛顿，怎么会有这样的认知？因为他们在学术上有着巨大成就和影响，所以有了他们的支持，自然发生论的产生和传播就有了更加广阔的市场。

列文虎克借助自己在显微镜研究上的优势，制作出了放大倍数为200倍的透镜组，可以比其他人更加方便地观测到细小的微生物。他观察了雨水、污水、血液、精液、酒、醋、牙垢……从中他第一次发现了微生物，将其命名为“微动体”，并向社会公开了这一自然界的“秘密”。

当时，有很多很有名的科学家都支持自然发生论。因为在肮脏的环境中容易发现老鼠和苍蝇，所以很多人想当然地认为，老鼠和苍蝇是在肮脏的环境中自然产生的。当时著名的科学家海尔蒙特（Helmont）就提出：把糠和旧破布塞进一个瓶子里，将瓶子放在阴暗的床底下就会生出来小老鼠。海尔蒙特是17世纪著名的化学家和哲学家，他是引导炼金术向化学转变过程中的重要人物，也是最早发现二氧化碳的人，他认为木头等物质燃烧后得到的是野气，即二氧化碳。海尔蒙特在化学方面的工作是突破性的，但是却在生物自然发生论上摔了一个大跟头。

仔细分析这些说法,可以发现其中有很多漏洞。例如,如何确认这些老鼠或苍蝇不是从外界进入的呢?这些实验的环境不是完全封闭的,即使是封闭的,也不能排除这些没有经过消毒的肮脏的破布中原先就存在着苍蝇卵,在合适的温度之下,这些卵很有可能会孵化出蛆来。

14.2　预成思想与发生思想的交锋

紧随其后,继续研究微生物发生的是乔布劳特(Joblot)、法国自然主义者布封、英国微生物学家尼达姆(Needham)和法国化学家盖吕萨克(Gay-Lussac)。

乔布劳特通过培养皿实验,证明了微生物的发生学说。他设计了一组对照实验,在培养容器——烧瓶中注入经过煮沸灭菌的相同的培养基,一组烧瓶盖上盖子,另一组不加盖子,然后放在空气中静置。经过一段时间,他发现盖了盖子的烧瓶中没有纤毛虫,而不盖盖子的烧瓶中有大量的纤毛虫。如果这时候将有盖烧瓶的盖子去除,那么不久之后,这个烧瓶中也会有纤毛虫。这个实验简单明了地证明:微生物是从外界进入的,而不是在培养基中自然产生的。

很快,就有人对实验提出质疑,法国自然主义者布封和英国微生物学家尼达姆通过研究证明,那些培养容器,不论有没有煮沸,不论加不加盖,都可能会产生微生物,生命体一直是存在的。这是"被包含在内"理论的延续,与预成论是完全吻合的,因此获得了相当一部分人的支持。在动植物死亡后,它们会分解为一种相同的要素,尼达姆称其为一种能产生新生命的"宇宙种子"。

尼达姆的实验得出了与乔布劳特完全相反的结论。在现在看来,尼达姆的实验结果应该是在准备阶段消毒不彻底导致的,以至于在灭菌并加盖的培养基中出现了微生物。如果严格地按照实验要求来操作,那么得出的结论一定是和尼达姆相反的。

在发育生物学中作出重要贡献的斯帕朗扎尼认为,尼达姆的实验存在设计漏洞,因此他在实验设计上进行了改进。他首先确定了不同的微生物对于不同的温度有着不同的耐热性，即有的微生物在 50℃左右会失活，但是有的微生物在沸水中加热 1 小时也依然会有生命迹象。所以他认为，尼达姆的实验没有任何意义，不能说明任何问题，各种微生物都是通过弥漫在空气中的卵传播的，卵在空气中飘浮着，然后落入到培养瓶中，遇到合适的生长条件就会生长。

斯帕朗扎尼的说法支持了乔布劳特的观点，然而很多自然发生论的拥趸们却并不甘心，他们认为是斯帕朗扎尼过于严格地处理了培养基，让其失去了原有的活力，让原先培养基中的生命力因受到折磨而离开了。

盖吕萨克从化学的角度提出了他的看法，经过处理的培养容器因为缺少氧气，所以没有办法让微生物生存。氧气是微生物生存的必要条件，这种解释也有一定的道理，毕竟他从非生物学的角度提出了不同的见解。但是在现在看来这种说法仍不严谨，因为自然界中还存在着厌氧的微生物。

14.3 巴斯德的贡献

在微生物学发展史上有一项著名的曲颈瓶实验，这一载入史册的实验是由法国著名的微生物学家巴斯德设计并完成的。

巴斯德对自然发生论深恶痛绝，认为自然发生论是一种蒙蔽大众双眼的谬论。这种说法倘若在人群中广泛传播，会让真相离人类越来越远。因此他希望通过一个严谨的科学实验来证明自然发生论是错误的。

科学实验有三条基本原则：一是严谨性，二是科学性，三是可重复性。因此设计实验是一项技术含量极高的工作。

长时间放置的牛奶、肉汤、菜肴等，如果不经反复加热杀菌的话，那么这些东西很快就会变质，这种变化在高温条件下发生得更快。在自然发生论支持者的眼里，这些腐败变质的物体中会出现各种生物，如苍蝇、各种浮游生物等都是从肉汤、牛奶等物质内部产生的，跟外界环境没有任何关系。

巴斯德

最开始的时候，巴斯德设计了一个简单的实验。他选择了一瓶肉汤，对其进行加热处理，将肉汤中已存在的各种微生物杀死。然后巴斯德用棉花把瓶口堵塞起来，用抽风机给瓶内提供空气，进入瓶内的空气都是经过棉花过滤的，以确保外界的杂质无法进入瓶内。不一会他就惊奇地发现，棉花变黑了，外界的杂质都附着在了棉花上，从而保证了进入瓶内的空气的洁净。这也间接地说明，空气中存在很多肉眼看不见的各种微生物和悬浮的固体小颗粒。

时间一天天过去了，瓶内的肉汤并没有变质，这说明微生物并不能在被隔绝的营养丰富的环境中自动产生，即不能自然发生！但是这样的实验无法说服自然发生论支持者，他们对这个实验嗤之以鼻。

科学实验需要严谨的验证过程，所以对照实验必须同步进行，即还需要通过具体的对照实验来验证微生物是由外界空气带入的。巴斯德把堵塞瓶口的棉花撕下一点扔入瓶中，肉汤很快就变质腐败了，这说明微生物的产生一定要有外界环境的参与。

有了这个简单的实验作铺垫，巴斯德开始了他精心设计、流传至今的曲颈瓶实验。

他把肉汤装在一个圆底的烧瓶中，通过加热把肉汤里原先存在的微生物杀死，保证了肉汤中没有任何从外界带来的微生物以及一些肉眼看不见的卵。随后他把这个烧瓶的颈部放在火上烧烤，就像拉丝一样，把瓶颈拉长成波浪起伏的细丝状，这样既可以达到与外界环境连通的目的，又可以确保肉汤不会被外面的环境所污染(瓶颈的孔隙足够小，可以阻挡外界的小颗粒进入)。同时，他又设计了好几个呈波浪状弯曲的部分，这样曲颈瓶弯曲部分的底部就可以起到沉淀外界颗粒的作用，最大限度地阻止微生物进入。

按照巴斯德的设想，如果微生物是自然发生的，不是从外界进入的，那么不久烧瓶中就会有苍蝇或者小的浮游的微生物出现。但是一周过去了，肉汤没有动静，两周过去了，依然没有动静……这一实验充分地说明了“微生物是自然发生的”这一说法并不可靠。

随后，巴斯德把这长长的曲颈打破，尝试着喝了两口，发现肉汤的味道还很新鲜，一点没受影响，完全可以食用。但巴斯德将肉汤自然放置后，它没几天就变质了，这说明微生物来自空气，不是自然发生的。

巴斯德还做过另外一个著名的葡萄园实验，虽然不如曲颈瓶实验这般为人们津津乐道，但是其依旧在微生物学发展史上占有一席之地。

葡萄园实验是巴斯德为了回应另外一位生理学家伯纳尔(Bernard)而做的。伯纳尔认为，在葡萄的发酵过程中，并不需要活的酵母菌参与，发酵过程是自然发生的，但是巴斯德认为这种说法是错误的。巴斯德觉得任何发酵行为都有微生物参与，尤其是葡萄的发酵过程，一定少不了酵母菌。

巴斯德找到一处葡萄庄园作为实验场所，然后把整个葡萄庄园都封闭起来，在葡萄园中建了一座温室，这样就相当于把整个葡萄园与外界环境隔离开来，从而保证了整个实验的科学性。在葡萄成熟后，巴斯德不给它们添加任何的酵母菌，以观察在纯自然环境下，葡萄会不会发酵。结果显而易见，整个葡萄园都没有发酵现象发生，葡萄从成熟至烂掉，甚至被风干都未能出现类似添加酵母菌后才会出现的发酵过程。这个实验也证明了自然发生论是错误的。

在实验的支持下，在和伯纳尔的这场论战中，巴斯德占据了上风。因此，在科学的争论中，只要有站得住脚的实验作为支持，就能够取胜。这就是对“事实胜于雄辩”的最好诠释。

在巴斯德之后，对发酵研究作出实质性贡献的是布赫那兄弟。刚开始，他们的实验计划并不是针对发酵设计的，而是为了研究动物的消化条件。但是实验中一个偶然的发现改变了兄弟俩的研究计划，也加速了发酵研究的进程。

1897 年，布赫那兄弟（Hans Buchner、Edward Buchner）开始着手研究动物体内的消化情况，他们用不含有细胞的酵母浸出液作为实验药物，加上细沙、矽藻土和酵母一起研磨，再用水力压榨机榨出汁液，以模仿动物体内的消化环境。为了保证实验结果的科学有效，他们在获得汁液后需对汁液进行了防腐处理，而最方便的办法就是添加防腐剂。当时可以添加的防腐剂有很多种，唯一的选择标准就是不能在实验中产生其他的副产物，于是兄弟俩选择了生活中常用的蔗糖，而这不经意间的选择，也促成了兄弟俩取得重大的发现。

实验完成后，还剩余了一些榨汁液，由于某些原因他们没有及时地处理这些榨汁液。几天后，他们意外地发现这些酵母菌的榨汁液居然能引起蔗糖发酵，这是人类第一次发现在没有活酵母存在的情况下的发酵现象。按照以往的观点，产生发酵现象的前提是要具有完整结构的活细胞参与，而实验液体中蔗糖的发酵，是在酵母被研磨成碎片后取得的榨汁液的催化下发生的，这打破了之前学术界的固有认知——只有在活体酵母的参与下才能够发生发酵反应。兄弟俩把这种物质称为酿酶，由此拉开了研究没有活细胞参与的发酵过程的序幕。

酿酶被发现后的一段时间内，动植物体内的糖类代谢成为了研究热点。因为动植物体内参与糖类代谢的物质是一致的，所以兄弟俩猜测它们体内可能存在着相同的代谢途径。为了了解发酵过程中究竟存在多少中间步骤，他们设计了酵母汁液发酵蔗糖的实验，但是进展得很不顺利。因为糖类的酵解过程是连续进行的，所以很难分离出中间产物。即使检测出部分产物，这些产物也会随即“消失”在下一步反应中，因此如何区别各种反应物和确定反应发生的先后顺序成为了研究中的难点。

困难并没有让他们停下前进的步伐，兄弟俩准备首先解开酵解过程的前几步反应。

20世纪初,他们进行了多次实验,但是全都因为反应速度过快、检测中间生成物过难而无法继续进行,实验陷入了僵局。虽然进展并不顺利,但是兄弟俩从未气馁,机遇最终还是再次眷顾了执着追求的兄弟俩。一个偶然的机会,他们无意间在实验中添加了氟化物,发现添加的这种化学物质可以阻碍下一步发酵过程的进行,氟化物的添加会引发3-磷酸甘油酸和2-磷酸甘油酸的积累。后来哈登(Harden)等人发现,氟化物可以抑制1,3-二磷酸甘油酸转移高能磷酸基团形成ATP,同时抑制3-磷酸甘油酸转变为2-磷酸甘油酸,从理论上解释了为何氟化物具有这种功效。这时的发酵液本质上是上一步反应的代谢产物,通过检测就可以了解具体形成的是何种中间代谢产物。

他们进一步思考,能否通过不断地添加不同的物质来阻断下一步反应,使上一步反应的生成物不断累积,然后通过检测这些累积物就可以知道上一步反应的生成物具体是什么,同时也可得知酵解过程中会有哪些物质生成。照此类推,就可以解析代谢循环的全过程。但是不同的反应需要使用不同的酶去催化,所需催化酶的抑制物也是不同的,布赫那兄弟并不知道这些反应的催化酶是什么,更加不知道相应的催化酶抑制物有哪些,只能通过随机地更换无机小分子抑制物来进行不断的摸索、尝试,但是这种方法效率很低。通过持续的尝试与努力,兄弟俩终于弄清了酵解化学反应的全过程。这种实验技术的运用,是他们获取成功的关键,这种方法与现在常用的酶抑制剂阻断法有异曲同工之妙。他们创造性的工作也给后人的研究提供了思路。

在巴斯德声名鹊起的年代,法国的造酒业在欧洲已是家喻户晓,尤其是啤酒业已经成为法国的支柱产业。当时法国的啤酒业面临着一个致命的难题,即啤酒在酿造后,很多成品或者半成品都会在储存或者运输的过程中变质,绝大多数的啤酒口味会变酸,这让法国的啤酒商损失惨重。一时间找不到问题的症结所在,厂商们都急得像热锅上的蚂蚁,却又束手无策。

情急之下,有人想到了巴斯德,并向他讲述了啤酒在酿造、储存和运输上存在的问题。巴斯德当即断定,一定是有不知名的微生物在其中作祟。他取来已经变质的啤酒,在显微镜下进行仔细的观察,结果发现这些变质的啤酒中游动着一群群细棍状的细菌。正是这些微生物让啤酒不断地变酸腐败,导致法国的啤酒行业遭受了巨额损失。

既然找到了元凶,巴斯德便开始寻找能够消灭这些细菌的具体方法。他不断地尝试不同的杀菌方法,看什么样的方法既简单又便捷,同时还不会增加啤酒商的成本。如果方法过于费钱和费事,那么这种措施就不能顺利地推广。他将腐败的啤酒放在瓶子中,分别放入不同温度的热水中,看看到底在什么样的温度下、放置多长时间才可以杀死这些细棍状的细菌,同时又不会破坏啤酒的原有风味。

功夫不负有心人,经过一系列的实验,巴斯德发现在五六十摄氏度的环境中,只要放置半个小时,就能够杀死导致啤酒腐败的细菌,同时啤酒原有的风味也不会被破坏。这一方法既节省成本,又操作简单,巴斯德对自己的方法充满信心。

然而,事实并未如其所愿,这样简单的一个方法在当时却很难推广。巴斯德既要面对人们的怀疑——把啤酒加热到 50～60 ℃并保温半小时,就能够解决这一难题吗?又要面对啤酒商对增加一道工序的抵触。但是随着时间的推移,人们逐渐发现这种被称为“巴斯德消毒法”的方法性价比是最高的,消耗的人力和财力最少,也最有效。最终这一方法还是被啤酒商们普遍采用了。

巴斯德挽救了整个法国的啤酒业,也为法国在第一次世界大战后的经济恢复立下了汗马功劳。与此同时,巴斯德在微生物学发展史上的鼻祖地位也就此确立,无人可以撼动。

当时的法国不仅啤酒业发达,蚕桑业也很发达。因为每年都会暴发蚕的瘟疫,所以蚕桑业每年都会遭受上亿法郎的损失。蚕在得这种病后会把钩状的脚伸出来,并且全身长满棕褐色的斑点,就像在身上撒上了一层胡椒,因此这种疾病被人们称为胡椒病。

养蚕人绞尽脑汁尝试了各种各样的方法,包括泼洒硫黄粉、用酒和煤油熏蒸、用芥子抹……甚至还有人利用刚发明的电来给蚕治病,但是都收效甚微。这种疾病就像压在养蚕人头顶上的一片巨大乌云,使整个法国的蚕桑业随时面临着崩溃的危机。

巴斯德临危受命,开始寻找治疗这种疾病的方法。他将健康的蚕和病蚕进行对比,两者除了外观上的区别外,其他地方并没表现出明显不同,而外观上的变化必须等到蚕孵化出来后才能看到,但这时就太晚了。巴斯德发现另外一点不同是:健康的蚕在咬食蚕叶的时候会发出沙沙的声音,但是病蚕就不会发出这种声音。为了弄清楚其中的缘由，巴斯德把病蚕加水磨成糊状物并放在显微镜下观察。他发现在病蚕的体内，存在一个个椭圆形的棕色小颗粒，而这种颗粒在健康蚕的体内是找不到的。至此他找到了致病的原因。巴斯德进一步思考，应该从源头出发寻找解决问题的方法，蚕是由卵孵化出来的，而卵又是由蛾子产下的，因此必须通过可靠的方法甄选出没有斑点的健康蛾子。

他让养蚕人把交配过的雌蛾放在一小块麻布上产卵，再把产完卵的蛾子固定在麻布的一角，如果产完卵的蛾子经过检查含有这种致病微粒的话，那么它产下的卵就都不能用，直接用火焚烧掉，这样就可以简便地挑选出健康的卵。用健康的卵进行孵化，这样培育出来的蚕就不会得胡椒病了。通过这一方法可以有效地减少养殖户财力、物力的损失。

14.4 科赫的贡献与科赫法则

德国医生科赫(Koch，1843—1910)在微生物学领域也作出了重要的贡献，他一直怀着极大的热情进行微生物学研究。他的贡献主要体现在三个方面：(1) 创立了一整套微生物学实验操作技术；(2) 提出了确定病原微生物的科赫法则；(3) 开创了医学微生物学研究领域。

科赫兄弟姐妹共 13 人，在如此庞大的家庭中，科赫的性格显得特别的安静。他与巴斯德的性格不同，巴斯德被誉为一位斗士，始终拿着武器战斗，但是科赫却与世无争，他也没有巴斯德有的深厚的语言功底和昂扬的演讲激情。然而，他在微生物学领域取得的巨大成就完全可以比肩巴斯德。

1866 年，年仅 23 岁的科赫从哥廷根大学医学系毕业后，来到柏林理查特医院学习临床医学，在这里他遇到了著名的细胞病理学之父——菲尔绍，并且选修了他的课程。

科赫自学成才，在极端困苦的条件下，巧妙地设计了很多简单、易行、可靠的实验方法，包括染色和显微摄影、固体培养基分离纯化、悬滴培养等技术，尤其是他发现了琼脂可以作为培养基的凝固剂，不仅性能稳定，还可以方便地满足各种微生物的营养需求。正是他创立的这一整套微生物学实验操作技术，为微生物学的快速发展奠定了坚实的基础。

科赫

随后，科赫对很多烈性疾病开展了病理学研究，包括炭疽病、结核病、霍乱……他首次分离获得了结核杆菌、霍乱弧菌、炭疽菌等病原菌，提出了近 50 种治疗方法，因此他也被视为医学微生物学研究的开创者。

1880 年，科赫被德国柏林的皇家卫生局聘用。1885 年，他担任柏林大学卫生学教授和卫生研究所所长。1882 年，科赫发现了引起肺结核病的病原菌，并将其接种到豚鼠体内，导致它们得了肺结核病。1883 年，他在印度发现了霍乱弧菌。1897 年，他研究了鼠疫和昏睡病，发现这两种疾病的传播媒介分别是虱子和采采蝇。他在牛的脾脏中找到了引起炭疽病的细菌，并把这些细菌移植到老鼠体内，使老鼠感染上炭疽病，最后又从老鼠体内重新分离出和牛身上相同的细菌。这说明该疾病的致病菌是相同的，这也是人类历史上第一次用科学的方法证明某种特定的微生物是某种特定疾病的病源。他还用血清在动物体外成功地培养并分离出这种致病菌。

通过大量的实验，科赫制定了确认病原微生物的严格的科赫法则：(1) 在患病动物体内大量存在一种可疑的微生物；(2) 可从患病动物体内分离纯化这种微生物的培养基;(3) 将分离出的纯培养物人工接种敏感动物,可以诱发动物出现同样症状的疾病;(4) 从人工接种诱导发病的动物体内可以再次分离出与原有病原微生物性状相同的纯培养物。

科赫法则的制定为动植物的病原微生物鉴定提供了一整套标准方法,该法则一直沿用至今。在该法则的指导下,19 世纪 70 年代到 20 世纪 20 年代成为发现病原菌的黄金时期,期间发现了近百种病原微生物,包括细菌、原生动物、放线菌……在发酵工业中,如果出现发酵异常,那么也可以按照科赫法则来确定感染的细菌。

14.5 分子生物学时期的微生物学

20 世纪 40 年代,是微生物学发展史上的一个重要转折点。微生物学在这一时期进入了酶学和生物化学研究阶段。生物化学家通过技术手段,获得了一批在分子水平上发生变异的品种。通过对它们的研究,多种酶、辅酶、抗生素等被发现,微生物体内的诸多生物化学反应和遗传学机理也被逐一解析出来。

1941 年,比德尔(Beadle)等人使用 X 射线和紫外线照射处理链孢霉,从而获得了链孢霉营养缺陷型变异品种,这种微生物不能合成某种物质。随后,比德尔和塔特姆(Tatum)在对红色面包霉研究的基础上,提出了重要的"一个基因一个酶"假说,通过研究微生物,将遗传学中对基因功能的研究和对蛋白质生物合成的研究串联起来。

20 世纪 50 年代初,随着电镜技术和其他新技术的出现,对于微生物的研究进入分子水平,从 1953 年沃森和克里克提出 DNA 双螺旋结构模型开始,微生物学研究正式进入分子生物学研究阶段。

1961 年,雅各布和莫诺根据对大肠杆菌的研究,提出乳糖操纵元模型,这一研究成果标志着微生物基因调控研究正式开始。

1986 年,学术界提出了"基因组学"的概念。1995 年,发表了微生物的第一个基因组——流感嗜血杆菌基因组。随着基因组测序技术的进步，科学家们已经完成了大量的微生物基因组的解析，并对这些基因进行密码破解，这成为了“后基因组学”阶段微生物学的研究内容。微生物基因组的破译让微生物产业的建立成为可能。

进入21世纪后，关于微生物学的研究持续快速发展，研究方向主要集中在微生物功能基因组学研究、人造细菌构建研究、微生物与疾病机理的研究、微生物多样性的研究、环境微生物学的研究、微生物细菌细胞通信研究、工业微生物研究、微生物能源研究……微生物也将继续承担模式生物的角色，在揭示生命起源、生物进化发育、微生物资源转化等方面发挥更重要的作用。

14.6 胃幽门螺杆菌的发现

细菌是一类体积微小、结构简单的原核生物，它无处不在。细菌与人类息息相关，人体肠道中存在着诸多的细菌，一般情况下它们属于对人体无害的共生菌，如大肠杆菌等。然而当肠道黏膜溃烂时，这些细菌就可能侵入肌体，引发疾病。1884年，丹麦医生革兰(Gram)发明了革兰氏染色法，为细菌的观察和研究提供了便利。

胃病是一种常见疾病，它与细菌有无联系呢？因为胃酸的存在，胃液的pH在1.68左右，长期以来人们一直认为细菌难以在强酸的环境中生存，所以就没有人去考虑胃病与细菌的相关性。

1940年，美国哈佛医学院的费尔登伯格在约40%的胃溃疡和胃癌患者的病理切片中观察到一种螺旋状细菌，首次证实了胃中有细菌存在。由于实验条件有限，他未能对这种细菌进行深入研究。1950年，沃尔特·瑞德医学院的帕尔默对1000名肠胃病患者进行活组织检查时却没有发现螺旋状细菌。他在研究报告中指出：“在一般情况下胃中是不存在细菌的，除非暴露在大量的污染物中。”由于胃病致病机制的复杂性和检测技术的差异，存在不同的观察结果是完全可能的。此后很长一段时间内，学术界的主流观点都认为胃中存在的细菌是环境污染所致。

30年后，西澳大利亚大学的罗宾·沃伦(Robin Warren)和巴里·马歇尔(Barry Marshall)在胃病与细菌相关性的研究中取得了重大突破。沃伦长期从事临床病理学研究工作，通过胃镜观察并使用切片银染色法，他发现有大量的螺旋状细菌存在于患者的胃中，这些细菌藏匿于胃黏膜层中以抵御胃酸的侵蚀，并使下层的黏膜始终处于炎症状态。鉴于常规方法治疗后的胃病极易复发，沃伦使用抗生素对患者进行治疗，使患者的胃病症状得到有效缓解，甚至得以治愈，从而证实了细菌与胃病的相关性。

马歇尔，1978年从医学院毕业后，为了学习开放式心脏外科手术，他进入诺伊尔·佩斯医院实习。1981年下半年，他轮岗来到肠胃医学部，在沃伦的鼓励下，开始从事胃溃疡的临床研究。在最初的六个月里，马歇尔在实验室保存的实验材料中多次发现了螺旋状细菌，并跟踪调查胃部有细菌的患者的临床症状表现，取得了宝贵的第一手资料。

1981年底，马歇尔实习结束，担任血液病科的登记员，负责照看骨髓移植患者。1982年，他成为了一名内科医师。他始终没有放弃研究胃中的螺旋状细菌。马歇尔的实验小组一直未能将这种胃中存在的细菌单独分离出来，影响了进一步的研究工作。机遇终于在1982年复活节期间降临了，假期里他们将一块琼脂糖培养板遗忘在了实验室的温箱里，等到四天的假期结束后，他们发现培养板上竟然长出了细菌，通过显微镜观察证实，这正是患者胃中存在的螺旋状细菌。在连续培养五天后，这些细菌被单独分离了出来，这是人类首次在体外分离出这种细菌，马歇尔将其命名为胃幽门螺杆菌(HP)。

1982年10月，马歇尔在当地的内科医师会议上报告了初步的实验结果，但没有得到认可。按照常规的观点看，胃液的强酸性足以将生物的蛋白质外壳消化掉，也可以造成细胞高度失水，从而导致细菌死亡。传统观念的束缚和学术权威的压力使他感到自己在诺伊尔·佩斯医院的工作合同将难以获得续签。正当他进退两难的时候，来自港口小镇弗里曼特尔的一家医院给他提供了一个高级登记员的工作，并且支持他继续从事研究。

真理迟早会被世人接受，马歇尔的观点逐渐有了支持者。1983年9月，在英国伍斯特举行的国际内窥镜会议上，很多英国学者在听了马歇尔的报告后，声称自己在实验中也曾发现不少胃病患者体内存有这种细菌，这表明胃幽门螺杆菌并不是澳大利亚胃病患者所独有的。1984 年，全世界多个实验小组都独立地得出了与马歇尔相同的实验结论，从此胃幽门螺杆菌逐渐被人们重视起来。

1984 年，马歇尔得到了澳大利亚医学研究委员会的赞助，开始用抗生素治疗十二指肠溃疡的项目研究。这项工作需要大量患者参与，于是他又回到诺伊尔·佩斯医院，因为那里的肠胃患者的数量可以满足他的实验需求。他使用抗生素加铋治疗胃病的新方法使一批长期受胁迫性胃溃疡困扰的患者的症状得到缓解，部分患者得到彻底治愈。

按照医学研究的常规，要阐明疾病与病原体的关系，就要使用动物模型进行直接验证。马歇尔一直没有找到合适的动物模型，他曾设计以猪为动物模型进行实验，但实验最终失败了。这时出现了一些反对者，他们认为马歇尔的实验结论尚不成熟，没有动物模型验证的实验可信度不高；一些杂志和报纸甚至决定延期发表马歇尔的后续研究论文，要求他补充动物模型实验。面对众多胃病患者的痛苦境况，为了早日验证实验结论造福患者，在一时找不到合适动物模型的巨大压力下，马歇尔决定由自己来充当实验模型。由于实验存在较大的风险，他没有把这个决定告诉实验团队的其他成员。1984 年 7 月，马歇尔勇敢地喝下了含有胃幽门螺杆菌的细菌培养液，并记录亲身感受。马歇尔称这种菌液的味道与沼泽水相似，在接下来的三天内他没有表现出任何染病的征兆。从第十五天到第十八天，马歇尔开始出现胃病症状，每天黎明时分都会被剧烈的呕吐感惊醒，并且呕吐出富含大量酸液的黏稠液体，他知道自己已得了胃溃疡。在第二十八天，马歇尔让同事给他做内窥镜检查，结果证实他感染了胃幽门螺杆菌。马歇尔以自身为模型的实验获得成功，直接证明了胃幽门螺杆菌是胃溃疡的病原体。随后马歇尔采用甲硝哒唑结合铋的治疗方案，在两周内彻底治愈了自己的胃病，再次证明了该治疗方案的有效性。

马歇尔推测，大多数胃溃疡患者可能在孩童时期就感染了胃幽门螺杆菌，但当时并不知情，短暂的呕吐现象也没有给他们留下清晰的记忆。随着年龄增长，免疫力开始下降，40 岁左右是感染者胃溃疡的高发期。

1990年8月,悉尼国际胃肠会议充分肯定了胃幽门螺杆菌与慢性胃炎、消化性溃疡之间的关系。1994年10月,世界消化病大会在洛杉矶召开,大会收到的有关胃幽门螺杆菌的文章多达2000余篇,马歇尔做了胃幽门螺杆菌专题综述报告,同时还倡议并出台了新的胃炎分类法。至此,沃伦和马歇尔开辟了胃幽门螺杆菌研究这一新领域。

因为胃幽门螺杆菌的发现在理论上促进了胃炎发病机理的研究和探讨,在临床上使得胃病的治疗方案大为简化,多数患者只需要进行抗生素治疗,而不再需要行手术,所以胃幽门螺杆菌的发现对于胃病的研究和治疗,乃至人类的健康事业都具有重要意义。

2005年的诺贝尔生理学或医学奖被授予了澳大利亚科学家沃伦和马歇尔。诺贝尔评奖委员会高度评价了他们先驱性的工作,称他们在攻克慢性疾病方面取得了重大的突破,激励了全世界的科研工作者。颁奖委员会在给他们的颁奖词中说道:"拿破仑不是死于我们所怀疑的投毒,而是死于一种胃穿孔疾病,这种疾病最终导致了它向癌症方向转变,而且这种疾病在整个人类群体中都是普遍存在的。"评奖委员会同时认为,"这项富有远见的科研成果加深了人们对慢性炎症与癌症之间关系的认识,这一系列不同的疾病似乎有着某些联系,因此这对于攻克风湿性关节炎、溃疡性结肠炎、动脉粥样硬化等慢性疾病具有重要的指导意义。"

长期以来,慢性胃溃疡一直是难以治愈的疾病之一,主要原因是对该病的病原体和致病机理尚不清楚,无从对症下药。在沃伦和马歇尔的论文完成之前的一百年时间里,虽有关于胃部细菌的零星研究,但都未引起学术界的重视,让多数人不敢想的是,在强酸环境下,竟然还会有细菌存在。

沃伦和马歇尔能够成功发现慢性胃炎胃溃疡与胃幽门螺杆菌的相关性的关键在于:(1)敢于怀疑传统旧观念;(2)在不被同行认可的时候能够长期坚持研究;(3)在没有合适动物模型时,具有敢于直接进行自体实验的牺牲精神。真理有时就掌握在少数人手里,科学发现的过程往往是曲折的,全社会应该给予非传统观念多一些包容和尊重。

第15章　朊病毒的发现与人畜共患病

1970年，美国科学家泰明(Temin)和巴尔的摩(Baltimore)分别发现了逆转录病毒，这一重大发现表明除了DNA，RNA也可以作为遗传信息的载体，这是首次对中心法则提出了质疑。同时他们还发现了另外一种神秘的物质——朊病毒，这是一种神奇的蛋白质类病毒。朊病毒的发现说明蛋白质也可以作为遗传信息的载体，从而进一步证明了生命遗传信息载体的多样性，中心法则再次遭遇挑战。

如同“迈克尔逊-莫雷实验”和“紫外灾变”是物理学天空飘来的两朵乌云一样，朊病毒就是生物学天空中的那一朵乌云。

15.1　库鲁病的发现

1730年，一种神秘的疾病在欧洲某些地区的羊群中出现，病羊不停地在栅栏和墙上摩擦挠痒，同时运动平衡性失调，直至瘫痪、死亡，因此该病被称为羊瘙痒症。20世纪，羊瘙痒症仍然在英国和法国的某些农场中流行蔓延，人们对这种疾病的发病原因一无所知，也无从预防和治疗。

几乎就在克里克提出遗传学中心法则的同时，1957年，美国国立卫生研究院的盖达塞克(Gajdusek)在新几内亚地区的库鲁人部落发现了一种被称为库鲁病的怪病。这种病在临床上最先表现出的是协调功能丧失，随后发展到痴呆直至死亡，妇女和儿童的发病率最高。盖达塞克在该部落调查时发现，当地有一个独特的风俗习惯，当部落里的人去世后，为表示对死者的尊敬，村民们会在葬礼上分食死者的尸体。为了探明库鲁病是否与这种习俗有关，盖达塞克参加了一名因库鲁病去世的长老的葬礼。按照习俗，参加葬礼的很多人一起“分享”了这名长老的尸体，盖达塞克领到了一份死者大脑，他将领到的死者大脑的切片带回住处，将其研磨成粉末后进行初步检查，但没有发现任何常见的致病因子。

盖达塞克

早在1954年，病理学家西古德森(Sigurdsson)在冰岛研究绵羊瘙痒症和绵羊脱髓鞘性脑白质炎时就发现了一种病毒，绵羊感染该病毒后症状持续性发作，该病毒潜伏时间长、发病过程缓慢，故被称为慢病毒。英国兽医哈德洛(Hadow)观察到库鲁病与羊瘙痒症存在许多相似性，所以他认为库鲁病可能也是由慢病毒引发的，从而第一次将库鲁病与羊瘙痒症联系起来。哈德洛通过邮件将资料提供给盖达塞克，他的想法给盖达塞克以极大的启发，并促进了盖达塞克后续研究的开展。

1957年，盖达塞克与著名的神经病理学家克拉茨奥(Klatzo)合作，在库鲁病患者的脑样本中观察到了大块的“淀粉样蛋白”，这一特征表明患者的脑组织已经变性，失去了原有的生理功能。究竟是什么因素导致了这一现象？致病机理是什么？科学家们一无所知。

在接下来的几年里，科学家们依然没有取得任何实质性的进展。1963年，盖达塞克和同事吉布斯(Gibbs)合作进行动物模型实验，将从库鲁病患者脑中抽提的蛋白质注射到健康大猩猩的脑中，结果大猩猩出现了与库鲁病患者相似的症状。他又提取这只患病猩猩脑组织中的蛋白质，并注射到另一只健康猩猩的体内，结果后者也发病了。这种通过脑组织液传染的方式可以在猩猩和各种猴类之间连续传播。盖达塞克通过实验初步证实了库鲁病是一种能够跨越种属界限进行传播的传染病，其病原体完全不同于已知的一切病原体，不具有DNA或RNA的特性，即使在电子显微镜下也观察不到颗粒，因此他认为库鲁病的致病因子可能是蛋白质。

英国放射生物学家阿尔卑斯(Alpers)在20世纪60年代曾用能破坏DNA和RNA的放射性物质处理病羊的感染组织，发现其仍然具有感染性，于是他大胆地推测羊瘙痒症的致病因子中没有核酸，可能只是一种蛋白质。蛋白质是致病因子的观点具有十分重要的学术价值，但是因为该观点不符合当时公认的遗传中心法则，所以并未引起科学界的重视。

这让人不禁想起20世纪20年代两位德国医生发现的一种退化性疾病——克-雅氏症。1920年，克罗伊茨费尔特(Greutzfeldt)首先报道了该病。次年，雅各布(Jakob)以"痉挛性假性硬化"为题对该病作了描述。为了纪念他们最早发现这种病症，人们将这种疾病称为克-雅氏症。库鲁病似乎与克-雅氏症有着相似的症状。盖达塞克据此认为库鲁病、克-雅氏症、羊瘙痒症和可遗传的貂脑病的致病因子可能是同一种病毒。

在此期间还发生了一个小插曲。人们一度认为已经发现了包括库鲁病、克-雅氏症、羊瘙痒症在内的多种疾病的致病因子。1971年，迪纳(Diener)发现了一种专性寄生植物的病原体，其结构非常简单，没有蛋白质外壳，只含有裸露的RNA，它被称为类病毒。人们认为这种新型的病毒很可能就是库鲁病的致病源，令人遗憾的是，后续的研究证实两者之间并无关联。

虽然没有完全发现朊病毒，但是盖达塞克在库鲁病上的重大研究成果依然使他获得了1976年的诺贝尔生理学或医学奖。诺贝尔颁奖委员会在颁奖词中称赞道："用库鲁氏患者脑组织中的病毒感染黑猩猩，这一发现使彻底探明库鲁病成为可能。”

在盖达塞克从事库鲁病研究的20年时间里，有3000～35000人死于这种疾病，而吞食死者尸体的习俗正是传播这种疾病的罪魁祸首。这一习俗也因盖达塞克的研究成果而被世界卫生组织和澳大利亚政府在1959年废止，此后该疾病就再也没有在新生儿的体内出现。盖达塞克的重要贡献不仅在于他挽救了众多生命，还在于他发现的库鲁病是一种新型的人类疾病，这种疾病是由一种独特的没有特殊标志的传染源所致，人体的防御机制并不能有效地抵御这种疾病的入侵。这也促使科学家们致力于研究是否有别的疾病存在着和库鲁病相同的致病机理。

盖达塞克在库鲁病的致病因子和传染机制上的研究开辟出一片崭新的研究领域，类病毒的发现也为中心法则的完善奠定了基础。

15.2 普鲁西纳与朊病毒的发现

在盖达塞克的研究基础上，美国加利福尼亚大学旧金山分校医学院的神经学、病毒学和生物化学教授普鲁西纳(Prusiner)展开了对羊瘙痒症病原体的研究。普鲁西纳在自传中写道，1972年，他在加利福尼亚大学的神经学系首次接触到一位因感染慢病毒去世的患者，这种未知的疾病让他十分感兴趣，他预感这是一个非常有前景的研究方向。在随后的一两年里，普鲁西纳阅读了所有可以搜索到的关于慢病毒的文献，并着手进行动物实验。然而开局不利，以老鼠为实验动物不仅费用昂贵而且进展缓慢，哈佛医学院一度中止了对他的资助。幸运的是，他又得到了雷诺公司的资助。随后他以感染时间短的仓鼠为实验动物，以羊瘙痒症为研究对象，经过长时间努力，普鲁西纳于1982年4月在《科学》杂志上公布了他的实验结果。

普鲁西纳利用生物化学和免疫学方法，将病原体颗粒用脂质体包裹，再通过抗体层析柱吸附来进行纯化。这些羊瘙痒症病原体经多种核酸酶处理后，其感染力均未降低。

相反,若使用蛋白质变性剂等进行处理,则可以减弱甚至消除该病原体的感染能力。普鲁西纳的研究结果还表明,羊瘙痒症病原体的分子量约为 50000 道尔顿,甚至比当时已知最小的感染颗粒——类病毒还要小。因此可以判断出它不是核酸类的病毒,而是一种新型的蛋白质病毒。

普鲁西纳

在大量实验的基础上,普鲁西纳明确指出克-雅氏症与羊瘙痒症、库鲁病等疾病类似,同属于海绵状脑病,是同一种蛋白质病原体所致。为了与核酸类病毒相区分,他将这种蛋白质致病因子命名为朊病毒,并提出了朊病毒致病的“蛋白质构象致病假说”。该学说认为:朊病毒蛋白有细胞型(又称为正常型,PrPc)和瘙痒型(又称为致病型,PrPsc)两种构象;致病型可胁迫正常型转化为致病型,实现自我复制,并产生病理效应;基因突变可导致细胞型中的 α 螺旋结构不稳定,达到一定量时便产生自发性转化,使 β 片层增加,最终变为致病型,并通过多米诺效应倍增致病。

这一学说在当时并没有得到认可。因为这是一个与传统观念完全不同的全新假说,所以普鲁西纳对结论也无十足把握,甚至认为尚不能排除在朊病毒病原体中仍然存在微量核酸的可能性。他提出了朊病毒结构有三种可能性:(1) 蛋白质外壳里仍然严密地包裹着核酸;(2) 蛋白质外壳上连有一小段核酸片段,寄主用它来编码朊病毒;(3) 朊病毒仅由蛋白质组成,且合成是在缺乏核酸模板的情况下进行的。

在普鲁西纳揭示朊病毒致病机理的10年后，这一学说终于有了验证的机会。世界上第一例疯牛病于1985年4月25日在英国肯特郡中部的普伦顿庄园农场被发现，原本性情温顺的奶牛变得富有攻击性，不但无法协调身体的平衡，而且精神上也很紧张。在接下来的一年半时间里，普伦顿庄园又有7头母牛病死。1986年，英格兰西南部也发现了3起类似病例。1987年底，疯牛病蔓延到英格兰和威尔士各地。通过对病牛进行尸检，科学家们证实了疯牛病的致病因子就是朊病毒。由于普鲁西纳超前的科学预测和在朊病毒研究方面独特且出色的工作，他获得了1997年的诺贝尔生理学或医学奖。他成为继盖达塞克之后第二位因研究朊病毒而获此殊荣的科学家。诺贝尔颁奖委员会在给普鲁西纳的颁奖词中说道："他提出了蛋白质能够在没有基因控制的条件下参与自身复制，这一非常规的理论打破了惯性思维，并在20世纪80年代遭受了严重的非议。在超过10年的时间里，普鲁西纳历经艰辛，抵制住了压倒性的反对声。20世纪90年代，事实无可非议地支持了普鲁西纳的假设，普鲁西纳的研究彻底阐明了库鲁病以及羊瘙痒症的疾病起因，并且弄清楚了它们之间的联系。"最后，诺贝尔颁奖委员会高度赞扬了普鲁西纳的工作，称他的发现建立起病毒感染的一种新颖途径，同时也开创了医药研究的新纪元。

为什么普鲁西纳能够在众多的研究者中脱颖而出，率先发现朊病毒呢？仔细分析可知，普鲁西纳选用了合适的实验动物——病毒潜伏期仅为普通老鼠一半的仓鼠，这使得研究时间大大缩短。这与孟德尔选择豌豆、摩尔根选择果蝇、植物学家选择拟南芥为实验对象从而获得成功是一样的。只有选择正确的实验对象，才使实验有了成功的可能。此外，普鲁西纳具有不因循守旧的创新思想，且敢于顶住压力挑战常规，这也是他获得成功的重要因素。

普鲁西纳在其自传中写道："一个科学家应该具有一种怀疑精神，敢于对公认的科学领域提出质疑，最好的科学家往往对那些与常规不相符的结果怀有高度的敏感，同时还能够抵御住来自反对者的声音。"在论文发表后的10多年时间里，他顶住了来自学术界的巨大压力，直到他的学说被事实证实。

有趣的是，当年盖达塞克在领奖后预测，将有第二位科学家因朊病毒研究而获得诺贝尔奖，普鲁西纳实现了这个预言。普鲁西纳也预言，将会有第三位科学家因研究朊病毒的复制机理而获得该领域的第三个诺贝尔奖。结果是否如此，大家拭目以待。

朊病毒的发现是对生物遗传规律的补充，是生命科学研究的一次重大进步。虽然朊病毒的神秘面纱正在被逐步揭开，但是仍有许多的问题困扰着人们。例如，朊病毒的致病因子的性质究竟是什么？朊病毒在生物进化中扮演着什么样的角色？人类的免疫系统如何识别体内不同构象的朊蛋白；朊病毒如何突破种属障碍进行传播？朊病毒三维立体结构中的特殊位点作用机制是否可以从源头上真正治疗各类朊病毒疾病？不可否认的是，朊病毒也具有一些正面作用，如促进记忆形成和干细胞增殖，以及作为生物电子应用中的导线……

朊病毒的发现和研究对于揭示相关疾病的致病机制、诊断和治疗等方面具有重要作用，此外，对于探索生命本质、生物进化、生物物质结构以及生物仿生学在实际生活中的运用也有十分重要的价值。

15.3 禽流感与艾滋病的肆虐

禽类流行性感冒简称禽流感，禽流感是一种由禽类流行性感冒病毒引起的急性呼吸道传染病。近年来，许多国家都暴发过禽流感，它不仅在禽类动物中暴发流行，造成极大的经济损失，还会感染人类，甚至导致人类死亡，令人谈之色变。

历史上是何时开始出现禽流感病毒和禽流感暴发流行事件的，已难以查证。1878年，意大利人佩龙西托（Perroncito）首次报道了在意大利鸡群中暴发的流行性禽流感事件，并称其为鸡瘟。1900年，人类首次发现禽流感的病原体——禽流感病毒。1901年，森坦尼克（Centannic）和萨鲁诺齐（Sarunozzi）提出，禽流感是由“可滤过”病原体引起的。1902年，这种病原体被分离出来，它是第一株被证实的流感病毒。最初它被命名为真性鸡瘟病毒，当时的科学家们尚不清楚这种病毒的具体性质。1941年，赫斯特（Hirst）发现了流感病毒的血凝素活性。1955年,谢弗(Schaeffer)首次报道并证实了感染禽类的流感病毒为甲型流感病毒。研究发现,禽流感病毒易感染家禽类动物,尤其是鸡、鸭、鹅、鸽等,偶然可感染人、猪、马、水貂等哺乳动物。

据史料记载,20世纪30年代中期高致病性禽流感曾在世界多国流行。德国最早报道该国禽流感传染事件是在1890年。1930年有学者认为奥地利、瑞士、法国、比利时、荷兰、英国、埃及、美国、阿根廷、巴西、日本等国都曾流行过高致病性禽流感。除了小规模流行以外,很多国家都有报道过本国禽类动物中出现了禽流感大暴发事件。美国自1929年以来发生了4次禽流感暴发流行事件:1975年在亚拉巴马州,1978年在明尼苏达州,1983～1984年在宾夕法尼亚州,1985～1986年在纽约州、新泽西州、马萨诸塞州和俄亥俄州,其中在亚拉巴马州和宾夕法尼亚州的两次禽类死亡率最高。英国于1959年和1979年、爱尔兰于1983～1984年、墨西哥于1995年也暴发了禽流感,连地处大洋洲的澳大利亚也未能幸免,分别在1976年、1985年、1992年、1994年和1997年暴发了5次禽流感。

1981年,在美国的马里兰州召开了第一届国际禽流感学术会议,会议讨论了这类高致病力病毒的定义和病毒来源的鉴定事宜,废除了沿用了一百多年的“鸡瘟”,改用“禽流感”。1986年,第二届国际禽流感学术会议召开,会议讨论了关于病毒在鸡和火鸡中引发高致病力流感的问题,并提出相应的可能的解决方法。1992年,第三届国际禽流感学术会议召开,会议研究了病毒的传播和烈性流感暴发的应对策略和计划。1997年,第四届国际禽流感学术会议在美国佐治亚州召开,会议讨论了1992年以后世界各地暴发禽流感的情况,包括致病性因素、预防、治疗、监测和诊断方法、控制原理等。

禽流感的每次暴发流行都会造成重大的经济损失,严重地打击当地的家禽养殖业。1978年,美国明尼苏达州因禽流感造成的损失超过1000万美元,其中仅火鸡一项带来的损失就高达500多万美元。1983～1984年,美国政府为消灭暴发于宾夕法尼亚州的高致病性禽流感,采取了以扑杀为主的紧急措施,共扑杀1250万只家禽,耗资超过6000万美元,间接经济损失达3.49亿美元。1997年,我国香港地区暴发的鸡禽流感造成的损失约为8000万港元。

生物的种类不同，其组织结构、免疫方式以及对病原体的抗性等也不同。禽流感病毒与禽类动物在长期的生物进化过程中形成了病原体和易感者的关系。在生物分类学上，禽类动物属于鸟纲，人类属于哺乳纲，两者相差较大，因此禽流感病毒一般不会直接感染人，也不易在人群中暴发流行。

人类流感也具有极大的破坏性。根据史料记载，人类流感曾在全球范围内多次暴发流行，仅在20世纪就先后暴发了3次。第一次是在1918年暴发的，有史以来最严重的一次人类流感——西班牙流感(H1N1病毒)。其危害极大，夺走了近5000万人的生命，比在第一次世界大战中战亡的总人数还多。由于不同人群的抵抗力不同，绝大多数患者是老年人。这次流感在美国导致了大量的人员死亡，当时堪萨斯的一座兵营发生了大量的士兵死亡事件。尸体解剖结果显示，死者的肺严重肿大，充满了浅蓝色的黏液，而当时的医生仅能确定罪魁祸首是一种流感。据幸存者回忆，当时有人在附近焚烧了一堆粪肥，黑烟和恶臭四处弥漫。在现在看来，粪便可能就是这次流感病毒的来源。后来的事态发展得更为严重，由于邮递员将沾染了病毒的信件投递了出去，导致流感病毒在整个美国开始大范围流行。第二次人类流感大暴发是在1957年，此次流感被称为亚洲流感(H2N2病毒)。据不完全统计，其造成的死亡人数约为200万。美国麦迪逊大学的川冈(Kawaoka)等人发现该病毒的部分基因片段来自禽流感病毒，而其他部分仍保留了H1N1病毒的基因。第三次人类流感暴发于1968年的香港(H3N2型)，死亡人数为100万。川冈等人对第三次人类流感的流行株进行基因研究发现，其中的一部分基因来自H2N2病毒，而另一部分基因来自禽流感病毒，这是一种由人源和禽源病毒杂交而成的病毒。

三次人类流感暴发事件与禽流感之间具有怎样的相关性呢？血清学记录表明，第一次人类流感是由类古典猪流感病毒(H1N1病毒)引起的。遗传学方法分析结果表明，该病毒来源于欧亚大陆的禽流感病毒。换句话说，引发人类流感的病毒来自禽流感病毒的变异株。禽流感病毒最初并不能直接感染人类，但是在发生变异(基因重组)后便可以感染人类。汕头大学李康生教授在研究引起这几次大暴发的流感病毒株的基因之后表示：每一次暴发人类流感，都有禽源性的流感病毒提供某些基因片段，病毒在重组后形成了新的强力的病毒株。

由此可以看出,人流感病毒与禽流感病毒在某些基因片段上具有相似性。从进化的角度看,可能是在某一历史时期人畜频繁接触,禽流感病毒的某些病毒株发生了变异或者重组,从而获得了对人的致病性以及在人群中传播的能力,成为人类流感病毒。一旦禽流感病毒与人类病毒基因重组,那么从理论上说,这时的病毒就可以通过人与人之间的接触进行传播,就像在人群中流行的流感病毒一样。如果直接接触了带有一定数量病毒的物体,如家禽的粪便、羽毛、血液,或者病毒接触到了人的眼结膜、破损的皮肤或飞沫,那么都可能引起感染。除了禽类外,别的很多动物也是这种病毒的天然宿主。

此外,人类感染禽流感病毒的途径主要是接触感染,目前尚未发现因吃鸡肉和鸡蛋而受到感染的病例。从微生物学角度讲,有三个方面的原因阻止了禽流感病毒通过这种途径感染人类:(1) 人的呼吸道上皮细胞不含禽流感病毒的特异性受体,即禽流感病毒不易被人体细胞识别并发生结合;(2) 所有能在人群中流行的流感病毒,其基因组中一定含有几个人流感病毒的基因片段;(3) 高致病性的禽流感病毒含碱性氨基酸的数目较多,导致其在人体内复制会比较困难。

1997 年 5 月,我国香港地区暴发人感染高致病性禽流感,这是世界上首次发生甲型禽流感病毒(H5N1)直接感染人的流感事件,共有 18 位居民感染了病毒,其中 6 人死亡。1 名 3 岁儿童死于不明原因的多器官功能衰竭,研究人员从他体内分离出一株甲型流感病毒。同年 8 月经美国疾病预防和控制中心以及世界卫生组织荷兰鹿特丹国家流感中心鉴定,此次流感为甲型禽流感病毒(H5N1)引起的人类流感,首次证实该流感病毒可感染人类,因而引起了医学界的广泛关注。

进入 21 世纪后,禽流感的暴发越来越频繁,范围也越来越广。2003 年 12 月中旬~2004 年 3 月,H5N1 亚型高致病性禽流感暴发流行,波及东南亚 10 个国家和地区。这场规模空前的疫情首先在韩国暴发,韩国政府为了疫情防控,宰杀了大批可能感染了该病毒的家禽。随后越南宣布其境内发现高致病性禽流感,至次年 1 月,禽流感以每天 2~3 个省市的速度在越南全境迅速扩散。2004 年初,我国部分地区出现了禽流感疫情,当年发现 50 例,2005 年发现 32 例。从 2005 年夏天开始,H5N1 亚型高致病性禽流感的流行范围超出了亚洲。2005年7月，俄罗斯和哈萨克斯坦出现了禽流感暴发事件。2005年10月，禽流感被发现传播到了土耳其和欧洲多国。2006年2月，在尼日利亚发现了人感染H5N1病毒的病例。

近年来，仍然时有人类感染禽流感病毒并发病的报道。禽流感会发展成为一种人类的高危疾病吗？目前发现的H5N1病毒的感染病例大多是通过人类与家禽之间的接触传播的，人与人之间的传播尚未发现。但是随着感染H5N1病毒的病例不断增多，H5N1病毒与人类流感病毒的基因进行重组的机会不断增加，很可能会产生新的变异病毒类型。一旦出现能人际传播的病毒类型，则具有暴发大规模疫情的潜在风险。更为严峻的是，研究发现所有的人群都属于H5N1病毒易感人群，除了那些常与家禽接触的工人外，其他人均无H5N1抗体。

每一次人流感、禽流感的暴发以及流行，都与禽流感病毒有着密切的关系。虽然有很多因素制约了禽流感病毒在人与人之间进行传播，如病毒不易被人体细胞识别和在其中复制等，但是目前禽流感病毒的多种变异都在向着能够感染人类的方向进行。

鉴于禽流感疾病的高度危险性，世界动物卫生组织和我国均已将其列为A类传染病。我国农业部1999年2月颁布的《一、二、三类动物疫病病种名录》也将其列为一类传染病。禽流感多暴发于冬、春季节。因为禽流感具有极强的传染性，所以一旦发现，必须立即扑杀饲养的受感染群体，然后进行消毒深埋。

关于禽流感病毒，仍然有很多的未解之谜需要研究人员展开进一步研究：为什么会有越来越多的动物源性疾病出现在人类身上？这是病原体变异导致的，还是环境污染造成的？禽流感疫情的不断发生和肆虐无疑是对人类社会和科技发展的一项重大挑战。

还有一种病毒令人闻之色变，它就是艾滋病病毒，艾滋病即获得性免疫缺陷综合征(Acquired Immune Deficiency Syndrome，AIDS)。人在感染免疫缺陷类病毒(Human Immunodeficiency Virus，HIV)后，会导致免疫缺陷，并引发一系列机会性感染及肿瘤，严重者可导致死亡。免疫系统是人体抵御外来疾病入侵的屏障，当HIV使免疫系统失效后，它所导致的后果是难以想象的，HIV的破坏性比其他的病毒一般要大得多。

1981年1月，美国洛杉矶加利福尼亚大学医学中心接诊了一名骨瘦如柴的男性患者，他只有31岁，是一名同性恋者。医生发现他的咽部充满了乳酪状的白色霉菌，这种人体内的天然防御系统被彻底摧毁后才会出现的霉菌无限制大量繁殖的现象，让人无法将他的病症归属为传统的免疫机能异常。在随后的两周内，患者出现发热气促，经检查确定为卡氏肺囊虫肺炎的症状，10个月后患者身体逐渐衰竭，最后死于多种感染。令医生们更加吃惊的是，后来又出现多例卡氏肺囊虫肺炎病例，患者都是年纪轻轻的同性恋者。

人类免疫缺陷病毒(HIV)

同年，纽约大学的皮肤病专家接诊了一名男性同性恋患者，检查时发现他的腿上有红紫色的小斑块，脾脏和淋巴结都呈异常肿大状。这位专家确诊该患者患了卡波济氏肉瘤，但他申明“从未见过年轻人患卡波济氏肉瘤”。大约两周后，他又遇到一名年轻的卡波济氏肉瘤同性恋患者，这引起了他的重视。其实早在1978年就已有人在同性恋者中发现卡波济氏肉瘤患者。这种肉瘤以往多发生在60岁以上的具有地中海血统的人群中，一旦它发生在年轻人身上，就会表现出原本没有的强烈的破坏性和致死性，肉瘤逐渐形成边界清晰的黑色斑块，并向人体组织内部侵袭。

1981年下半年，成批出现的患者引起了医学界的恐慌，这预示着一个新的病魔降临人间，且来势凶猛，发病者几乎必死无疑。在美国医学界发现这个新的病魔同时，欧洲一些发达国家也出现了同样的病例。这究竟是一个相互独立的病症，还是相互关联的一组病症呢？

美国科学家最先给出了答案：这种疾病是获得性免疫缺陷综合征。与其他疾病一样，确认一种疾病之后最重要的工作就是找出致病的病原体，那么引发艾滋病的病原体是什么呢？1983年，法国巴斯德研究所的蒙塔尼那(Montagnier)等人从一名患有持续性全身淋巴结病的男性同性恋患者的末梢血液中分离出一株新奇而又独特的逆转录酶病毒，他们将其命名为淋巴结病相关病毒。次年，美国国立癌症研究院的加洛(Gollo)等人宣告，从一名晚期艾滋病患者末梢血液的淋巴细胞中分离出一株异常的病毒毒株，并将其命名为嗜人类淋巴细胞病毒Ⅲ型。国际医学界还由此引发了一场艾滋病病毒发现权之争。与此同时，美国加利福尼亚大学旧金山分校的勒维(Uevy)宣告，他也在艾滋病晚期患者的末梢血中分离出一株病毒，并将其命名为艾滋病相关病毒。于是世界卫生组织对上述三株病毒进行了认真鉴定，指出这三株病毒无论是形态、蛋白质结构，还是对基因表达、T4淋巴细胞的攻击能力特性及其逆转录酶等都是相同的。国际微生物学会及病毒分类学会于1986年将这个病毒的名称统一为人类免疫缺陷病毒。同年6月1日，第二届国际艾滋病讨论会在巴黎举行，在这次大会上，科学家们正式将该病毒命名为人类免疫缺陷病毒(HIV)。1994年7月11日，美国卫生和人类服务部认定HIV的发现权属于法国研究小组，这场历时数年的学术纷争宣告结束。

艾滋病的发现是人类疾病史上的一件大事。到目前为止，虽然有多种艾滋病治疗方案，如鸡尾酒疗法、注射艾滋病疫苗等，但是它们的防治效果都没有得到学术界的普遍认可。

15.4 人畜共患病的定义、种类和传播途径

人畜共患病是由病毒、细菌、衣原体、立克次体、支原体、螺旋体、真菌、原虫和蠕虫等

病原体引起的各种疾病的总称。

历史上曾发生过多次人畜共患病大流行事件。例如,古罗马帝国因鼠疫大流行,致人口死亡过半,军事和经济实力大大削减。在中世纪的欧洲,鼠疫是一种让人胆寒的疾病,人感染鼠疫病毒后的死亡率高达 40%~60%。

到目前为止,已发现的动物传染病超过 100 种,其中有一半以上可以直接或间接地传染给人类。此外,还有近百种的寄生性病毒传染病也可以在人畜之间交叉感染。实际上,人畜共患病可能远不止这个数:(1) 由于以前的医疗水平低下以及对疾病的认知有限,很多疾病未被记录下来;(2) 可能存在很多尚未发现的病毒,如有些不明原因的发热、腹泻就可能是人畜共患病。人可能因为食用患病动物而感染病毒,动物也可能借助唾液、粪便等途径将病原体传播给人,甚至某些携带病毒的动物在流鼻涕、打喷嚏或咳嗽时,也会传播病毒或病菌,并在空气中形成有传染性的飞沫。另外,动物的毛和皮肤垢屑里含有的各种病毒、病菌、疥螨、虱子等,有些是疾病的传播媒介,有些本身就是某种疾病的病原体。

人畜共患病种类多,分类方式也不尽相同。依据病源、宿主、流行病学或病源的生活史等不同角度有多种分类法。人畜共患病主要分为由病毒、细菌等病原体引起的传染病和以寄生虫为病原体引起的传染病。在人畜共患病中,当前主要的传染病有狂犬病、炭疽病、疯牛病、SARS、禽流感、库鲁病等。其中,有的是以动物为主的人畜共患病:病原体主要通过在动物间的传播来延续世代,人类只是受到波及。有的是以人为主的人畜共患病:病原体主要通过在人群中传播来延续世代,传给动物的概率很小。真正意义上的人畜共患病是:人、畜作为传染源的作用并重,并可互为传染源的共患病,病原体必须以人和动物分别作为终宿主和中间宿主才能完成其生活史,人和动物缺一不可。

人通过食用患病的动物可能会感染人畜共患病,如食用果子狸等野生动物。病毒还可以通过唾液和粪便传播。例如,携带狂犬病病毒的动物,它们的唾液中含有大量的狂犬病病毒,当它们咬伤人时,唾液中含有的病毒就会侵染人体,引发伤者得狂犬病。染病动物的粪便中也含有可以交叉感染的病菌,如结核病、布氏杆菌病、沙门氏菌病等的病原体都可借粪便污染人类的食物、水源和器具等,从而传播给人类。随着生活水平的提高，饲养宠物的人越来越多，与宠物亲密接触时也有可能感染人畜共患病。如果不注意个人防范，与宠物生活在一起，近距离的皮肤或口腔接触，那么就有可能感染它们携带的病毒。

人类活动日渐频繁，与动物接触机会的增加皆提高了人畜共患病的发生与扩散概率，目前已发现的人畜共患病都遵循这一规律。

15.5 人畜共患病发生的社会历史背景

由于病原体的变异、突变复杂多样，传播速度不断加快，使人畜共患病的防治面临诸多困难。人畜共患病监测是在诊断基础上，对疫情进行长期的统计、分析和对比，研究影响疫病发生、传播和流行的因素，掌握疫病流行规律，从而进行疫病风险分析和评估。人畜共患病监测是防控工作的一个重要方面，意义重大。其主要监测事项包括：(1) 动物疫情监测，即选择一定数量的样本，用规定的方法进行疫病分布情况检查和疫情统计分析；(2) 人群之间的疫情监测，即对卫生系统公布的人畜共患病疫情进行统计和分析，注意人群疫情的发展变化情况；(3) 疫源地监测，即研究和分析疫源地在地理分布上的消长和变化规律，切断人畜之间可能存在的传播途径，消灭携带病原体的动物，加强人畜排泄物以及废弃物管理，做好日常消毒工作，搞好饮水、食品的卫生监督。这些都是切断病原体由动物传染至人群的重要措施。

对易感人群和易感动物群进行免疫接种，提高抗病能力。人畜共患病必须“人畜共防治”，首先要查明病原体来自哪些动物，疾病发生于哪些地点。例如，病毒的主要宿主是哪些动物？有无传播媒介？传播途径是什么？病原体在自然界中如何生存，如何进行世代交替？在捕猎(饲养)、贩运、买卖、宰杀、处理、烹饪、食用过程中，引发病毒传播的主要环节是什么？这些都是防治人畜共患病过程中亟待明确的问题。人畜共患病以往也称自然疫源性疾病，如果没有弄清传染源，那么就不能彻底地控制疾病的传播和流行。

只有明确了传染源、传播媒介、易感生物，进而从源头上着手控制，切断其传播途径，人畜共患病的防治才会更有成效。

人畜共患病的发生与人类社会的经济发展、资源开发、人对科技的认知，都有着千丝万缕的联系。自然环境、动物都与人类的生活密切相关，破坏生态链的任意一环，最终损害的必然是人类自身。科学技术的发展进步是防治疾病的先决条件，否则很难在短时间内对疾病进行有效管控。同时，随着经济的发展、交通的便利，整个人类的高频率流动也为病毒传播提供了有利条件。

工业化导致全球气候逐渐变暖，温度升高使病毒的生存力增强，传播的可能性进一步加大，人类和动物之间交叉感染的概率也大幅提升。另外，温度升高也使得病原体的繁殖周期缩短、生命力增强、致病力增加。

动物给人类带来的经济效益正在稳步攀升，人类为了经济利益，不断扩大养殖面积、养殖品种和养殖数量，导致动物疾病的控制难度递增。集中饲养和快速流通进一步提升了防控难度。

生物的进化方向并不是单一的，影响生物生存的自然环境十分复杂，有时候病毒的进化方向和传播速度就取决于当时的资源环境。禽流感、疯牛病、SARS 的暴发强度一次比一次猛烈，病毒在受到药物选择后，侵染性逐渐增强。由于病毒的进化和药物的逐渐发展，先发现的病毒的进化程度要远高于后发现的病毒，在适应环境方面更加强大，对人类的危害也更大。病毒的进化受自身突变以及外界环境和药物的双重选择影响，进化速度有较大的差异。从分子尺度看，禽流感病毒、朊病毒和 SARS 病毒之间没有多少关系，但是三者均可以感染人畜，并且每一种病毒都有多种不同的亚型，每一种亚型的致病情况还各不相同，给疫苗研制等工作带来一定困难。达尔文的《物种起源》从 1859 年问世以来，生物进化论已经得到广泛认可，并获得越来越多的证据支持。多年来人类一直在努力探索生物进化的动力、机制、速度和方向。自然选择学说是达尔文生物进化论的核心，当环境变化时，生物种群中能够适应环境的个体被自然选择而生存下来，否则就会被淘汰。现代医学对人畜共患病的影响也具有两面性，一方面，医药科技的进步在防控和治疗疫病时发挥出巨大作用；另一方面，因药物对病毒的选择作用而产生的病毒耐药菌株，会增强病毒的感染能力。

良好的社会大环境对人畜共患病研究具有积极的促进作用，对于暴发猛烈、波及范围广的疫病的研究来说，更是一副很好的催化剂。科学家自身的研究思路也是其获取成功的重要因素，化繁为简，从多种病原体中发现它们的内在联系，这是一种抽提和概括的科学思维，这种抽象思维是科研工作者必须具备的能力，需要经过长期的锻炼。

同时，科学家应高度重视对实验材料的选择，研究对象多选择生存周期短的模式生物，它们的遗传物质结构相对简单，便于提取、检测和分析。同时追根究底的韧性也是获取成功的重要因素，一项重大的科研发现，往往与这种韧性不无关系。如果在实验遭遇瓶颈时便轻言放弃，或者不经过思考就临时改变实验步骤，这种浅尝辄止的行为是科学研究的大忌，那么很多机遇也会因此而丧失。

每当有新型的人畜共患病被发现，往往都会随之产生一个新的传播方式和治疗途径，循着这些网络的交叉点进行深入研究，可能就会有新的发现。即使两者之间没有直接的联系，也不排除通过别的物质可以进行关联，也许可以从中发现新的焦点，这对人类了解人畜共患病，直至最终弄清其致病机理有着重要的作用。

近 20 年来，禽流感、疯牛病和 SARS 相继暴发流行，它们是对人类健康和生活影响较大的病毒性人畜共患病，人们已经从传染源、传播途径、易感人群、地理气候、科技政策等方面对这些疾病的预防控制和治疗进行了较深入的研究，这三种病毒性人畜共患病的研究规律和特点包括以下几个方面：

第一，运用分子生物学理论和技术，阐明病毒的结构，制备疫苗对于流行病的预防和控制具有极其重要的作用。在分子生物学建立以前，禽流感和疯牛病的传染源一直未被清晰认知，所以防控时只能采取隔离患病生物或者宰杀家禽的办法，这种做法不仅被动，而且有局限性。只有在病毒的三维分子结构被明确解析后，才能够行之有效地制造出针对性的疫苗。例如，发现禽流感病毒已经有近百年的历史了，在分子生物学建立前的 50 年里，相关研究基本上处于停滞状态，然而在它的分子结构被解析出来后，疫苗研制也很快获得成功，人类可以针对其特有结构进行有效抑制。SARS 病毒的分子结构解析较晚，因此疫苗的研制相对滞后。到目前为止，人畜共患病在分子水平上的研究还存在许多悬而未决的问题，如分子结构对毒株多样性形成的影响，分子立体构象中的结构变化有什么样的作用机理等仍然比较模糊。只有在相关问题的研究取得突破后，才能从源头上遏制这些疾病的流行和暴发。

第二，传统的流行病控制方法——切断传播途径、消灭传染源等，仍有积极作用。因为人畜共患病比普通的传染病传播范围更广，持续时间更长。人类的隔离措施并不能很好地预防病毒在动物之间的传播，以及控制动物的迁徙路径。宰杀和深埋并不是最佳方法，也不能彻底地隔绝疾病传播。但是在疾病流行初期，在面对禽流感和疯牛病等疫病时，大多数国家采取的方式是宰杀动物，在客观上还是减缓了疾病的传播速度。

第三，全球化国际合作是解决问题的重要方法。三种人畜共患病都呈现高频率、高传染性的特点，并造成世界范围内的大流行，单靠某一国家的财力和物力很难达到遏制的效果。我国政府在SARS流行伊始就向世界卫生组织发出求助申请，并得到了大力的帮助。全球化的人畜共患病需要全球化的联合协作来进行控制，世界卫生组织起到了沟通各国政府的纽带作用，通过资金和医疗技术的指导和支持，有效地控制了疾病的蔓延。各个民间的卫生组织在疾病防控上，包括对患者的隔离、资金的筹措等方面也作出了重要贡献。

第四，人类文明的发展是一把双刃剑，自19世纪以来，由于经济发展，人口数量膨胀，资源消耗加剧，引发了新一轮生态灾难。人类滥用抗生素、激素，加剧了病原微生物的变异，越是新出现的病毒，其变异性可能越大，对药物的抗性越强，控制的难度也更大。如果不能加以主动预防，那么这些疾病很可能会再次流行或者出现新型变异病毒的流行。

总之，禽流感、疯牛病和SARS相继暴发流行，是对人类的重大挑战，对它们的研究让人类积累了宝贵的防控经验，有助于人类迎接下一次疫病挑战。

第16章 病毒对人类的影响

2019年12月，一场突如其来的由新型冠状病毒(COVID-19)引发的肺炎以武汉为中心，迅速在中国大地上蔓延开来。随后，韩国、日本、美国、意大利、伊朗……相继暴发了疫情，人类正经历着一场与COVID-19病毒之间的生死战斗。深入地认识病毒，有效地防控病毒，正是人们研究病毒的初衷。

在生物持续演化的同时，病毒也在不断地变异。被病毒袭击的宿主，要么产生抗体得以生存，要么被病毒侵袭而灭亡。因此，病毒在演化过程中表现出这样的规律：毒性特别大的病毒一般传染性不强，传染性强的病毒的毒性相比较小，这也是病毒和宿主之间博弈的结果……

与此同时，病毒也并非是一无是处，它在人类演化过程中也扮演了重要的角色。科学家们通过大数据分析发现，有近三分之一的蛋白质适应演化都是由病毒驱动的，人体中的某些重要基因也源于病毒。人类基因组计划的研究表明，在人类的基因组中有成千上万的病毒基因的痕迹。美国著名科普作家齐默(Zimmer)在《病毒星球》一书中指出，地球生命的基因多样性，有很大一部分蕴藏在病毒之中；人类呼吸的氧气，其中很大一部分便是在病毒的帮助下产生的……另外，病毒也是人类演化的强大动力之一，因为病毒的变异速度快，所以病毒的可塑性很强。同时，病毒可以方便地通过逆转录酶进入宿主的基因中，因此病毒也是一种人类可以利用的资源。目前，科学家们已经开始尝试利用部分病毒作为外源基因进入宿主细胞的载体工具，实现对宿主细胞的基因进行编辑的目的。然而，科技是一把双刃剑，人类在改造生物的同时，也要注意其中可能的潜在风险，应在安全、法律和伦理的框架中科学、合法地进行。

病毒与人类一直共生至今，因此客观而公正地认识和了解病毒是非常有必要的。面对疫情，应多一些淡定，少一些恐慌；多一些理性思考，少一些见风是雨！

16.1 病毒的发现史

在大自然中，微生物的种类繁多，除细菌、真菌、支原体、衣原体外，还有一种比细菌还小的微生物——病毒。既然病毒这么小，那么它是如何被发现的呢？

19世纪末，烟草行业发展迅速，成为很多国家的支柱产业。但是好景不长，很多地区的种植户发现，烟草叶感染了一种奇怪的病，这种病会让叶片的生长处于营养不良的状态，同时叶片还会出现畸形、厚度不均，长出黄绿相间的条纹，甚至有的叶片上还会出现大面积的坏死斑。感染了这种病的烟草叶就不能够使用了，这给农民带来了极大的损失。

种植户们不清楚烟草叶的发病原因和致病因素，也找不到合适的预防和治疗方法。情急之下，有人想到了巴斯德的实验方法，是不是可以使用这一方法来寻找可能存在的致病因子呢？他们先把叶片放在器皿中研磨，得到带着叶肉组织的汁水，然后在显微镜下观察这些汁水的涂片，希望能够发现细小的微生物。但是遗憾的是，他们什么微生物也没观察到，因为他们碰到的不是简单的细菌，而是病毒类的微生物，它们的体积要比细菌小上几个数量级，所以根本没有办法在光学显微镜下寻觅到它们的影子。即使是巴斯德来做这方面的研究，他也会铩羽而归，因为19世纪的显微设备还达不到观测病毒的水平。

虽然在显微镜下找不到这种微生物的踪影，但是人们却发现，如果把磨碎的患病叶片的汁液涂在正常的叶片上，原本健康的叶片很快就会感染烟草花叶病，这说明患病叶片的汁液中存在致病的微生物。同时，即使把这种汁液稀释100万倍，再将稀释后的液体涂在正常的叶片上，原本健康的叶片仍会发生感染，这说明这种微生物的生命力是极其顽强的。一系列的实验让人们确信一定存在着某种致病因子，只是一时无法观察到它。

1886年，德国农艺化学家麦尔(Mayer)首先发现并命名了这种烟草花叶病毒。1892年，俄国植物学家伊凡诺夫斯基(Ivanowsky)发现烟草花叶病的致病因子可以通过细菌滤器，这是一项重要的发现，说明这种致病因子是一种比任何细菌都小的病原体。但是，因为巴斯德病原菌学说的影响力太大，所以伊凡诺夫斯基错误地认为烟草花叶病毒的致病因子也是一种细菌，只不过在直径上更小而已。

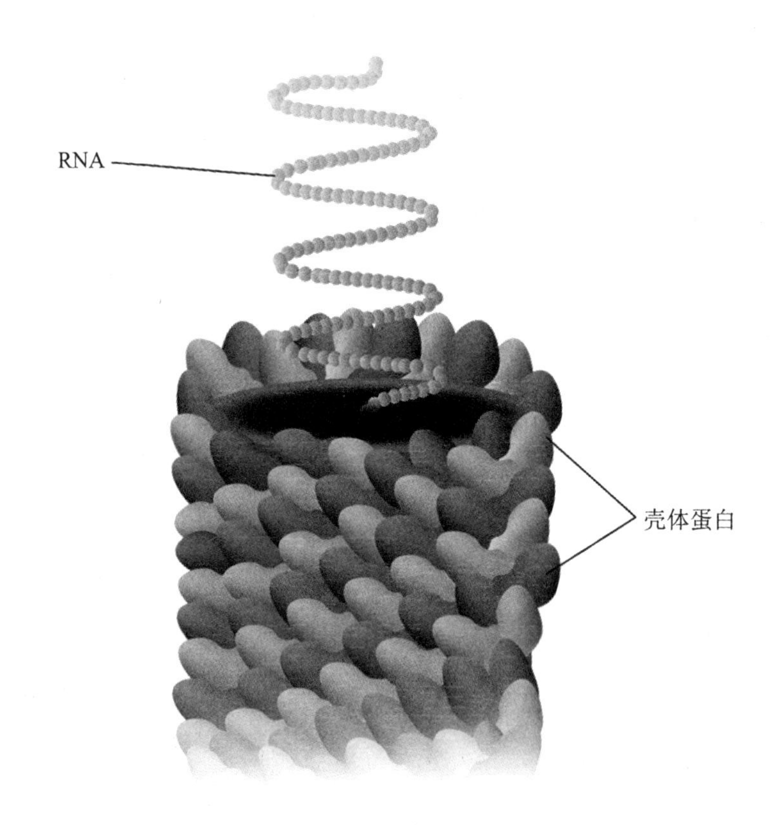

烟草花叶病毒

1898年，荷兰微生物学家贝杰林克(Beijerinck)进行了类似的实验。他发现烟草花叶病病叶的滤液不仅具有连续的传染性，还能够在琼脂凝胶中扩散。根据这一特点，他认为烟草花叶病的病原体可能是一种可以过滤的病毒，并提出了病毒的准确概念。

贝杰林克的工作在病毒学史上是划时代的，他的理论打破了当时人们普遍信奉的病原菌学说，是人类认识病因过程中的重大突破，标志着人类对于疾病机理的认识从感性阶段上升到了理性阶段，同时也奠定了病毒学的理论基础。

20世纪30年代，科学家发明了电子显微镜。在电子显微镜下，人们第一次清楚地看到了烟草花叶病致病因子的真面目：一种杆状的、没有细胞结构的生命体，而且比细菌小很多，只有细菌的万分之一大。

1935年，斯坦利(Stanley)从烟草花叶病病叶中提取出了TMV结晶，确认了病毒的化学本质。病毒粒子的体积相差非常悬殊，直径为10～300纳米，一般为100纳米左右。

在病毒大家族中，有一种重要的细菌病毒——噬菌体。噬菌体是细菌的克星，寄生在细菌的体内，在它完成复制、组装后细菌就会破裂死亡，而复制出来的成千上万的噬菌体又会去寻找下一个目标。1907年和1909年生物学家特沃特(Twort)和海纳尔(Herelle)分别独立地发现了噬菌体，他们发现这种微生物不能离开宿主细胞独自存活，也不能独立完成复制。因为可以引起宿主细菌的裂解和死亡，所以它被称为噬菌体。

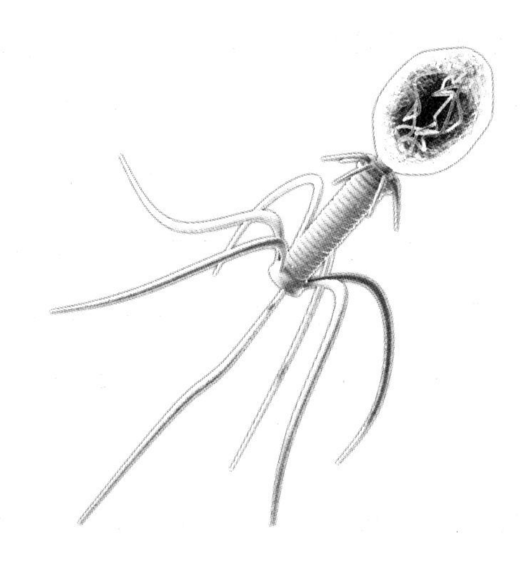

噬菌体

噬菌体的形态非常特别，它像一个小型的注射器，尾部有细长的着力点。当它遇到宿主细菌时，尾部会紧紧地贴合在细菌的表面，同时它会像注射器一样，将自身的遗传物质注射到宿主细菌体内。随后噬菌体的遗传物质就会像模板一样，利用细菌体内的原料合成自己的遗传物质。在这些遗传物质的指挥下，再不断地组装噬菌体的外壳，当噬菌体组装成功并完全成熟之后，噬菌体就会从细菌内部冲出，造成细菌破裂和死亡。大量的噬菌体游离到外界环境中，再寻找新的宿主细菌。周而复始，呈几何级数增长的噬菌体会导致细菌大量死亡，这就是噬菌体杀死细菌的整个过程。

16.2 病毒的种类和命名

“知彼知己，百战不殆”，了解病毒的第一步就是对病毒进行分类。

1963 年，国际微生物命名委员会根据安德鲁斯(Andrews)的分类建议尝试对病毒进行分类，主要有以下几种分类方式：(1) 根据核酸的类型、结构和分子量进行分类，包括 DNA 病毒、RNA 病毒和蛋白质病毒；(2) 根据病毒粒子的形态规则进行分类，如球型病毒、杆状病毒、螺旋状病毒、轮状病毒等；(3) 根据血清学活性和抗原性进行分类；(4) 根据理化指标中的敏感性进行分类，包括在酸性环境下的稳定性、对热的稳定性、加入二价离子后对热的稳定性；(5) 根据宿主种类、传播方式和媒介种类，流行病学特点，临床病理学特征进行分类……通过分类病毒，科学家能有针对性地对其进行命名。

1966 年，国际病毒命名委员会(International Committeeon Taxonomy of Viruses，ICNV)成立，ICNV 提出和多次修订了病毒分类原则，形成了由目、科(亚科)、属、种构成的病毒分类系统。

自 1898 年“病毒”的概念被提出来之后，病毒命名曾经非常混乱：有的以宿主命名，有的以病理特点命名，有的以致病的症状命名，有的以病毒颗粒的形态命名，有的以地名或人名命名……面对这样的命名乱象，ICNV 作出规定：(1) 以“属名”加“种名”的细菌命名规则不适用于病毒；(2) 病毒命名法应该是国际性的；(3) 命名法应该普遍地用于所有病毒；(4) 向拉丁化命名法努力，现有拉丁名称，凡适用者应该予以保留；(5) 可以用缩拼词作为病毒科(属)名称；(6) 不使用人名；(7) 不遵守优先法则。

16.3 免疫与天花病毒

考古发现，古埃及法老拉美西斯五世生前曾出过皮疹，这种皮疹被怀疑是感染了天花病毒后产生的。15 世纪，随着哥伦布发现新大陆，大航海时代来临，大批的欧洲人来到了美洲地区，随着欧洲人一同到来的还有腮腺炎、麻疹、黄热病、天花等传染性疾病。当时，美洲地区有 2000 万到 3000 万的印第安原住民，大约 100 年后，美洲的印第安原住民只剩下不到 100 万人，其中天花的危害最为剧烈。

17 世纪前，欧洲居民普遍面临着天花的威胁。此病传染性强、致死率高，有 20%左右的患者会因病丧生，即使能够幸存下来，也会留下严重的后遗症。这种疾病不只在欧洲传播，还逐渐向其他的国家和地区蔓延。

1721 年，英国伦敦暴发了天花疫情，部分贵族因天花去世，引发了英国皇室对天花病毒的担忧。面对疫情大家束手无策，情急之下，并不成熟的人痘接种研究逐步受到重视。通过接种天然的天花病毒，部分健康者可以在体内产生抗体，从而对天花病毒免疫。但是这种方法也存在着一定的风险，对于那些免疫力低下的接种者来说，这样做无异于“送羊入虎口”。

之后，科克帕特里克(Kirkpatrick)在美国南卡罗来纳州查尔斯顿地区首次在人痘接种中采用直接接种法，取代传统的自然天花痘源。直到 18 世纪末，英国医生爱德华·詹纳(Edward Jenner)发明了用牛痘苗预防天花的方法，这才将整个接种风险降到了人们可以接受的程度。尽管如此，在随后的 200 年时间里，天花还是多次席卷了欧洲，近 3 亿人死于天花病毒的魔爪之下。

1837～1840 年的天花疫情导致英国 41664 人死亡。1838 年，天花取代了麻疹和猩红热成为儿童的头号杀手。1840 年 7 月，英国议会通过《1840 年接种推广法案》，在全国范围内进一步推广牛痘接种，政府向难以负担接种费用的民众，特别是工人和穷人提供

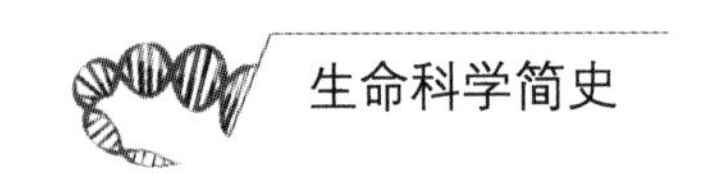

免费的牛痘接种。法案禁止人痘接种在英国应用，还制定了以政府为主体的牛痘接种推广计划，同时规定了组织运作程序。

1977 年 10 月 26 日，全球最后一名天花患者——索马里的阿里·马奥·马丁被治愈。1980 年 5 月 8 日，世界卫生组织在肯尼亚首都内罗毕宣布，危害人类数千年的天花病毒已经被彻底根除。

天花病毒之所以能在历史上造成巨大灾难，除了致死率高以外，它的传播速度非常快，并且可以通过空气传播。在被病毒感染 1 周后，携带者就会具有传播病毒的能力。天花病毒在唾液中浓度最高，患者身体的其他部位也有很强的传染性，即便是接触从患者身上剥离的痂皮也可以感染病毒。

天花病毒属于痘病毒科脊椎动物痘病毒亚科正痘病毒属，病毒中心是由双链 DNA 和两个侧体一起组成的哑铃状核心，外周是一层脂蛋白质包膜。它是目前人类已发现的最大最复杂的病毒。

天花病毒呈砖形，长约 300 纳米、宽约 200 纳米，具有较强的生命力，能够对抗干燥和低温，在痂皮、尘土和衣服上能够生存数月，甚至一年半时间。

天花病毒只感染人类，传染性极强，主要有两种感染形式：胞外包膜病毒（EV）和胞内成熟毒粒（MV），EV 是病毒在细胞内获得一层外膜后形成的；MV 形式最为丰富，在环境中也最稳定，是病毒在宿主间传播的主要形式。

16.4　从接种到天花疫苗的研制

在面对天花疫情时，人们发现了一个奇怪的现象，曾经患过天花的人不会再次染病。这究竟是什么原因呢，是不是患过天花的人都具有了免疫力？

中国古代的医学家曾经作过许多努力和探索。在“以毒攻毒”思想的指导下，中国人首先发明了人痘接种术。罹患过天花的人只要幸存下来，就不会再次患病，即使再次感染，也不会有很严重的后果。所以古代的医者思考，是否可以采取“以毒攻毒”的方法，给那些健康的人接种这种有毒的致病物质，这样他们就可以获得神秘的抵抗力。

国际公认，最早的人痘接种术起源于10世纪的中国。根据我国的史书记载，种痘起源于唐朝，不过种痘技术只是在民间秘密流传。1661年，康熙开始执政，因为他曾经得过天花，并且幸运地痊愈了，所以人痘接种技术逐步在全国范围内得以推广。

当时的接种方法主要有两种：一种叫作“旱苗法”，取天花患者的痘痂研成粉末，加入樟脑、冰片后，吹入接种者的鼻孔中；另一种叫作“水苗法”，在剥离下来的痘痂中加入人的乳汁或者水，用棉签蘸取后塞入接种者的鼻孔中。两种方法都是为了让接种者患上轻度的天花，然后让人体的免疫系统获得抗体。当时，患者的痘痂被称为“时苗”，这种痘痂的毒性是相当大的，因此无论是“旱苗法”还是“水苗法”，都无法保证接种者的安全。随后，医者们又发明了“熟苗”接种法，这种方法是以接种者发出来的痘作为种苗，经过养苗、选炼、连续接种七代之后，汰尽“火毒”，再给人接种就相对安全了。

1706年，法国传教士殷宏绪，通过给中国宫廷的御医送礼，换取了人痘接种配方，随后向西方输出了这种人痘接种技术。

人痘接种虽然已经起到了显著的防治效果，但是依然存有较大的风险——高达2%的死亡率，因此仍需寻找一种更为安全的方法。英国医生爱德华·詹纳最终破解了这一难题。

詹纳在长期的行医过程中发现，牛痘能感染健康人，健康人在感染牛痘病毒之后会出现类似感染天花的症状，但是后果并不严重，牛痘对人没有致死性，而且患过牛痘的人不会再患天花。因此詹纳判断，可以摒弃之前的人痘接种方法，转而利用牛痘。

1773年，詹纳在家乡伯克利开了一家诊所。在偶然的一次聊天中，一名来看病的挤奶女工和詹纳谈到了种痘的事情，她曾经患过牛痘，因此就不会感染天花。牛痘是在牛身上出现的一种传染病，但是通过皮肤伤口也可以感染挤奶工。牛痘有一个重要的特点——对人没有致死性，患者一般在一个月左右就可以痊愈，并且牛痘不会引发其他的不良反应。因此，能否用低毒性的牛痘代替高毒性的人痘来进行接种呢？

1796年7月1日，詹纳进行了免疫学史上一次伟大的实验。他从当地奶场的一名女工手上的牛痘脓疱中取出一些脓水，将其接种给一名男孩。不出所料，这名男孩患上了牛痘，但他很快就痊愈了。詹纳按照计划又给他接种了人类天花，让人欣慰的是，男孩并没有因此染病。这也宣告了世界上第一例人体接种牛痘的实验获得了成功。至此，詹纳发明了用牛痘苗预防天花的办法，开启了主动免疫的先河，成为免疫学的开山鼻祖。

随后，詹纳又给23个人接种了牛痘，待他们痊愈后再给他们接种天花。结果无一例外，他们体内都已经产生了抗体，因此都未得病。这项技术得到了全社会的认可。詹纳没有把这种方法据为己有，让其成为个人谋取私利的工具，而是将这一接种方法无私地献给了全世界。

除了部分天花病毒毒株被保存在实验室之外，从1980年至今，世界各地再也没有出现过任何一例天花病例，人类已经战胜了这种可怕的病毒。

16.5 SARS的肆虐

严重急性呼吸系统综合征(Severe Acute Respiratory Syndrome，SARS)又称传染性非典型性肺炎，是一种严重的呼吸系统传染病。它是进入21世纪后第一种对人类构成极大威胁的新型人畜共患型传染病。SARS于2002年11月在广东省首次被发现，并以极快的速度在全球范围内迅速传播，给世界经济和人类健康造成重大损害。SARS患者的主要症状有：身体发热、肌肉疼痛和畏寒，后期还会伴有咳嗽和流感样症状，严重时患者会出现肺泡损伤、间质多核细胞和肺纤维沉积、呼吸困难，胸片有毛玻璃状阴影及局部病变，淋巴细胞明显减少，约20%的患者需要进行机械换气治疗。

典型性肺炎是指由肺炎链球菌等常见细菌引起的大叶性肺炎或支气管肺炎。而非典型性肺炎是由支原体、衣原体、立克次体、腺病毒以及其他一些不明微生物引起的肺炎。起初，人们认为SARS的致病因子是衣原体病毒，直到2003年3月才确认其病原体是冠状病毒。

冠状病毒在全世界的分布非常广泛，为不分段的单股正链RNA病毒，形状不规则，但是大多数呈球形，表面还附有包膜及刺突。因为在电子显微镜下可观察到该病毒包膜上镶嵌的刺突基底面形状类似于皇冠，所以将其命名为冠状病毒。1937年，在人工饲养的鸡身上首先发现这种病毒，于是将其命名为禽传染性支气管炎病毒，随后陆续在人、狗和猫等生物体内发现这种冠状病毒。

SARS疫情出现后，广东省的医护工作者在临床诊疗中发现患者有高烧、咳嗽、肺部有阴影等肺炎症状，而且病毒传染性强，治疗时使用针对普通肺炎的抗菌药物基本无效，同时其在症状上与由肺炎链球菌等细菌引起的肺炎相比，性状不够典型，不能清晰地将其归类为通常意义上的肺炎。因此，2003年1月22日国内首次使用“非典型性肺炎”的名称报道了这种未知疾病。随后，世界卫生组织初步确认了这种疾病，临时将其医学名称定为非典型性肺炎。2003年2月底，世界卫生组织的传染病专家卡洛·厄巴尼(Carlo Urbani)根据已经掌握的情况将其命名为严重急性呼吸综合征。2003年3月15日，世界卫生组织根据已经取得的研究成果，正式用SARS来命名这种疾病。

SARS表现出明显的群体性暴发特征，而且在一定的范围内传播迅速。与患者有接触的医生、护士，以及间接接触的亲友等都是易感人群。SARS病毒非常脆弱，在自然条件下非常容易死亡，然而一旦进入人体，它却能造成破坏性的后果。它可以自由地出入人体的细胞核并与其结合，然后不断地复制，并在某个特定时刻把自身的遗传物质表达出来，置宿主于死地。

在短短几个月的时间里，SARS病毒迅速传播至世界各地。截至2003年8月7日，全球累计出现SARS病例8422例，死亡919例。时任美国总统布什发布13295号行政命令，将SARS添加到可以违背当事人的意愿进行强制隔离的疾病名单中。美国国立卫生研究院随即宣布开始研制SARS疫苗，以应对可能继续大范围暴发的SARS疫情。中国军事医学科学院微生物流行病研究所与中国科学院北京基因组研究所展开合作，仅用36个小时就完成了4个新型冠状病毒毒株的全基因测序。测序结果显示，新型冠状病毒的基因长度约为3万个碱基，与加拿大、美国报告的序列基本一致。但是取得以上成果距彻底攻克SARS还有相当远的距离。

16.6 埃博拉病毒

埃博拉病毒是一种极其危险的病毒。1976 年,在非洲埃博拉河附近发现了一种急性出血性传染病,随后该病逐渐引起了医学界的广泛关注和重视。这种病是由纤丝病毒科的埃博拉病毒引起的,主要通过患者的血液和排泄物传播,临床表现为急性起病、发热、肌痛、出血、皮疹和肝肾功能损伤。美国布法罗大学的科学家成功地揭示了埃博拉病毒的家族史,埃博拉病毒和马尔堡病毒都是线状病毒家族成员,它们的祖先拥有悠久的历史,可追溯到 1600 万到 2300 万年前。

最早的病例来自一个名叫亚布库的小村子,村子里有一所学校,学校的校长在外旅游回来后感觉到身体不适,但是他没有特别在意。1976 年 8 月 26 号,这名校长,也是这次感染的零号患者开始发烧,因为当地的医院查不出来病因,所以在提供了一些奎宁后就让他回家自行调养。在家中调养一段时间后,他的症状并没有减轻。9 月 5 号,因为病情加重他不得不再次前往当地的一所教会医院就诊,随后病情加速恶化,他最终在 9 月 8 日不治去世。

这仅仅是个开端,在校长去世后不久,家中照顾他的亲人和教会医院里的修女都陆续出现了发病现象,患者在发烧的同时,会出现浑身疼痛、剧烈地呕吐和腹泻,并且伴有七窍和内脏的逐步出血,最后在短时间内死亡。这种可怕的疾病引起了人们的重视,在一位修女感染疾病去世后,她的血液样本被送到了比利时的病毒研究所。当时 27 岁的研究人员皮奥特(Piot)在显微镜下看到了一种丝状的病毒,这种病毒是之前从未见过的病毒类型,因此他怀着一颗好奇心,坚持前往疫源地进行新型病毒研究和疫情防控。

皮奥特发现,参加葬礼的亲友与病逝者的遗体会有亲密接触,推断这可能是一个潜在的传染风险。因此,皮奥特坚持妥善处理病逝者的遗体,禁止亲属直接接触遗体,并且采取了相应的隔离和保护措施，最终这场疫情被控制住了。疫情共造成318人患病，280人死亡，致死率接近90%，远远超过天花、霍乱、鼠疫等传染病。在病源地的村庄旁有一条埃博拉河，于是皮奥特将这一病毒命名为埃博拉病毒。

由于交通闭塞，人员流动并不频繁，第一次埃博拉病毒在短暂暴发后便销声匿迹了，并未引起大范围的疫情。但是随着交通的逐渐发达，人员流动日趋频繁，埃博拉病毒再次暴发。

2012年底，非洲几内亚的一名2岁小男孩感染了埃博拉病毒，小男孩很快便去世了。紧接着，不幸的事情不断发生，小男孩的姐姐和母亲先后发病，并且将病毒传染给了附近村庄的人。因为首次发病的零号患者——小男孩居住的村庄位于几内亚、利比里亚、塞拉利昂三国的交界处，所以病毒在这三个国家快速传播。2014年2月，埃博拉病毒在几内亚境内暴发，并且波及利比里亚、塞拉利昂、尼日利亚、塞内加尔、美国、西班牙、马里等七个国家。据世界卫生组织统计，截至2014年11月15日，全球有15145人感染埃博拉病毒，死亡5420人。

据不完全统计，2013～2016年，埃博拉病毒再次在非洲大地流行，感染人数和死亡人数均超过之前几十年的总和。至2016年初这次大流行结束，埃博拉病毒在全球共造成28000人感染，约18000人死亡。

埃博拉病毒是一种RNA病毒，只有一条单链，属于丝状病毒科，长度约970纳米，直径约80纳米，有18959个碱基。

埃博拉病毒是一种能够引起人类和其他灵长类动物产生埃博拉出血热的烈性传染性病毒，由它引发的埃博拉出血热(EBHF)是当今世界上最致命的病毒性出血热，临床表现与同为纤维病毒科的马尔堡病毒感染者的症状极为相似，包括恶心、呕吐、腹泻、肤色改变、全身酸痛、体内外出血、发烧等。埃博拉出血热患者的死亡率高达50%～90%，致死的原因主要是卒中、心肌梗死、低血容量休克以及多发性的器官衰竭。

埃博拉病毒属于一种单链RNA，具有容易变异的特点。目前已经确定的埃博拉病毒分为5个种：扎伊尔型、苏丹型、莱斯顿型、塔伊森林型和本迪布焦型。埃博拉病毒主要通过患者的血液、唾液、汗水以及分泌物、排泄物等传播，潜伏期为2～21天，绝大多数感染者会在 5～10 天内发病。

埃博拉病毒是一种囊膜病毒，即病毒外有一层膜。当埃博拉病毒到达细胞膜表面时，刺突会和细胞膜表面的受体结合，使宿主细胞发生"坍塌"，形成包裹病毒的内吞体。此时的病毒被包裹在一层膜内，并未真正地感染细胞。内吞体膜上的 NPC1 分子是埃博拉病毒入侵的"通路"。在病毒的膜和细胞膜发生融合后，病毒就会进入细胞内部，并释放出自己的 RNA，随后在宿主体内疯狂繁殖，大量扩散。同时，通过复制不断地攻击宿主体内的多个重要器官，导致器官出现内在损伤，产生内出血。病变器官的坏死组织会从患者口中呕吐出来，患者的死状非常恐怖，仿佛身体内部的器官会逐渐"融化"。

刚开始时，在治疗埃博拉出血热的过程中，没有特效的治疗方法，主要采取辅助治疗。例如，维持水和电解质平衡，预防和控制出血，控制继发性感染，维护各种脏器的功能，防止出现肾衰竭、出血等一系列并发症。恢复期患者的血清与免疫球蛋白可以作为疾病暴发阶段的经验性治疗药物。

埃博拉病毒虽然致死率高，但是它不能通过空气传播。与天花、禽流感等疾病相比，前几次流行造成的总死亡人数较少，因此很多公司和科研机构都认为研发抗埃博拉的药物可能会入不敷出。

2013～2016 年的大暴发让疫苗研发正式提上日程。将灭活的埃博拉病毒注入实验动物体内，诱导机体产生免疫反应，但是这一思路在对灵长类动物的实验中以失败而告终。用减毒的活病毒直接进行人体实验，又担心对人体造成伤害，所以一直没有实施。

2018 年，这一情况出现转机。哈夫曼(Halfmann)等人应用反向遗传学研发的一种基因重组的减毒活疫苗被证明与野毒株有 95%的相似性，且对人体危害较小，这些病毒在小鼠实验中获得成功，使小鼠对埃博拉病毒产生了抗体。但是这种疫苗对灵长类动物是否有效，还未得到进一步验证。

目前科学家仍未研制出广谱的抗病毒药物，埃博拉病毒感染者只能依靠自身的免疫能力来进行抵抗，相关治疗只能起到支持辅助的作用。抗病毒药物仍在持续研制之中，根据作用靶标的不同，其可以分为抑制病毒入侵细胞和抑制病毒复制两类。

2019 年，美国食品药品监督管理局批准上市了由默沙东公司研发的埃博拉减毒疫苗,该疫苗将埃博拉病毒的一段基因连接到水泡性口炎病毒基因上,在注射后会让人体产生对埃博拉病毒的免疫能力。至此,人们看到了胜利的曙光。

16.7 病毒的宿主

实际上这些病毒性传染病的病原体和人类的交集并不多,很多都是通过中间宿主传染给人类的。能够充当中间宿主的物种有很多,如果子狸、穿山甲、竹鼠、蛇、龟等。它们都是中间宿主,可以将病毒直接传给人类。那么第一个携带病毒的宿主是什么呢?大量的研究最后都将视线集中在蝙蝠身上。

蝙蝠是翼手目动物,翼手目是哺乳纲中仅次于啮齿目的第二大类群,是唯一一类演化出飞翔能力的哺乳动物。蝙蝠昼伏夜出,遍布全世界,在热带和亚热带地区数量最多。

很多动物都以蝙蝠为食,如蛇、蜥蜴、果子狸等。如果蝙蝠体内携带某些病毒,那么通过那些捕食蝙蝠的中间宿主,人类就有可能间接地感染上新型病毒。

为什么蝙蝠能够携带这么多致命的病毒呢?为什么蝙蝠自身不会受到病毒危害,可以和病毒和谐共生呢?蝙蝠身上可携带多种可怕的病毒,包括马尔堡病毒、SARS、埃博拉病毒、汉坦病毒、狂犬病病毒等百余种病毒,有人戏称蝙蝠是一个移动的病毒库。既然蝙蝠可携带这么多的病毒,那么是不是可以将它彻底灭绝呢?答案是否定的。蝙蝠是一种益兽,它可以捕食蚊子、夜蛾、金龟子等害虫。另外,在整个生态系统的食物链中,它是不可或缺的一环,蝙蝠消灭害虫的能力比某些杀虫剂都要强,因此不能人为地打破这个平衡。绝大多数情况下,蝙蝠并不会主动地将病毒传播给人类,因为它和人类之间的交集很少,所以只要注意保护环境,拒绝捕食野生动物,就可以极大地减少这种风险。

由于群居生活、生活环境阴暗潮湿,再加上长途迁徙,蝙蝠群中存在大量的病毒,并且病毒之间还会发生交流和变异,使得蝙蝠成为天然的病毒库。在进化过程中,蝙蝠成为唯一能够飞翔的哺乳动物,极高的新陈代谢速度,使它的体温能够维持在 40℃左右。

在这么高的温度下，人类是很难生存的。但是蝙蝠可以，它的免疫系统的效能可以发挥到一个人类无法企及的水平，蝙蝠能够启动超强的免疫应答，对病毒活性发挥出高效的抑制作用。另外，蝙蝠还有一种重要的技能——DNA 损伤修复。人类的衰老、死亡以及疾病，很大一部分原因是人类无法修复和弥补 DNA 损伤，所以与同体型大小的哺乳动物相比，蝙蝠的寿命相对较长。

蝙蝠具有其他生物难以企及的病毒携带能力，以至于很多病毒在蝙蝠体内都能够找到同源的基因。如何利用好这样一个天然的病毒库，让它造福人类，有待人们去深入地探索。

16.8 人类对病毒的利用

随着对病毒认识的逐步深入，人们按照病毒和宿主的关系，将其分为三类：对宿主有害、对宿主无害、对宿主有利。病毒也有对宿主有利的情况。例如，C 亚型的 GB 病毒不仅不会让人产生临床症状，反而能帮助人体抵抗其他病毒。

病毒对于宿主来说也不是有百害而无一益的，病毒可以把外源基因成功地转导到宿主体内。这些转导过来的基因信息，宿主体内一般是没有的，并且病毒的变异速度要比宿主快很多，因此从某种角度上说，病毒给宿主提供了源源不断的新基因，让宿主有机会获取更多的新信息。

据统计，人类的基因组上约 8% 的基因序列来源于病毒。这充分说明，在漫长的演化过程中，人类不断地将外源的有用基因同化，为自身所用。例如，促进胎盘形成的合体素基因，对人类和哺乳动物的繁衍都有着重要作用，这种基因就来自病毒，没有它就不能形成胎盘。

相比人类，病毒的起源要早很多，而让人类惶恐不安的高危害性病毒大多是由动物传染给人类的。病毒在不同的宿主间转移，是其生命进化的一部分，过去发生了，现在正在进行，未来还将继续下去。作为人类，我们既无法阻止动物病毒向人类传播，也不能预测这一传播将在何时何地发生，是否会带来瘟疫。当然我们也不能一味地防守，应主动地学会改造和利用病毒。同时，我们应保护自然环境，善待野生动物，保持生态平衡，这样才能减少感染动物病毒的风险。

第17章 代 谢 学

1959年的诺贝尔生理学或医学奖获得者、生物学家亚瑟·科恩伯格(Arthur Kornberg)曾经说过:“如果用化学语言来表达,那么大多数生命现象可以得到很合理的解释。”新陈代谢的过程清晰地展现了各种最基本的生命现象。

关于新陈代谢的科学研究,很早便开始了。13世纪,医学家伊本·纳菲斯(Ibnal-Nafis)就提出:“身体和它的各个部分是处于一个分解和接受营养的连续状态,因此它们不可避免地一直发生着变化。”这可能是关于新陈代谢最朴素、最原始的定义了。在随后的很长一段时间里,人们对该领域并没有更多的研究和认识,代谢学科的发展停滞不前,这种情况直到16世纪才有所改观。16世纪初,意大利学者圣托里奥(Santorio)出版了《医学统计方法》。在书中,他详细地描述了自己的各种日常生理活动,包括吃饭、工作、睡觉、排泄等,在每项活动前后,他都对自己的体重进行称量并记录结果。由此他得出结论:自己摄入的各种食物都在“无知觉地排汗”中被消耗掉了。这种解释虽然看起来有些可笑,但是这代表了当时人们对新陈代谢的理解和思考。这是从表象上对新陈代谢现象进行描述,并且只从重量这一角度入手,虽然实验设计得并不严谨和科学,甚至很肤浅,但它却代表了对新陈代谢最原始的探索。当然,这时的研究还停留在描述阶段,并不能被称为一门学科。

进入19世纪,依托其他学科的发展,新陈代谢的定义逐渐清晰,科学家把生物体内发生的维系生命活动的所有化学反应都称为新陈代谢。新陈代谢是最基本的生命现象之一,是由多酶体系协同作用构成的化学反应网络。生物通过新陈代谢获取需要的营养和能量，维系生物体的生长、繁殖等生命活动。新陈代谢的主要功能包括从周围环境中获得营养物质，将从外界吸收的营养物质转变为自身需要的结构元件，并将其装配成自身的大分子，给机体提供能量。

代谢学科是生物学中的一个重要分支，主要研究四种大分子(糖类、脂类、蛋白质、核酸)的代谢过程，以及在代谢过程中发生的能量变化。代谢过程和人体的生长发育密切相关，因此这一过程也吸引了大量的研究人员从事相关研究。

17.1 传统的代谢学发展

代谢学科的发展最初得益于生理学之父拉瓦锡(Lavoisier)。他率先提出了呼吸和新陈代谢的正确概念，为生物化学和代谢学的发展奠定了坚实的基础。拉瓦锡也是近代化学学科的奠基人，他制定了有机化合物的命名原则，创立了相关的化学分类体系。他曾经指出了糖转变为酒精的发酵过程，并写下了“葡萄糖＝二氧化碳＋酒精”，这可以看成是现代化学方程式的雏形。同时为了阐述这一理论，他撰写了相关文章来论证他的观点：“可以设想，我们先形成一个代数式，式中包括参加发酵的反应物和发酵反应的生成物。经过实验可以计算出原先假定的未知数，这样通过计算来验证实验，最后通过实验再来反证计算。”

虽然拉瓦锡提出了“代谢”的概念，但是之后的相关研究却十分缓慢。大多数生物学家在代谢方面的研究是独立的，研究成果也很分散，没能形成一个完整的代谢循环通路，更谈不上发展成一门单独的分支学科，基本上依附于化学或生理学，甚至有被边缘化的趋势。因为它的研究面很窄，很多的研究都集中在发现某一个具体的代谢反应上。这就产生了一个问题，这些有机物之间的反应很多都被归属于有机化学的范畴，很少被认为属于代谢学。直到20世纪初，随着解剖学、生理学的发展，代谢学开始渐崭露头角，并受到重视，这些反应才被重新划归为代谢学。

代谢研究主要包括物质代谢研究与能量代谢研究两大块。物质代谢研究主要探索生物体与外界之间进行物质交换,以及物质在体内转化的过程,可以进一步划分为将外界营养物质转化为自身组成物质的同化作用,以及将自身物质氧化分解并把代谢废物排出体外的异化作用。能量代谢研究主要探索生物体与外界发生能量交换的过程,也同样可以细分为将外界能量储存在体内的同化作用和将体内能量释放到外界的异化作用。依据代谢类型的不同,可将生物分为四种类型:自养型、异养型、需氧型和厌氧型。

物质代谢研究要先于能量代谢研究,在代谢学发展伊始,主要以有机大分子的研究为主。代谢又可以分为分解代谢和合成代谢。分解代谢是将物质分解,以给生物体提供能量,供给生物体运动;合成代谢是将外界的物质合成为自身需要的物质。其中分解代谢是新陈代谢的最主要部分,因此代谢学科的研究主要集中在物质的分解代谢上。

在糖类代谢研究过程中,因为有氧呼吸涉及的糖类反应相对繁杂,而且涉及多个细胞器的协同作用,所以它的发现在糖类的无氧呼吸研究之后。有氧呼吸和无氧呼吸是糖类代谢中的最主要部分,生物学家又不断地补充研究了糖类代谢的旁路途径,包括戊糖磷酸途径、糖异生途径、乙醛酸途径、寡糖和多糖代谢途径等。最后进行的是糖类的能量代谢途径研究。由于能量代谢涉及物质的 ATP 结构、细胞器的微观结构等,直到物质代谢研究相对比较成熟的时候,能量代谢才逐步进入科学家的视野。

目前对于物质代谢的研究已经相当深入了,基本阐明了糖类、脂类、蛋白质、核酸这四类大分子的代谢循环主体路径和支路循环。其他的物质,如一些必需的维生素、部分左旋氨基酸等的研究正在进行中。无氧呼吸中的糖酵解过程、有氧呼吸中的三羧酸循环过程和糖类代谢的旁路途径部分已经被解析清楚,已形成了一个完整的脉络。

糖类代谢中的能量代谢部分至今依然停留在假说阶段,尚无一个既完全切合实验结果,又能稳定被证实的理论出现。科学家们提出了化学偶联假说、构象偶联假说、化学渗透假说等多种理论,其中米歇尔的化学渗透假说目前占据了主导地位,但它并不是最终的理论,很多地方还有待改进。

17.2 现代代谢学科发展总论

1953年,分子生物学建立后,代谢学科的研究方向发生了很大的变化。在分子生物学建立前,研究目标主要集中在发现和挖掘动植物体内存在的各种不同的代谢循环路径上,在这些反应被揭示出来后,代谢学科和分子生物学一起逐步向着工业应用方面转变。

从时间上看,20世纪上半叶的研究是认知层次上的,主要研究对象为糖类、蛋白质、脂类以及核酸的物质代谢循环途径。此后代谢学科的发展更多地与工业应用联系在一起,形成了以代谢工程研究为主的局面,并延续至今。代谢工程的早期研究成果被成功用于改造微生物,以提高重要工业发酵产品的生产能力或合成新型化合物。从1995年开始对流感嗜血杆菌全基因组序列进行测定以来,各种生物的基因组测序发展得如火如荼。其中微生物全基因组、重要微生物群落的元基因组成为争相研究的热点。功能基因组学研究技术的大量涌现使得大量微生物的全基因组序列被迅速测定,也使得从整体上认识生物的代谢网络成为可能。因此,科学家能够从基因、代谢物、代谢通量、RNA蛋白等多个方向上系统地分析微生物的代谢情况,功能基因组学研究技术在促进代谢学科应用发展的同时,也极大地推动了生物发酵工业的发展。

传统的代谢工程只是对局部的代谢网络进行分析,以及对局部的代谢途径进行改造,因为它还不能从全局的角度去分析和改造细胞,所以具有很大的局限性。随着一系列系统生物技术的成功研发,这些问题逐渐得到解析。基因组水平代谢网络模型构建技术、高通量组学分析技术等使科学家能够从系统水平上分析细胞的代谢功能。科学家在传统的代谢工程和下游发酵工艺优化的基础上结合系统生物学技术,进一步提出了系统代谢工程的概念。

当前,借助基因组测序蓬勃发展的契机,代谢学科的研究步入了新的春天。与工业紧密结合，使代谢研究发展成为一门新兴学科——代谢工程，通过研究由不同基因编码的酶和载体，找出由蛋白质催化的不同的生化反应和运输方式来构建新陈代谢的网络。这种网络不同于之前由物质代谢建立的三羧酸循环和糖类的无氧酵解，而是从基因和分子尺度上重新构建的代谢网络。

在代谢学研究中，科学家提出了很多的新概念，比较有代表性的是由凯塞尔(Kacser)和布鲁斯(Burns)提出的通量总合法则。他们发现一个特定代谢通量系统中所有酶的通量控制系数之和为1。这一惊人的结果表明，对于代谢通量而言，动物体内被调控的物质总量有一个限度。新陈代谢控制分析不仅可以从微观角度进行解释，还与遗传学等生物学其他领域的观测现象一致。针对代谢反应中的种种路径，科学家正着力研究是否存在一系列的反馈途径来抑制这种敏感性，对代谢途径中反馈抑制作用的理解，同样受代谢控制分析和新陈代谢系统中其他形式的敏感性分析影响。

生物化学家郝佛美尔(Hofmeyr)和科尼什·鲍登(Cornish Bowden)研究了反馈抑制回路的特性。他们使用代谢控制分析和计算机模拟的联合方法研究了一些假设的通路。他们指出，在反馈抑制酶的动力学中可以观测到协同效应的函数关系，导致被分离的酶的反应速度对于抑制剂浓度的改变表现出更高的敏感性。因为过去一直认为反馈抑制酶是限速步骤的参与者，所以它们的协同效应被解释为是加强代谢速度控制的一种机制。然而郝佛美尔和科尼什·鲍登的分析表明，在模拟系统中，某种酶受抑制时不同程度的协同效应对代谢速度影响甚微，但是当协同效应增强使系统发生扰动时，代谢终产物的浓度就能处于一个更好的动态平衡中。他们同时指出，在哺乳动物的丝氨酸合成中，非竞争性抑制对合成控制模式的有效工作来说是必需的。

与此同时，萨瓦格(Savageau)发展了生化系统理论，该理论包括动态特性似然法和代谢动态平衡研究。卡波垂(Crabtree)和钮肖米(Newsholme)同样采用了代数分析，他们的做法在很大程度上被认为是代谢控制分析和生化系统分析的调和之举，且后者还运用了敏感性分析。应该指出的是，这些研究并没有给新陈代谢引入任何新的理论，只是引入了用数学语言进行描述的方法。通过使用新的分析软件，可以对旧有的理论进行检验，同时推动代谢系统新的一般性法则的发展。关于代谢调控的分子机理等问题现已被逐步解析，如 mRNA 对糖代谢的控制，及其与糖代谢异常的关系。

放射性示踪是一种非常有用的代谢研究手段，通过定位放射性标记的中间物和产物来追踪代谢过程，从而在整个生物体、组织或细胞等不同水平上对代谢进行系统研究。接着纯化催化这些化学反应的酶，得到纯化物后再测定它们的动力学性质并寻找相应的催化抑制剂。另一种研究方法是鉴定小分子代谢组，科学家把一个细胞或组织中与代谢相关的小分子统称为一个代谢组。这些研究给出了单个代谢途径的功能及其组成结构，但是却不能有效地应用于更为复杂的系统，如来自完整细胞中的全部代谢过程。细胞中的代谢网络十分繁杂，包含数千种不同的酶，以及几十种蛋白质和几十种代谢产物之间的相互作用。值得高兴的是，现在预测和解释各种代谢行为已经成为可能，可以利用日趋完善的基因组全数据来建立完整的代谢反应网络，并在此基础上形成完整的数学模型，这将对未来的药物研发和生物化学研究提供指导和帮助。代谢信息的一项主要的技术应用是代谢工程。在代谢工程中，酵母、植物和细菌等生物体被遗传工程改造为生物技术中的高效工具，并用于包括抗生素在内的药物或工业用化学品(如1,3-丙二醇和莽草酸)的生产。这些应用通常有助于降低产物合成中的能量消耗、增加产量或减少废物的产生。

代谢学科的发展与医学联系紧密，代谢步骤的缺失或者受阻常会导致相应疾病的产生。动物体内的代谢与高血糖、高乳酸血症、烧伤等均有联系，这方面的研究也是代谢发展的一个重要方向。虽然现在有关糖代谢循环方面的研究步伐已经放缓，但是在其他的新兴领域仍有成果出现。例如，2011 年 12 月 14 日刊登在《自然》杂志上的研究糖代谢与生物钟关系的论文，就是这类研究的代表性成果。

从目前的发展状况可以看出，代谢作为一门学科已经逐步进入发展正轨，并且最主要的研究方向都集中在了工业应用领域。

17.3 苯分子结构与六碳糖类分子的分离

糖类代谢中的糖类物质和平常生活中人们吃的各种糖是两个完全不同的概念。日常食用的各种糖的主要成分是果糖和蔗糖，而代谢研究中的糖类物质在生物学中的定义是多羟基醛或多羟基酮，包括单糖、二糖和多糖。单糖分子结构中含有3～6个碳原子的糖，如苏力糖、木糖、葡萄糖、果糖等；二糖，由二分子的单糖通过糖苷键形成，如蔗糖、麦芽糖等；多糖，由10个以上的单糖组成的聚合糖，如淀粉、糖原等。其中很多的糖类物质的分子是没有味道的，这跟人们习惯上的认知是不同的。

还有一种分子叫作糖醇，含有糖醇的食物有甜味，但是糖醇不会分解，因此对牙齿的危害极小。

因为糖类物质的分子量小，结构简单，研究起来相对容易，所以它的代谢过程在四种大分子中被率先解析。想要系统了解糖类物质在人体内的代谢过程，就必须先知晓糖类物质的结构。19世纪中叶，在原子、分子论建立以后，糖分子的结构问题成为了化学家们关注的焦点，很多人以此为对象开展化学结构研究。

1858年，德国化学家凯库勒(Kekule)着手研究化学工业的重要原料——苯。他期望把苯的结构破译出来，然而在当时的实验条件下，既没有透视技术，也没有X光衍射，更没有扫描显微技术……想要解析苯的结构并非易事。经过6年的不懈努力，1864年冬，凯库勒终于想出苯可能是碳链两端首尾相连成环的结构。据凯库勒介绍，他在火炉前工作时睡着了，并做了一个奇怪的梦，正是这个梦解开了苯环的结构之谜。凯库勒梦到一条蛇，这条蛇在不断地打圈、旋转、翻腾，突然间它咬住了自己的尾巴，形成了一个闭合的环……凯库勒受到这个梦的启发，联想到苯可能是闭合的六元环结构。

因为糖类物质的结构主体是苯环状的六元糖环结构，所以苯环结构的成功解析，间接地促进了对糖类结构的研究。虽然在苯环六角形结构发现权的归属问题上还存在着争议，甚至有证据间接地表明凯库勒编造了这个故事，但是这并不影响科学家们研究糖类物质。

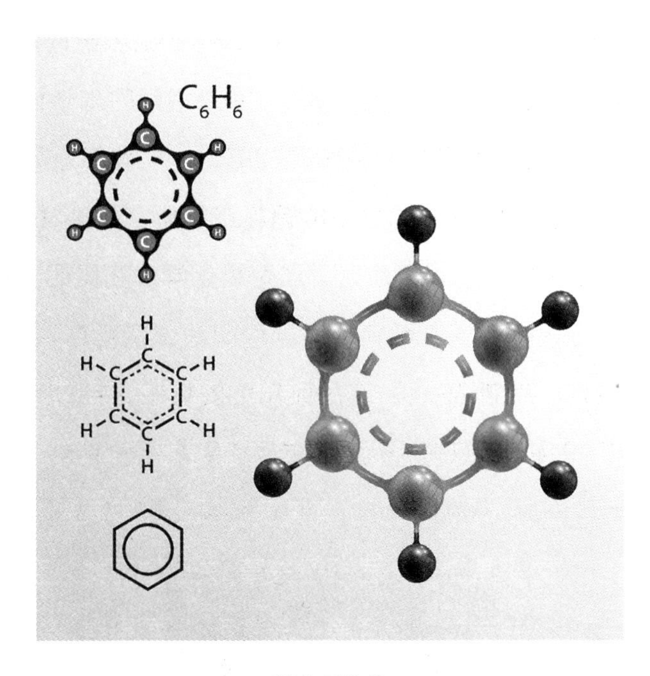

苯分子结构

1902年的诺贝尔化学奖得主费歇尔(Fischer)在糖类结构研究上取得了一系列重要突破，为解析糖类酵解过程铺平了道路。

费歇尔于1852年10月9日出生在德国波恩市郊区的一个富裕家庭中。作为家中唯一的男孩，父亲希望他能够继承家业，但是他并不热爱经商，反而对自然科学有着浓厚的兴趣，尤其是物理和化学。费歇尔一次次地将父亲交给自己的生意经营得一塌糊涂。根据他父亲的自传记载，费歇尔是一名好学生，却不是一名成功的商人。在发现劝说并不能改变费歇尔对科学的执着和热爱后，出于对家族产业——毛纺厂和印染厂的未来考虑，费歇尔的父亲不得不作出让步，同意了他的选择并给出建议：如果要选择自然科学作为日后的职业，那么可以选择化学。1871年，费歇尔的父亲将他送入波恩大学学习化学。

费歇尔在波恩大学师从发现苯环结构的著名化学家凯库勒，这对他来说是一个千载难逢的好机会，凯库勒的所有课程他都选修了，其他相关的课程他也不曾落下，以此丰富自己的化学知识。1871年8月，他开始兼学物理和矿物学，他认为这些课程会对他日后的化学研究大有裨益。1872年，他来到新建立的斯特拉斯堡大学，跟随著名的罗斯(Rose)教授和化学大师贝耶尔(Baeyer)学习化学，这是费歇尔研究生涯的又一次突破。贝耶尔研究的是化学分析方法，这是一种严谨的、绝对定量的化学研究方法，通过对反应的物质量和试剂消耗量进行计算来判断物质的成分。费歇尔在贝耶尔的指导下，学习了严密的分析化学实验方法，这对他后来的糖类结构研究影响深远。费歇尔在后来的回忆中称，在贝耶尔的指导下他深深地迷上了有机化学。在贝耶尔的影响和感染下，他终于确立了方向，决定将一生奉献给有机化学这门有着精密体系的学科。在斯特拉斯堡大学，他的研究掀开了崭新的一页，在贝耶尔的安排下，费歇尔参与了很多化学与生物学交叉的学术课题的研究，这些经历在他成为"生物化学之父"的过程中起到了关键作用。

费歇尔

1872～1874年，费歇尔开始为获得博士学位而努力，其博士论文的研究方向是糖类的分子结构。为了实现这一目的，他必须先找到能够将糖分子分离出来的办法。在斯特拉斯堡大学的实验室中，他发现一种淡黄色的液体——苯肼可以与糖类分子结合，形成一种难溶于水的黄色结晶体，他把这种结晶体称为糖脎。苯肼是一种白色的晶体或油状液体，在空气中会逐渐地被氧化成黄色。费歇尔发现苯肼是包括乙醇等在内的很多物质的中间体，它易与糖类的醛基和酮基反应，生成不溶于水的结晶体，从而使糖分子沉淀下来。不同的糖类分子均可以与苯肼发生反应，生成不同的糖脎结晶体，利用这种方法就可以鉴别当时已知的各种糖类物质。糖类物质属于混合物，很难在实验室中让其各个成分单独形成结晶，从而分离出来，而费歇尔却在实验室中将提纯单糖变成了现实。虽然这只是万里长征的第一步，但是这一步带来的影响不可小觑，有了单独的被分离提取出来的糖分子，后续研究就像有了催化剂一般加速前行。通过对结晶体进行结构解析，了解其存在什么样的特异官能团，就可以有针对性地了解糖类的物理化学性质。费歇尔的化学实验改变了人们对这些碳水化合物的既有认识。

他先后完成了一系列实验，包括实现糖酵解中的关键步骤——葡萄糖氧化成醛糖酸。他还发现苯肼是染料、医药、化工等很多行业的前体物质，在过量的苯肼中形成的不同糖脎有着不同的结晶状态和熔点。这是一项重要的突破，由此在糖类物质与芳香族化合物之间建立起了联系。苯肼的发现虽然有偶然因素，但是与费歇尔前期大量的基础工作是密不可分的。苯肼的发现破除了糖类结构研究中的最后一道障碍，从而翻开了糖代谢研究的新篇章。

17.4 糖类结构的解析

1874 年，22 岁的费歇尔在斯特拉斯堡大学顺利地拿到博士学位。在攻读博士学位期间，他完成了多项重要的学术发现，其中最主要的就是率先发现了肼基、苯肼，并且证明了它们之间的关系。鉴于他卓越的学术研究能力、创新能力和取得的一系列研究成果，1874 年他被任命为斯特拉斯堡大学助理教授。

费歇尔在担任助理教授之后继续沿着之前的思路进行研究，并将下一步研究方向主要集中在如何探明糖类物质的结构上。研究伊始，他思考是否可以先提出一个合适的分子结构，然后尝试着合成这种物质，合成之后，通过物理手段检测该物质的分子结构是否达到合成前设计的结构要求,再利用代谢分解来验证是否能得到起始的化合物,这样便可以准确地验证自己的推断是否正确。

1875 年之后的 10 年间,费歇尔一直遵循着这一思路开展研究。他发现了很多奇怪的现象:虽然是同一种物质,但是有的能够发生反应,有的却无法发生反应;同样的碳原子有些可以被氧化或者被还原,有些却不能……他很快意识到糖类分子可能是一种空间同分异构体。于是,他使用荷兰化学家范托夫(Van't Hoff)和法国化学家勒贝尔(Le Bel)的价键理论来构建四面体碳原子模型,使具有相同结构式的分子在空间上拥有不同的构型。

德国化学家凯库勒发展并完善了这种方法。因为凯库勒早年曾经学习过建筑学,所以他的空间想象力要比其他研究者略胜一筹。凯库勒尝试把不同化合物的性质与结构联系在一起,他认为虽然在化合物中碳原子的排列是不变的,但是可以发生原子位置的扭转,通过空间构型可以方便地看出分子的立体结构。

糖类的分子结构都采用立体的方式表达,虽然看起来相对直观,但是却无法在纸上反映出来,因此研究起来有一定的难度。于是,费歇尔希望采用平面的书写方式来表达这一立体结构,如此就可以使原先的立体构型变得易于书写和识读。

19 世纪末,费歇尔另辟蹊径,发明了"投影"的方法:用不同粗细的线条来表示分子键,首先把整个立体糖分子竖立起来,通过正面光线的垂直照射,使得碳原子和其他的附属基团投影在墙面上。用横、竖线条表示价键,横、竖线条的末端分别代表不同的基团,即横线条表示的基团是伸向纸面前方的,竖线条表示的基团是伸向纸面后方的,横、竖线条交叉的点表示碳原子。同时碳原子的表示也有一定的顺序,排在最上方的碳原子编号最小,这样就可以清晰地将整个糖结构反映到平面上,这是立体的糖分子结构第一次在平面上被表示出来,这种书写方式被称为费歇尔投影式。

费歇尔后期的研究工作依然集中在嘌呤和糖上。他对很多的物质或者现象都先进行合理的假设,然后再逐步完善和证明自己的假设。遵循着这个思路,1884 年他命名了嘌呤,并于 1898 年在实验室中成功地合成了嘌呤。他还发现了果糖、葡萄糖和甘露糖这些不同构象的糖类,证明了糖类物质的差向异构化效应和同分异构体之间的联系,并在甘露糖和葡萄糖之间建立起立体化学的构象关联。他利用建立的立体化学装置，运用自己构建的模型对比了所有已知的糖类，并准确地判断了它们可能存在的同分异构体。他通过巧妙地运用不对称碳原子理论，证明了相互不同的己糖合成的异构化，然后在戊糖、己糖的降解和合成中证明了该理论的正确性，并形成了自己的学术体系。

为了系统地描述自己的研究成果，并且将自己对糖类结构研究的最新成果公之于众，1906年，费歇尔发表了一篇关于糖类结构的文章。这篇文章集合了费歇尔的研究精华，也被认为是糖类结构研究的集大成之作。在文章中，他详细叙述了通过实验确立各种单糖和二糖的结构和不同构型的过程，并确定了单糖的氧化还原和加成反应，成功地实现了从一种单糖到另外一种单糖的转变。费歇尔在实验中利用稀盐酸等物质将自己合成的糖类物质分别酵解成酒精、乳酸或者合成糖甙，还发现了糖甙与多糖之间的联系。在合成了这些物质之后，他反向推演，再把实验中合成的二糖类物质通过酸水解和发酵处理，得到原先的反应物，最终证实了在实验室中合成这些物质的可能性。

这些物质的合成，让以前无法提纯的糖类物质生成结晶，并且为多糖中淀粉和纤维素的制备提供了可行的研究方法。

费歇尔在文章中阐述了糖类的代谢过程及其与催化酶之间的紧密关系。他认识到每一种酶的作用都是非常具体的，从催化酶的角度可以清晰地解释某些化学反应中的自然现象，酶和自然前体的葡萄糖——葡萄糖苷必须组合在一起，这种状态就像锁和钥匙一般。在这种条件下，有机体能够精密地执行具体的化学转化过程，这是其他方式无法替代的。这一理论就是后来的锁钥模型理论，这为糖类代谢循环中化学反应酶的发现提供了研究思路。费歇尔建立了糖类结构研究的实验体系，发现了同分异构体之间的联系，在糖类物质与芳香族化合物之间搭建起了桥梁。这篇文章代表了当时糖类研究的最高水准。

然而，费歇尔依然遇到了一些无法解决的难题。第一个难题就是：同为葡萄糖分子，有些合成的分子可以发酵，有些却不能。这意味着这些葡萄糖分子之间是有区别的，但是通过费歇尔投影式却看不出什么结构上的不同。1906年，瑞士化学家维尔纳（Werner）发现有机物的各种不同的对映体在偏振光的作用下会发生顺时针或者逆时针旋转,这种旋转体被称为左旋体或右旋体。他对葡萄糖的旋光性进行了检测,在它的异构体前放置平面偏振光的发射器,在其后放置偏振面,当用偏振光照射这些异构体时会出现两种情况:一种是异构体会使偏振面沿着顺时针方向偏转,其被称为右旋光物质,用"+"表示;另一种是异构体会使偏振面沿着逆时针方向偏转,其被称为左旋光物质,用"-"表示。维尔纳发现葡萄糖也具有左旋和右旋两种结构,只有右旋的葡萄糖才可以被人体吸收利用,参与到物质代谢中,而所有左旋的异构体必须采取别的方式进入代谢途径并被分解,这一重要的发现使糖酵解的研究目标更为清晰明确。

费歇尔对糖代谢过程的研究是基础性、关键性和开创性的。通过分子结构实验来理解动植物体内存在的各种代谢通路,虽然他没有最终发现糖酵解循环中的有氧代谢循环,但是他的工作为糖类发酵的研究提供了有力保障。费歇尔的研究成果是多方面的,他发现了苯肼、糖脎以及葡萄糖结构;合成了葡萄糖、果糖、甘露糖、糖甙、酶和脂肪类化学物质;发明了费歇尔投影式;等等。他将毕生精力奉献给了有机化学和糖类事业,他的化学实验改变了人们对这些碳水化合物的既有认知,并且把新的知识串联成一个连贯的整体。1902 年,他被授予诺贝尔化学奖,以表彰他在糖类和嘌呤合成方面作出的贡献。1919 年费歇尔去世后,德国化学协会制作了费歇尔纪念奖章,以表彰他在化学领域的巨大贡献和在生物化学领域的开创性贡献。他的研究为后来糖类的酵解过程和三羧酸循环过程的发现铺平了道路。

除了费歇尔之外,英国化学家霍沃思(Haworth)在对糖类结构的解析上也起到了关键作用,他的贡献在于补充发现了糖类的船式构象和椅式构象。

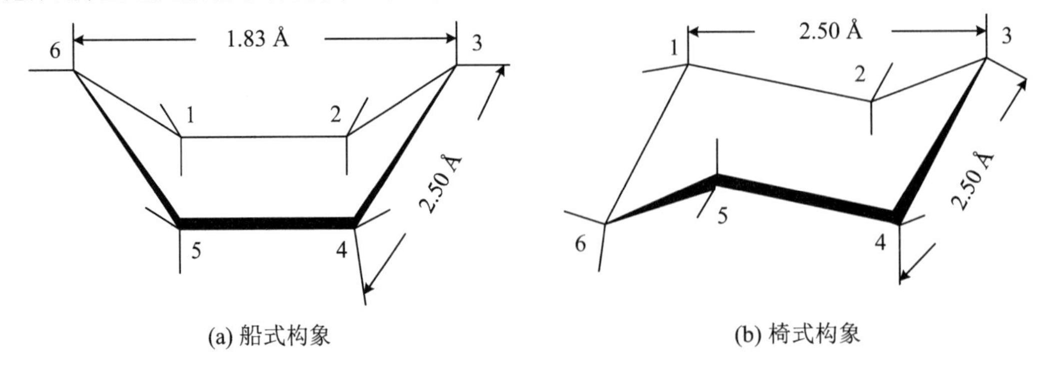

霍沃思透视式

在费歇尔发明了投影式后，糖类分子便可以方便地在纸上表示出来，给读者以直观的感受。但是新的问题很快就凸显了出来，依据费歇尔的投影式规则，原子之间的单键旋转是自由的，这样每一种糖类分子在理论上就存在无限种不同的构象，但是在实际中，相邻碳原子之间单键的旋转受到邻近基团的非共价作用影响，只能存在一种或者几种优势的构象，如果不能够确定原子的具体位置，那么就无法预测生成物的性质和构象，所以必须进一步完善费歇尔投影式。

霍沃思自20世纪20年代起就开始利用环己烷来研究相关的优势构象问题。他发现分子内相邻碳上的取代基之间的距离小于范德华距离时，非键合相互作用力表现为斥力，相邻碳上取代基之间的非键合相互作用产生的张力可以分为扭张力和位阻张力。在不同的力的作用下，平面的碳原子环就会发生一定形式的扭曲，而不仅仅是费歇尔投影式所描述的规则形状。随后，霍沃思又利用糖类分子作为实验材料，因为它和环己烷一样均是六元碳环结构。他发现糖类的碳原子环也不是固定不变的，会在特定的情况下产生特定的扭曲形式，成为具有不同化学性质的同分异构体。按照碳原子的构造形式，环状分子中的六个碳原子在保持109.5°键角不变的情况下，可以分别向环所在平面的同侧或异侧翻转，形成六元环的船式构象或椅式构象。

霍沃思发现椅式构象中六元环中的六个碳原子分别处于相距约0.05纳米的相互平行的平面内。同时，椅式构象中只有位阻张力，没有角张力和扭张力，而船式构象既有位阻张力，又有角张力和扭张力，这样就会导致斥力较大。另外，在船式构象中，船头和船尾的两个碳氢键朝同一个方向伸展，两个氢原子距离较近，相互拥挤，因此能量较高，这也是船式构象不稳定的原因。因为椅式构象没有上述问题，所以对于糖类分子来说，具有优势的构象就是椅式构象。

在实验中证实了船式构象和椅式构象之后，霍沃思开始思考如何在纸上表达它们。20世纪20年代末，霍沃思改进了费歇尔投影式。他利用透视的方式展示糖类分子的空间结构，这种方法更能接近分子的真实形象，看起来也更加直观。透视式采用不同粗细的线条来表示碳键背离或者贴近纸面，粗线条表示向上或者向前伸出纸面，同时表示环下方的碳碳键。折角处用短线条表现翻折的角度，一般成环的原子只包括碳原子和氧原子,碳原子用折点来表示。因两端翻折的方向不同,故分别命名为船式和椅式结构,这种方式比费歇尔投影式更加直观和形象地反映出物质的空间结构。

早在霍沃思和费歇尔之前,英国化学家德里克·巴顿(Derek Barton)在对胆固醇构象的研究中提出了六元环的船式和椅式构象,霍沃思在研究糖类结构的过程中深受德里克·巴顿的启发。他认为糖类,尤其是以葡萄糖为代表的六元环糖类也具有这样的结构,而且透视的方式突破了以往仅能在平面内进行描述的局限。

为了表彰霍沃思在糖类化学结构研究中的卓越贡献,他被授予1937年的诺贝尔化学奖。乌普萨拉大学的琳达教授在颁奖典礼晚宴的致辞中称,"霍沃思是当今化学界的研究先驱者,他对分子结构的解读工作是划时代的,在这个领域中获得的成就有目共睹,获得诺贝尔化学奖的奖励是当之无愧的。"霍沃思在碳水化合物的研究中发现了糖类的船式构象和椅式构象,这项工作对于科学研究和实践医学来说是非常重要的。霍沃思的发现进一步明确了糖类的不同空间构象,为研究糖类在体内的下一步走向清除了最后一个障碍。至此糖类结构已被完全解析,这也意味着离彻底阐明糖酵解过程已经为时不远了。

17.5 科里酯的发现

卡尔·科里(Carl Cori)于1896年12月5日出生在布拉格,在祖父布拉格查理大学理论物理学教授费迪南德(Ferdinand Lippieh)的影响下,卡尔·科里对自然科学产生了浓厚的兴趣。1920年,卡尔·科里获得了医学博士学位,同年他进入布拉格日耳曼大学学习医学,他花费了一年时间在维也纳大学、格拉兹大学担任药理学助理。1922年,他在纽约布法罗生物国家研究所担任研究助理。1928年后,他先后在布法罗癌症研究所和华盛顿大学医学院担任药理学教授和生物化学教授,主要的研究方向是糖代谢的有关酶和激素。1931年,他被任命为华盛顿圣路易斯大学医学院药理学教授,后来又成为生物化学教授。

卡尔·科里的夫人格蒂·科里(Gerty Cori)也是一位生物化学教授。年轻的格蒂·科里对数学和科学十分感兴趣。这一点受益于她的叔叔——布拉格大学的一位儿科医学教授,他对格蒂·科里的影响是潜移默化的。1914年,格蒂·科里进入布拉格德国大学医学院学习,在那里她遇到了卡尔·科里。第一次世界大战爆发,卡尔·科里被迫中断研究,去奥地利军队服役,格蒂·科里也没法按时毕业,这对他俩的学术研究影响很大,很多实验被迫停止。服役结束后,科里夫妇第一时间回到实验室,继续完成他们的实验。1920年他俩顺利毕业并获得医学学位。

1920年,格蒂·科里进入德国布拉格大学医学院从事研究,并在医学院获得了医学博士学位。科里夫妇自1920年结婚后一直在一起工作和生活,1922年,夫妻俩一起移民美国。格蒂·科里加入了丈夫的研究团队,并成为丈夫的助理。1947年,格蒂·科里如愿以偿地成为华盛顿大学生物化学系教授,两人有了更多的合作机会。实际上他们的大部分研究工作在他们的学生时代就开始了,他们的第一篇合作论文研究的是人类血清。

在美国,科里夫妇首先研究了动物体内在胰岛素和肾上腺素影响下糖类有氧代谢的过程,以及肿瘤内的糖酵解途径。他们以鼠类和其他哺乳动物作为实验材料,提取代谢物和孤立的酶,以晶体的形式进行碳水化合物的代谢研究。1936年,科里夫妇取得了巨大的成功,他们以磨碎的青蛙肌肉为研究对象,通过无氧培养来寻找代谢中间产物,这使得糖原体外合成成为可能。他们分离出葡萄糖-1-磷酸盐(又称科里酯),并在此基础上追踪其存在和活动的磷酸化酶,催化分解和合成多糖。这一重要发现使得在体外合成糖原和淀粉成为可能。体外合成的成功,为逆向研究分解代谢过程提供了有力的帮助,为分解代谢研究铺平了道路。随后,他们又一次在实验中固定了磷酸化酶和其他辅酶,这标志着距离发现三羧酸循环又近了一步。

科里夫妇在研究代谢的同时也在进行几项关于垂体的研究。通过动物模型实验,他们观察到糖原显著减少和降低血糖的现象在老鼠身上出现,并伴随葡萄糖的快速氧化。在随后的研究中,科里夫妇发现激素对己糖激酶的促进作用,同时他们观察到一些垂体提取物可以抑制这种酶在体内和体外的作用,并且发现胰岛素可以抵消这种抑制

作用。

他们对糖类物质特别感兴趣,尤其是储存在肌肉中的糖类,包括糖原分解的中间产物科里酯。通过实验,他们在试管中实现了原本在生物体内发生的反应,再次形成糖原。随后科里夫妇确认了糖原转化的部分过程,包括利用肌肉细胞来制造和储存能量。他们同时发现,如果利用阻碍剂来阻碍糖类代谢循环中某一步反应的进行,可以起到治疗糖尿病的效果,这是一个突破性的重大发现。学术界称他俩是伟大的科学合作者,为了表彰他们发现催化转化糖原的过程,以及在三羧酸循环发现过程中的贡献,1947 年,科里夫妇被授予诺贝尔生理学或医学奖。

科里夫妇对于糖类代谢研究的最大贡献是发现了科里酯,并固定了磷酸化酶和相应的辅酶。这些磷酸化酶和科里酯是循环中几步重要限速反应的催化酶,在它们的作用下,这些限速反应得以顺利进行,缩短了整个循环的反应时间,为动物肌体提供了能量支持。

17.6 三羧酸循环的发现

与孟德尔发现遗传学第一定律和第二定律时选择豌豆作为实验材料,以及摩尔根选择果蝇作为实验材料发现遗传学连锁互换定律一样,生物学家汉斯·阿道夫·克雷布斯(Hans Adolf Krebs)由于选择了一种合适的实验材料——鸽子的胸大肌,从而顺利地完成了一项被载入史册的重大发现,他是三羧酸循环最主要的发现者。该循环是人体中四种大分子物质代谢的最终途径,只有通过这一途径,才能在氧气的协助下,将人类吸收的营养转化成能量并储存在体内。

1900 年 8 月 26 日,克雷布斯生于德国小镇希尔德斯海姆。1925 年,他在德国汉堡大学取得医学博士学位。1926 年,他进入柏林威廉皇家生物学研究所从事科研工作。四年之后,他回到汉堡大学医学院教书。1932 年,他辗转来到弗赖堡大学医学院任教。

然而好景不长，德国纳粹政府迫害犹太人，克雷布斯只得逃亡英国。1935 年，他在英国谢菲尔德大学担任讲师，主讲药理学，同时他还积极参与霍普金斯（Hopkins）科研小组的研究工作。

1932 年，克雷布斯与同事在研究尿素生成的过程中发现了脲循环，阐明了人体内尿素的产生过程。1932～1936 年，他凭借在尿素研究中积累的经验，尝试证明人体内是否也存在着一种糖类的代谢循环途径。他首先对肝脏、肾脏、肌肉等组织进行切片并制成匀浆，从中分离、提取可能是糖类代谢的中间产物，如延胡索酸、柠檬酸、琥珀酸等，以研究这些中间产物的下一步氧化代谢去向。选择这几种物质，克雷布斯是有着自己的考量的，它们在不同组织中的氧化代谢速度是最快的，以它们为研究对象可以节省实验时间，这也从侧面反映了这几种物质在代谢循环中的重要地位。克雷布斯在实验中还有一个重要的发现，如果向肌肉悬浮液中加入草酰乙酸，那么立刻会检测到有柠檬酸生成。

当时关于糖类有氧代谢的研究成果十分零散，没有一个明确的代谢途径被系统地阐述，更未能形成系统的代谢理论，这种状况也成为制约糖类代谢研究继续发展的绊脚石。众所周知，能量是生命活动的基础，研究各种营养物质如何在体内被分解成二氧化碳、水并供给生物体能量的物质代谢过程有着重要的现实意义，克雷布斯毫不犹豫地选择了这个课题。

克雷布斯选择的实验材料是鸽子的胸大肌。在飞行时，鸽子的胸大肌的代谢速度比其他组织高很多，因此特别适合用于代谢途径研究。克雷布斯通过实验证明了四碳的二羧酸也可以刺激丙酮酸的氧化。此外在肌肉悬浮液中，六碳的三羧基有机酸，如柠檬酸、异柠檬酸、五碳的酮戊二酸、顺乌头酸均可以激活丙酮酸的氧化。克雷布斯发现除了激活效应外还存在着抑制效应，在肌肉悬浮液中，琥珀酸脱氢酶的专一性竞争抑制剂丙二酸能够有效地抑制丙酮酸的有氧氧化，即使大量地增加柠檬酸、异柠檬酸等激活剂的使用量也无法缓解这种抑制作用，这充分说明了琥珀酸脱氢酶和琥珀酸是丙酮酸氧化酶促反应中的必需组分。随后克雷布斯又证明了当实验体系中不存在丙二酸时，酮戊二酸和柠檬酸能正常转化为琥珀酸，因此他猜测可能存在一个尚未发现的代谢通路。

随后，克雷布斯开始查询前人的研究资料。他发现许多间断的代谢反应虽已被发

现,但是都不能合理地形成一个代谢循环,它们之间看起来甚至没有任何关联。克雷布斯突发奇想,是否可以把这些零散的数据整理出来,看看这些反应之间可否产生联系,如果不能,则研究其中缺少了哪些环节,这样说不定可以解开糖类代谢的谜团。克雷布斯将这些数据仔细地整理了一番,结果发现食物的分解产物在体内是按照特定的物质顺序依次发生化学变化的。

巴斯德曾经说过:"只有思想有准备的人才能有所发现。"仅仅有关于某些事实的描述是不够的,把观点和概念单纯地隐藏在脑海深处也是无济于事的。很多新的学说和新的概念都是很早就存在了,只是人们缺少将它们联系起来的头脑和眼光。就像门捷列夫(Mendeleev)发现了元素周期表一样,他在前人的基础上,细心地寻找这些元素之间的内在联系,最终根据核外电子的排布顺序将这些元素依次排列起来,并且取得了成功。在此基础上,他还成功地预言了很多未被发现的元素,这些元素在随后的科学实验中都一一被发现。克雷布斯和门捷列夫的工作有极大的相似之处,他也在思索这些化学反应之间是否存在着清晰的逻辑关系,并且期待能够用一个循环将其全部连接起来,最终他幸运地发现了三羧酸循环。当然,所有的发现都是以实验为基础,然后需要研究者跳出原有的思维模式,站到另外一个层面去审视问题,再加上对全局的把握,才能促成最后的发现。虽然很多的循环反应早已被单独发现并被公布出来,但是很少有人会将这些片段化的反应串联起来。

在研究脲循环与糖类代谢的过程中,克雷布斯选择的实验材料也起到了关键作用。克雷布斯最初利用大鼠的肝脏细胞切片进行脲循环研究,因此从研究伊始,他很自然地延续了以前的思路,使用动物肝脏组织切片进行三羧酸循环的研究,这是他能够发现三羧酸循环的重要因素。由于肝脏细胞代谢旺盛,往肝脏细胞切片的悬浮液中添加不同的代谢中间产物,能方便地发现三羧酸循环中的多个反应步骤。他发现柠檬酸、琥珀酸、延胡索酸、乙酸在肝脏组织中的氧化速度是最快的,如果向悬浮液中添加草酰乙酸,则会迅速生成柠檬酸。这些都是三羧酸循环中关键的反应步骤,研究脲循环的实验经历对克雷布斯研究糖类三羧酸循环起到了重要的指导作用。

克雷布斯的医学背景增加了实验的成功率。克雷布斯在利用肝脏进行实验的同时，想到还可以利用肌肉组织切片来进行实验。由于有着扎实的医学功底，他驾轻就熟地分离出鸽子的飞行肌。作为一名曾经的医生，克雷布斯深知鸟类的飞行肌有着比肝脏更高的代谢速度，是研究代谢的最好材料。克雷布斯不断地分离出鸽子的飞行肌并制成悬浮液，理想的实验材料使得他很快发现了三羧酸循环的所有步骤，并在1937年发现了最后一个中间产物——柠檬酸。至此，他成功地将所有的反应步骤串联成一条代谢循环通路。

克雷布斯在实验中表现出的创新思维是他取得成功的关键。在整个实验无法继续进行的时候，他能够敏锐地觉察到几种看似无关的物质间的内在联系，并跳出原有的思维定式，将看起来毫不相干的几种代谢中间产物联系起来，这种创新思维是值得借鉴和学习的。同时刨根问底、不达目标誓不罢休的实验韧性也是值得提倡的。遇到困难便放弃并转入其他方向，抑或是轻率地处理实验中存在的不合理现象，这些浅尝辄止的做法都是科研的大忌。成功只会青睐那些迎难而上、坚持不懈的科学家。克雷布斯在实验中从未放过任何一个小细节，在坚信这些物质之间存在某种尚未发现的联系的理念引导下，他仔细地分析这些中间产物之间的联系，最终促成他成功地发现了三羧酸循环。

一个在学科建立中已作出巨大贡献的科学家，也会受到自身的教育背景以及某些学术思想的影响，从而利用自己的学术权威去阻碍新思想或新学说的产生和发展。例如，著名科学家李比希，他在化学上的贡献是有目共睹的，但是他对生物学，尤其是生物化学中的很多原则性问题的论断都是片面的，有些甚至是错误的。由于他在学术界有着不可撼动的地位，某些时候他的坚持就阻碍了科学的发展。如他不承认所有能说明酵母是生命有机体的证据，因此他对动物学家施旺和微生物学家巴斯德的发酵研究始终抱着轻视的态度。虽然巴斯德的观点并非完全正确，但李比希认为“酵母是发酵产物而不是发酵起因”的观点却是完全错误的。他认为“腐败”的酵母将某种分子振动传送到了发酵液中，同时他觉得只有绿色植物才能利用那些从空气和土壤中吸取的简单无机元素来制造复杂的有机物质。植物是化学合成的工厂，而动物则是化学降解的施行者。李比希认为活体内的化学变化与实验室中的化学变化在本质上是相同的，但是动物却从植物那儿获取自身组织所需的成分，并将获取的多余部分作为燃料。他作出了物质不灭定律同样适用于生物界的假设,试图通过对机体吸收和排泄的各种成分进行测定和平衡,来确定生物体中究竟有什么样的化学事件发生。贝尔纳后来评价道:“这种通过分析摄取和排出的物质来推断看不见的新陈代谢现象的企图,就好比是试图通过测定进入房门和离开烟囱的东西,来判断房间里发生的事一样。”李比希还有过其他一些错误判断。例如,他设想只有蛋白质的降解供给着肌肉活动,排出的尿素可作为衡量动物活动的指标,等等。这些错误理论都在科学实验的检验下被逐一否定。

17.7 氨基酸分子结构的解析

生物体中的大分子主要包括四种,分别是糖类、脂类、蛋白质和核酸,这些生物大分子是生物体结构组成的最基本物质。氨基酸分子是组成蛋白质的基本元件,而蛋白质既是构筑生命的基石,也是构成细胞内原生质的主要成分。

“蛋白质”一词来源于希腊文,是最初、最原始和第一重要的意思。这也体现了蛋白质在人体中的重要地位,而这一地位正是通过氨基酸的组合来实现的。氨基酸分子的种类复杂,多达180多种,其中的绝大多数不参与蛋白质的结构表达,组成人体蛋白质的氨基酸有21种,分别是:丙氨酸、精氨酸、天冬氨酸、天冬酰胺、半胱氨酸、谷氨酰胺、谷氨酸、甘氨酸、组氨酸、异亮氨酸、亮氨酸、赖氨酸、甲硫氨酸、苯丙氨酸、脯氨酸、丝氨酸、苏氨酸、色氨酸、络氨酸、缬氨酸、硒代半胱氨酸。

早在18世纪,随着有机化学的蓬勃发展,科学家们对生物体中的有机物展开了细致的研究。鉴于当时的认识水平,人们只能根据简单的物理性质对所研究的物质进行归类。1777年,法国化学家马凯(Macquer)把加热后能够凝固的物质称为蛋白性物质,这应该是对蛋白质最早、最原始的称呼。随后,有机化学研究的启蒙者、瑞典化学家柏齐利乌斯(Berzelius)将这些蛋白性的化合物命名为“Protein”(蛋白质)。但是他们却未能清楚地解析这团可以凝固的物质的化学分子式和它对应的分子结构。

19世纪30年代,荷兰生理学家米勒(Muller)利用当时最先进的元素分析法对血清、蛋清、蚕丝等蛋白性物质进行了细致的分析。他发现这些物质的元素组成都十分近似,都可以使用 $C_{40}H_{62}N_{10}O_{12}$ 来表示。他认为这一结构应该就是蛋白性物质的结构通式。米勒的这一观点代表了当时学术界对蛋白质结构的认识,虽然有一定的积极意义,但是用这个固定的化学式来表示蛋白质的具体结构无疑是不合适的。

随后,一些化学家和生物学家陆续开始验证蛋白质的具体结构,其中包括俄国化学家基尔霍夫(Kirchhoff)、美国化学家威廉·罗斯(William Rose)、法国化学家布拉科诺(Braconnot)、德国化学家费歇尔等。

俄国化学家基尔霍夫开始尝试用处理糖类分子的方法来处理结晶出来的蛋白质,他发现这些蛋白质经过酸碱处理之后得到的物质和糖分子有着本质的区别,但他未能分析出具体的成分是什么,只能够确定其中的分子含有氮元素。这只能说明这些分子不同于糖类分子,因为在当时的条件下,人们已经能够确定糖类的分子结构中没有氮元素。

1819年,布拉科诺以明胶蛋白质为研究对象,通过不断地加酸并将其加热煮沸后,得到一种新的结晶体,这种结晶体后来被证明是甘氨酸。这是第一次在体外得到结晶体的氨基酸。因为明胶是一种纤维状的蛋白质,很容易受到酸性物质或者碱性物质的破坏,从而发生水解形成氨基酸,所以这是他能成功获得氨基酸结晶体的重要原因。

受到布拉科诺的实验启示,很多的实验室开始着手研究蛋白质的结构。它们采用的都是布拉科诺的实验方法——通过不断地添加酸性物质或者碱性物质,将选取的蛋白性物质分解,最后得到组成蛋白质的不同氨基酸。

第一位在此方面作出贡献的是费歇尔。费歇尔通过用沸酸处理蛋白质,得到了很多大小不一的短的片段,他将其命名为"肽"。他认为这些片段都是由不同的氨基酸组成的,它们之间通过不同的肽键连接起来。这些肽必须用合适的酶将其打断,才能分解成单个氨基酸。

在此基础上,费歇尔思考,应该先找寻分离氨基酸的有效办法,这样才能将单个短肽进一步分解成单个氨基酸。在实验中,通过加入酸、碱或者蛋白酶虽然可以将蛋白质水解成短肽，但是必须找到能够分解各个短肽的肽酶才能真正实现氨基酸的分离。

在实验过程中，费歇尔率先发现了脯氨酸。费歇尔思考，是否可以反过来证明氨基酸是蛋白质的组成成分呢？利用两种氨基酸形成短小的肽，再将不同的肽片段聚合成蛋白质，如果能在实验室中成功地实现蛋白质合成，则说明氨基酸是蛋白质组成成分的说法是正确的。在第一次实验中，费歇尔将两个甘氨酸通过缩水反应连接在了一起。随后，他将十几个不同的甘氨酸和其他的氨基酸连接在一起。虽然没有成熟的蛋白质特性，但是这仍间接地证明了这种思路的可行性。此外，美国生物化学家佛拉顿(Fruton)通过水解费歇尔及其学生合成的短肽得到了与水解蛋白质相同的氨基酸。这也从侧面印证了费歇尔肽键理论的正确性。

英国化学家桑格(Sanger)在此方面作出了重要贡献。继费歇尔之后，他完成了氨基酸鉴定工作的最后一半。在桑格进行实验的同时，他发现蛋白质结构中存在着或多或少的氨基和羧基，在形成蛋白质后，仍有单独的氨基和羧基会保存下来。桑格希望找到一种独特的化学物质，它能够和这些氨基和羧基发生化学反应，生成可以检测的、能脱离下蛋白质母体的化合物。通过检测这些脱离下来的化合物就可以清楚地找到这些残基具体是什么，并分析出它的化学结构。他找到了这种物质——2,4-二硝基氟苯。这是一种淡黄色的晶体，当处在常温和弱碱性反应条件下，这种物质能够很快地与氨基酸的氨基产生反应，生成2,4-二硝基氨基酸，简称为DNP-氨基酸。部分氨基酸的N-末端也能与它发生反应，生成DNP-蛋白质。

这时通过水解蛋白质得到不同的氨基酸片段，以及没有分解完全的肽片段，将混合液倒入乙酸乙酯中，只有DNP-氨基酸能溶于乙酸乙酯，这样就可以将DNP-氨基酸分离出来，再进行层析处理，便可以清晰地分析出这种氨基酸的结构和种类。因为这种反应是桑格率先发现的，所以人们将这种反应称为桑格反应，将2,4-二硝基氟苯称为桑格试剂。桑格提出了DNA测序法，间接地证明了这些氨基酸的排列顺序。

核酸、蛋白质、糖类等物质结构的解析，不仅让人们从微观角度了解了大分子的构造，也间接地促进了分子生物学的飞速发展。

第18章 生　态　学

1859年,法国比较解剖学家圣·希莱尔(Saint Hilaire)首创"Ecology"(生态学)一词,该词源自希腊文"Oikos",意思是住所或者栖息地。1869年,海克尔首次提出了"生态学"的科学概念,并将其定义为动物与其有机和无机环境的全部关系。

生态学的发展与人类密切相关,事关子孙后代的切身利益。随着科技的发展,人口的快速增长、环境污染、能源危机、粮食短缺等问题频频发生,地球生态面临着前所未有的压力。工业文明在给人类带来各种便利的同时,也严重地破坏了生物多样性,近些年,流行病的肆虐也证实了人们的担忧。

18.1　生态学的诞生与生态学阶段的划分

在生态学诞生伊始,就有很多学者从不同角度对生态学的概念进行描述。澳大利亚生态学家安德烈沃斯(Andrewartha)认为:生态学是研究决定生物体分布和丰富度的各种关系的科学,强调的是种群生态学;加拿大学者克雷布斯(Krebs)将生态学定义为:研究决定有机体的分布与多度的相互作用的科学;美国生态学家奥德姆(Odum)将生态学定义为:研究生态系统的结构与功能的科学,强调了渗透于生物学的结构和功能思想;我国生态学家马世骏认为:生态学是研究生命系统和环境系统的科学……

各种思想与定义百家争鸣，到目前为止，仍没有一个能够涵盖生态学所有内容的定义诞生。这也从侧面说明，生态学内容的包罗万象和生态学定义的繁杂。

生态学的发展也有着自己的阶段划分和特点，大致可划分为四个阶段：第一阶段，1866 年之前，生态学萌芽阶段；第二阶段，1866～1953 年，生态描述阶段，这个阶段的研究以动植物生态学为主；第三阶段，1954～1971 年，生态系统研究阶段，这个阶段的聚焦点在群落、种群、生态系统上；第四阶段，1972 年至今，现代生态学发展阶段，主要体现的是人类与环境的关系。

18.2 生态学萌芽阶段

第一阶段是生态学萌芽阶段，在 1866 年之前，人类对于生态学的认识还处在一种朦胧的状态，也不清楚什么是系统的生态学。

这里不得不再一次提起亚里士多德，一位在多个学科领域都有所建树的智者。他对 500 多种动物进行了简单的分类，按照有无红色血液，将动物分为有血动物和无血动物。在公元前 4 世纪，他粗略地描述了不同类型的动物栖息地，这是对生态环境的最早描述。他把动物的生存环境分为陆栖和水栖两大类，并且按照食性将动物分为肉食、草食、杂食和特殊食性四大类。这也标志着人类开始注意到生态环境对动物生存产生的影响。

在中国，很早就有了朴素的生态学思想的萌芽，公元前 1200 年，《尔雅》中记载了 176 种木本植物和 50 多种草本植物的形态与生态环境。成书于公元前 11 世纪至 5 世纪的《诗经》，也包含生态学的内容："春日迟迟，卉木萋萋。仓庚喈喈，采蘩祁祁""秋日萋萋，百卉俱腓"，其中还包含了物候学的萌芽。《管子 · 地员》中不仅有大量的生态学论述，还有山地植被垂直分布和水边植物分布与水环境之间关系的记载。6 世纪，北魏末年的农学家贾思勰的《齐民要术》中也记载了朴素的生态学观点。

公元前3世纪，雅典学派首领狄奥弗拉斯图在植物地理学著作中提出类似今日植物群落的概念。公元1世纪，古罗马普林尼(Plinius)的《博物志》中详细记载了生态学知识。

作为分类学的先驱，林奈主张将特征与环境结合起来研究，率先把物候学、生态学和地理学观点结合起来，综合描述外界环境条件对动物和植物的影响……他徒步几千里，在考察了拉普兰地区后，写下了《拉普兰植物志》一书，书中包含了大量的植物学知识。他出版了《自然系统》，建立了生物的人为分类体系和双名制命名法。他把自然界分为动物界、植物界和矿物界三界，这是对大自然的最朴素的认知。

法国博物学家布封在44卷的《生命律》中，描述了生物与环境的关系，认为动物的习性与环境的适应有关。德国植物地理学家洪堡(Humboldt)创造性地通过结合气候与地理因子的影响来描述物种的分布规律，提出了"植物区系"的概念，论证了植物水平分布和垂直分布的规律，不同的位置和垂直高度会生长着特定的一批植物物种。随后进化论的先驱拉马克进一步论证了环境引起有机体变异和变异会遗传的观点，证明了环境与生物体的密切关系。达尔文在《物种起源》中也提出生物个体生长发育与环境有着密不可分的关系，但是他的观点只是朴素的生态观。

这一阶段由于没有遗传学等学科的理论支持，整个生态学研究仅仅停留在从宏观角度进行阐释上。

18.3 生态描述阶段

第二阶段从1866年开始，到1953年结束，这个阶段是典型的生态描述阶段，相关研究以动植物生态学为主。

在圣·希莱尔首创生态学"Ecology"一词后，海克尔首次提出了"生态学"的科学概念，但是这个概念过于庞大，乃至将生物学的全部内容都囊括了进去，这样反而并不能有效地促进该学科的发展。在海克尔提出“生态学”概念之后，并没有引起学术界的普遍重视。因为它没有具体的内容，也没有固定的研究范式，内容过于包罗万象，所以无法将它与其他分支学科区分开来。海克尔提出“生态学”概念，源于他对达尔文进化论的消化与引申，他认为环境在自然选择的过程中影响巨大。

1859 年，达尔文在《物种起源》中提到了很多关于生态与环境的案例，对于环境如何影响物种的进化给出了翔实的介绍与分析。英国学者福布斯(Forbes)研究了爱琴海的动物分布，指出在不同深度的海水中，分别有着特有的动物。他还根据古地质资料提出，英伦诸岛的动植物是通过陆桥从欧洲大陆迁入的。

1877 年，德国生物学家莫比乌斯(Mobius)提出了“生物群落”(Biocoenose)的概念。在任何一个特定的地区内，只要那里的气候、地形和其他自然条件基本相同，那里就会出现一定的生物组合，即由一定种类的生物种群组成的一个生态功能单位，这个功能单位就是群落。另外，华莱士在东南亚从事博物学考察后，将考察结果写成《马来群岛》，为生态学、生态地理学和物种进化的研究作出了巨大贡献。

丹麦生物学家瓦明(Warming)的《植物生态学》被看成是这一时期生态学的代表作之一。随后，德国生态学家申佩尔(Schimper)在《以生理学为基础的植物地理学》中阐明了植物分布和各种环境因子之间的关系，首次提出了非生物因子在生态学研究中的重要作用。他们两人培养了大量的学生，一部分学生后来成为生态学研究中的学术权威，如英国植物生态学家坦斯利(Tansley)和美国的考尔斯(Cowles)。

1887 年，美国福布斯(S. A. Forbes)发表了著名的论文《湖泊是一个微宇宙》，文中把湖泊看作“小宇宙”；俄国生态学家达库恰夫(Dokuchaev)和大弟子莫罗佐夫(Morozov)强化了“生物群落”的概念，之后又将其扩展为“生物地理群落”；1927 年，英国生态学家埃尔顿(Elton)认为生态学是科学的自然历史，率先提出了“食物链”的概念，并在此基础上引申出“生态金字塔”的概念。

这一阶段出现了很多著名的生态学家，他们对观察到的生态现象进行了描述和归纳总结，得到通识性的结论，并在此基础上进行延伸和定义，勾勒出生态学研究的具体框架。

18.4 生态系统研究阶段

第三阶段从1954年开始,到1971年结束,这个阶段称为生态系统研究阶段,主要研究种群、群落以及生态系统的内容。

20世纪50年代是生态学研究的转折阶段,在这个阶段,生态学的研究对象从个体的研究逐渐转移到研究种群和群落上。1954年,安德烈沃斯认为,生态学是研究有机体的分布与多度的科学,强调对种群动态的研究。1954年,"第三届国际生态学会"召开,会议丰富了生态学的研究内容,提出要研究生物物种,群落的形成、发展及历史条件下产生的适应性。会议提出:生态学家应注意研究与生活环境相联系的生物适应性和数量,研究在不同的自然地理景观与人类定向生产活动条件下,受生物群落影响的环境变化。

1935年,"生态系统"(Ecosystem)一词首先由坦斯利在其论文《植被概念和名称的使用和滥用》中提出。奥德姆《生态学基础》的引言中提出:"从长远来看,对这个内容广泛的学科领域,最好的定义可能是最短的和最不专业化的,例如'环境的生物学'"。他发展了系统生态学,并认为生态学是研究生态系统的结构与功能的科学。

20世纪六七十年代,有关生态系统理论和应用的论文大量涌现,"生态系统"的概念已经应用于地学、农学、环境科学等,并开始与地理学、农学和环境科学相结合。由于人口猛增,环境污染与资源枯竭的矛盾日益突出,生态学越来越受到人们的重视,人们开始向生态学寻找解决问题的途径,生态学的应用价值日益凸显。

18.5 现代生态学发展阶段与生态环境的污染

第四阶段从1972年至今，是现代生态学的发展阶段，这个阶段有一个明显的特点，即人类更加关注人类与环境的关系、人类与动物的关系。

1972年，第一届人类环境会议在瑞典的斯德哥尔摩召开，会议通过了《人类环境宣言》，提出“只有一个地球”的口号，酝酿可持续性发展的新模式。

现代生态学具有多个不同的分支，如分子生态学、全球变化生态学、保护生物学、生态系统生态学、入侵生物学等。研究的内容也多种多样，如种群在分子水平的遗传多样性及遗传结构、分子种群生物学、种群遗传学与进化遗传学、分子环境遗传学、遗传工程改良生物体的环境生态效应、种群生态学和基因流、重组生物环境释放的生态问题等。

生态学研究走向全球化，主要体现在人口、资源、环境之间的关系上。

1962年，美国海洋生物学家卡森(Carson)撰写了《寂静的春天》，这本书在波士顿出版后很快就轰动了全世界。她在书中描绘了一个“听不见鸟鸣”的小乡村，在这个小村庄中发生了让人扼腕叹息的事情：人类用自己的科学知识，用新的科技产品DDT(一种有机氯杀虫剂)污染着自己赖以生存的环境，无论是陆地、海洋，还是天空、地底，到处都充斥着大量的污染物，最终人类毁灭了自己。

卡森出生于宾夕法尼亚州，1932年在约翰斯·霍普金斯大学获动物学硕士学位。1936年，卡森以水生生物学家的身份成为美国渔业管理局第二位受聘女性。1941年，卡森出版了第一部著作《海风下》，这是她“海洋三部曲”的开篇之作。她在书中记录了北美东海岸海洋动物的行为及其生存和死亡的状况。1951年，她又出版了第二部著作《我们周围的海洋》，该书连续86周荣登《纽约时报》最畅销图书榜，并获得自然图书奖。而她最富危机感的作品就是《寂静的春天》，在这本全球销量超过2000万册的作品中，她用理性的笔调，展示了对生命极其敬畏的人文情怀，表达了对环境污染的担忧。卡森的这本著作是划时代的,在此之前,环境是人类消费的对象,而在此之后,环境才逐渐成为被保护的对象。1972 年,美国宣布禁止使用 DDT,同年联合国在斯德哥尔摩召开“人类环境大会”,各国签署了《人类环境宣言》;之后《生物多样性保护公约》《臭氧层保护公约》《气候变化框架条约》等国际公约不断出台,各国政府积极展开行动保护环境。如果人类再不行动起来,那么就会像书中描述的一样,春天里就不再有燕子的呢喃、黄莺的啁啾,田野将变得寂静无声……

《寂静的春天》封面

使用 DDT 会带来巨大的危害,这绝非耸人听闻。地球是一个完整的生态系统,在这个生态系统中,有生产者、消费者和分解者。人类处于生物链的顶端,人类的生产和生活方式都影响着环境的稳定。当人类在田野中使用 DDT 时,DDT 会在环境中累积,同时也会被植物吸收,食草动物或人类食用这些植物后,这些 DDT 就会进入生物体内。这种物质很难分解,会在生物体内不断富积,长此以往,就会给生物体的机能带来负担、损害,当人意识到的时候已经为时晚矣。这也提醒人们,应该科学合理地利用科技,同时要对人类赖以生存的环境多加保护，否则最终将会伤害人类自己。

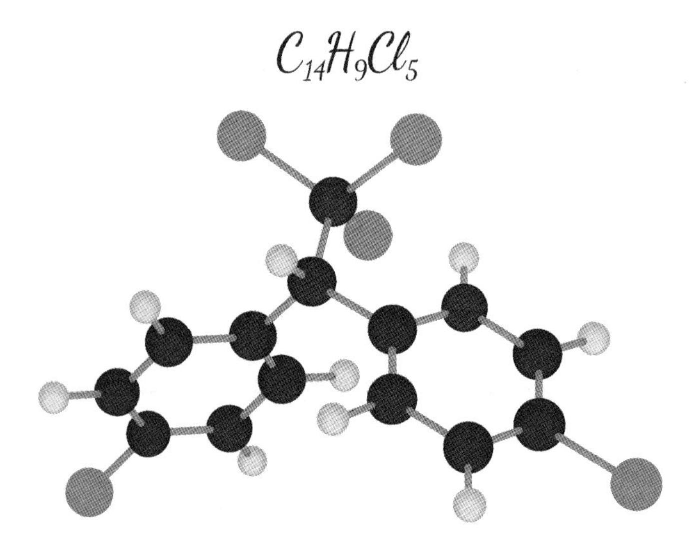

DDT 分子结构

一个因人类行为而导致生态环境急剧恶化的典型事例就是切尔诺贝利核电事故。

1986 年 4 月 26 日，苏联切尔诺贝利核电站 4 号机组发生了严重的反应堆堆芯解体和放射性物质大量释放事故，事发地点离乌克兰普里皮亚小镇 3 千米，离切尔诺贝利市 18 千米，离乌克兰首都基辅市 130 千米。

事故起因是反应堆在安全系统测试过程中发生了功率瞬变，并引起瞬发临界，造成堆芯解体。事故发生后，反应堆堆芯、反应堆厂房和汽轮机厂房被摧毁，大量放射性物质被释放到大气中。事故当天，释放出的放射性物质，包括爆炸和大火产生的气体、可挥发裂变产物等形成的烟云有 1000～2000 米高，次日该烟云移到波兰的东北部，在东欧上空上升到 9000 米高空。在事故后的 2～6 天，烟云扩散到东欧、中欧和南欧，以及亚洲高空。

白俄罗斯国家科学院研究认为，全球共有 20 亿人口受切尔诺贝利核电事故影响，这次核泄漏称得上是人类历史上最严重的生态污染事故。虽然事故已经过去 30 多年，但是由它造成的生态灾难仍将持续漫长的时间。这次事故给了人类一次严重的警告，使用科技的同时必须严格评估和把控科技风险，否则最终受伤害的必然是人类自己！

逝去的家园

很多人都深受雾霾的困扰，在雾霾围城的困境下，人们一直在寻找根治它的方法。

2011年，在全球范围内进行的空气质量调查显示，我国的城市空气质量整体排名靠后。国内空气质量排名第一的是海口市，但是依然在所有的被调查城市中排名841位。全球空气质量最差的10个城市中，我国占了7个，这大大超出了国人的意料。

“雾霾”一词是在近些年才逐渐进入人们的视线的。其实早在几百年前，雾霾现象就已存在，只是随着工业发展、煤炭燃烧、机动车尾气排放……雾霾变得日益严重，这才逐渐引起了人们的重视。2014年1月4日，我国首次将雾霾天气纳入自然灾情进行通报。

雾霾实际上包括两种不同的气象现象，雾是由大量悬浮在近地面空气中的微小水滴或者冰晶组成的气溶胶系统，而霾的主要成分是大量的化学颗粒物质。其中危害人类健康的主要成分是直径小于10微米的气溶胶粒子，而直径小于2.5微米的颗粒物，人们称其为PM2.5，它们是产生雾霾天气的罪魁祸首！

PM2.5进入人体的肺部以后，由于其体积小，可以带着表面吸附的大量有毒有害物质进入肺部，直达细小的支气管与肺泡中，影响肺的通气功能，使吸入者的身体处于缺氧状态。此外，PM2.5还有可能导致癌症高发、心脑血管疾病暴发、致畸突变上升……

雾霾高发、全球气候变暖、气象灾害频发……大自然已经向人类发出了严重警告。

生态和环境是人类赖以生存的家园，人类是科技的创造者，也是环境的破坏者。人类应该努力让生态环境成为人类文明发展的保障！

18.6 人口该不该管控

第六次全国人口普查主要数据公报显示，截至 2010 年 11 月 1 日，我国总人口约为 13.7 亿。截至 2016 年 7 月，地球总人口约为 72.6 亿。人口的快速增长，导致自然环境被严重破坏，生态平衡被打破，资源被过度开发。该如何看待人口问题呢？

在新中国成立之前，中国经历了无数的战火。其中，1851～1864 年的太平天国运动导致了 2000 万人以上的人口死亡；清朝推翻明朝时，死亡人数约为 2500 万；唐朝的安史之乱也造成了约 2000 万人死亡……

在新中国成立之初，中国约有 4 亿人口，当时战火刚熄，民生凋敝，国家财富积累不足，农业以精耕细作的人工生产为主，大家都相信人多力量大，于是我国人口出现了爆炸式增长。

后来，我国政府开始实行计划生育政策，要求一对夫妻只能生育一个孩子。这在一定程度上缓解了人口增长带来的压力，但是新的问题很快出现了，孩子数量过少，养育负担过重，很多家庭一对夫妻要赡养四位老人。随着中国进入老龄化社会，社会劳动力出现了明显短缺，因此政府开始逐步地放开计划生育政策。

从生物学角度看，每个社会的人口结构都是有自己特色的，其中包括金字塔形结构、倒金字塔形结构、纺锤形结构、哑铃形结构等。纺锤形结构是最科学、稳定的，两端代表的儿童和老人数量较少，而中间的适龄人口最多，这种人口结构是国人所期待的。而现在中国的人口结构是倒金字塔形结构，位于顶部的老年人数量较多，这正是新中国成立初期那一波高生育率带来的后果。随着计划生育政策的持续开展，中间适龄人口的数量较少，因此放宽计划生育政策，有利于人口结构保持合理、稳定。

人口结构该不该人为管控呢？大致上说，一个没有受过干预的、处于封闭环境下的人口结构，是没有必要进行人为干涉的。然而，对于已经结构失调或者之前受到过人为政策干预的人口结构，则应该进行相应的调整，使它向着健康的人口结构转化。

在远古时期，靠狩猎和采集野生植物为生的早期人类平均寿命不到30岁，人口出生率约为5.02%，每30平方千米的陆地大约能养活一个人。按此进行估算，整个地球大致可以养活500万人。

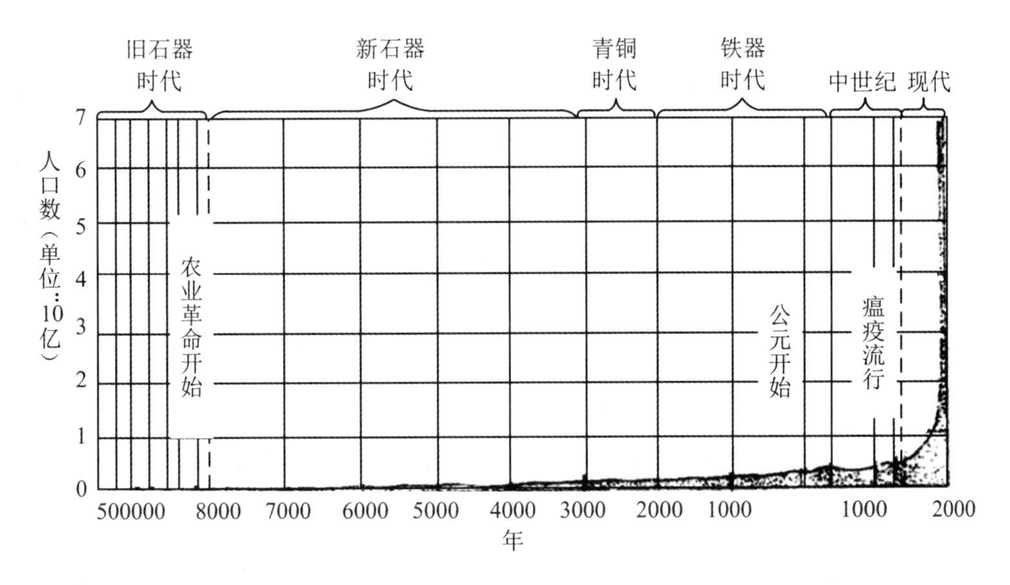

近50万年来人类数量的增长趋势

在《生态学及人类未来》中，尚玉昌估算地球的总人口数约为100亿。在此基础上，很多人想估算整个地球究竟能容纳多少人。第一个世界人口模型是美国人福里斯特(Forrest)建立的，麦多斯(Meadows)等人在这个模型的基础上进行了改进，把人口、工业产值、环境污染、资源储量和食物产量等变量输入计算机，得出世界人口数量最多维持在100亿的水平。

18.7 现代生态学面临的挑战

随着全球化进程的日益加剧，物种的迁徙步伐也逐步加快，在全球化视野下，生态学正面临着诸多挑战，也出现了很多之前不曾遇到的难题。

首先面临的问题是生物物种入侵。在世界各地，因为经过长时间的生态演变，各个群落之间的食物链都已经形成了固定的模式，物种间形成相互制约的关系，所以可以在很长的时间内保持一种平衡状态。可是，当外来物种进入一个陌生区域后，如果它适应了当地的生存环境，同时又没有可以制约它的天敌，那么它就有可能独立于食物链之外，造成该物种的数量猛增。当数量达到一定程度后，就会对当地的原生动植物乃至当地的生态环境产生不可估量的负面影响。

这样的例子现在越来越多，如欧洲野兔的泛滥、大洋洲仙人掌的入侵、中国一枝黄花的肆虐……其中最有名的要数大洋洲仙人掌的入侵。

早年间英国军队的衣服是红色的，需要大量的胭脂红染料，而这种染料主要来自一种叫作胭脂虫的昆虫。研磨之后的胭脂虫能制造出特殊的染料，现在的口红中就含有这种由胭脂虫制成的染料。胭脂虫以仙人掌为主要食物，为了随时给在澳大利亚的英国士兵的服装染色，就需要大量饲养胭脂虫，因此仙人掌被引入大洋洲。人们很快发现，仙人掌在大洋洲没有任何天敌，可以疯狂生长。它的生命力极其顽强，很快就把当地原有的一些植物挤压得难以生存。

田地里铺天盖地的全部是仙人掌，其他的植物已经没有办法生存，这严重地破坏了当地的植被。为了解决这一问题，当地政府采取了多种方式铲除仙人掌，但皆因仙人掌的繁殖速度过快而收效甚微。情急之下，人们通过在土地上喷洒重金属来达到杀灭仙人掌的目的。然而“杀敌一千，自损八百”，这种做法副作用极大，在杀灭仙人掌的同时，其他的植物也被杀死了。并且在土地复苏时，因为其他植物的生命力没有仙人掌强，所以仍会恢复到之前的状态。

迫于无奈，人们不得不引入仙人掌的天敌——仙人掌蛾，这种蛾以仙人掌为食物，最终抑制了仙人掌的大肆扩张，达到了生态的平衡。

除了物种入侵外，科技带来的负面影响也会对环境产生危害。例如，切尔诺贝利核电事故。事故释放的辐射当量是美国投在日本广岛的原子弹的 400 多倍，约有 1650 平方千米的土地被辐射。事故导致 32 人当场死亡，上万人因放射性物质的长期影响而致死亡或罹患重病。全球共有 20 亿人口受事故影响，消除事故的后遗症需 800 年。

第19章　技术的变革

在人类历史上，技术变革带来了生产力的提升。在生命科学的发展历程中，实验技术的进步促进了生物学的快速发展。从某种角度说，技术发展成为了科学发展的巨大引擎，一些技术的发明甚至引发了某些学科的革命。

19.1　DNA测序技术的发展

1953年，以沃森和克里克发现DNA双螺旋结构为标志，人类步入了分子生物学时代，对于现有的DNA序列进行解读已经成为学术界的当务之急。

早在20世纪50年代，关于DNA测序技术的研究就已经开始了，包括用化学降解的方法测定DNA片段，用多聚核糖核苷酸链降解法来降解DNA，等等。但是由于测定方法不成熟、操作手段复杂等原因，这些方法并未得到广泛运用。

克莱因(Klein)曾经说："一个人应该有足够敏锐的思想从纷乱的猜测中清理出前人有价值的想法，并且有足够的想象力把这些碎片重新组织起来，大胆地制订一个宏伟的计划。"在生命科学史上，英国科学家弗雷德里克·桑格(Frederick Sanger)就扮演了这样一个角色，他完成了最艰难的冲刺和总结，成为第一位将DNA测序方法系统化和标准化的科学家。

桑格出生在英国格洛斯特郡的一个富裕家庭。他在剑桥大学学习时接触到了生物化学，便立刻对它产生了浓厚的兴趣，从此他将自己的全部精力都投入其中。1943 年，桑格获得了剑桥大学的博士学位，直至 1951 年，他一直都在学校从事着生物化学的研究工作。1938 年，桑格开始研究胰岛素，他发明了一种标记 N 端氨基酸的方法，这项新技术的发明得到了同行们的认可，此后他得到了医学研究理事会的赞助并持续进行研究工作。经过 10 年的不懈努力，桑格在 1955 年测定了牛胰岛素的蛋白质结构序列，为日后在实验室合成胰岛素奠定了基础，同时也促进了对蛋白质结构的研究。由于桑格在蛋白质测序过程中作出的杰出贡献，他获得了 1958 年的诺贝尔化学奖。蛋白质分子测序的成功激发起桑格解读大分子 DNA 序列的决心。

从 1975 年开始，桑格逐渐将自己的精力转移到 DNA 测序的研究上。他和科学家库尔森(Coulson)一起发明了测定 DNA 序列的“加减法”。两年后，他在前期研究的基础上，继续改进实验方法，通过引入双脱氧核苷三磷酸形成双脱氧链终止法，使得 DNA 测序的稳定性得到大幅提升。这种方法通过核酸模板在 DNA 聚合酶、引物、单脱氧核苷三磷酸存在的条件下进行复制，依靠引入双脱氧核苷掺入链的末端使其终止或者引入单脱氧核苷使其继续延长。实验结束后可以得到一系列长短不一的片段，相邻的片段分别相差一个碱基，通过比较不同的核酸片段，利用放射自显影技术可以一次阅读出不同的碱基排列顺序。采用这种方法进行测序实验步骤简单，同时误差较小，此后很多相关的测序技术都是在其基础上加以改进形成的，桑格开辟了最行之有效的测序技术路径。

桑格继续对加减法进行改进。1980 年，他设计出双脱氧法，这种测定 DNA 序列的方法直到现在仍被广泛使用。桑格与沃特 · 吉尔伯特(Walter Gillbert)、保罗 · 伯格(Paul Berg)共同获得了 1980 年的诺贝尔化学奖，成为历史上第四位两次获此殊荣的科学家，这是学术界对其测序研究成果的充分肯定。一同获奖的沃特 · 吉尔伯特用不同的思路对 DNA 序列进行测序，同样取得了成功。

沃特 · 吉尔伯特出生在美国波士顿。他的父亲是哈佛大学教授，同时也是政府的经济顾问，他的母亲是一位儿童心理学家，总是拿沃特 · 吉尔伯特和他妹妹做测验，验证她的理论和想法。在父母的影响下，他和妹妹从小就喜欢阅读，高中时他对无机化学产生了兴趣。1949 年，在高中的最后一年，沃特·吉尔伯特又迷上了核物理学，他经常逃课，去国会图书馆翻看相关的书籍。他的高中校长曾经预言，沃特·吉尔伯特将会是一个“给我一根杠杆，我将撬动地球”般的创造性人物。高中毕业后，沃特·吉尔伯特进入哈佛大学攻读化学和物理学。

在读完一年的研究生后，他转学到了英国剑桥大学，在那里拿到了物理学博士学位，之后他返回哈佛大学发展，两年后成为物理系助教，一颗科学新星冉冉升起。在 20 世纪 50 年代后期，虽然沃特·吉尔伯特一直从事理论物理教学，但是他的研究兴趣早已转移到了实验领域。

美籍华裔科学家吴瑞(1928—2008)在测序技术的发展史上也占有一席之地，他提出了新的引物延伸的测序序列：先将引物定位，然后用此引物来延伸和标记新的 DNA。后来桑格的 DNA 快速测序法和穆利斯的 PCR 技术都是以这种测序技术为基础发展起来的。

吴瑞出生在北京。在父母潜移默化的影响下，生物化学成为他的终生事业。1948 年 7 月，吴瑞跟随母亲前往美国与父亲团聚。抵美后，吴瑞先去加利福尼亚大学伯克利分校进修德文，秋季学期开学后又去亚拉巴马大学插班上四年级。他读书特别用功，学习成绩非常优秀。1950 年，他在取得化学学士学位后，随即进入宾夕法尼亚大学生物化学系，跟随导师威尔逊(Wilson)教授攻读博士学位。他在学习期间同时担任助教，学业和工作他都安排得井井有条，他发表了 3 篇关于生物合成方面的研究论文，并于 1955 年获得博士学位。

博士毕业之后，吴瑞在达蒙·鲁尼恩癌症研究基金会的资助下，进入纽约市公共卫生研究所做博士后。短短几年内他便在相关领域发表了近 20 篇论文，并在博士后期满后成为该所的正式雇员。

1967 年，吴瑞和他带领的科研小组对 DNA 测序技术展开全面研究。他们利用天然存在的引物模板系统——大肠杆菌的 λ 噬菌体 DNA 的黏性末端作为引物，对黏性末端的 DNA 序列进行了深入研究。功夫不负有心人，在历经 3 年多的潜心探索后，吴瑞成为世界上首位成功解读λ噬菌体的DNA序列的科学家，破解了之前人们认为无法解决的技术难题。他们的研究成果发表在1971年5月的《分子生物学》杂志上，这一开创性的工作创立了能定位的引物延伸法，促进了分子测序技术的发展。

吴瑞创建的能定位的引物延伸法在成功完成DNA核苷酸顺序测定后，引起了学术界的重视。1973年桑格沿用这一方法，改进了用聚丙烯酰胺凝胶电泳系统对标记的DNA进行分析的技术，于1975年发明了DNA测序的加减法，其中的减法主要就是利用了吴瑞的方法。不仅如此，生物学家穆利斯采用引物延伸的方法，于1985年发明了PCR技术，该技术可以在试管中快速获得数百万个特异DNA序列的拷贝，是当今分子生物学中被广泛应用的一项技术。

维纳(Wiener)在《控制论》中写下了这样的名言:“到科学地图上的空白地区去做适当的勘查工作，只能由这样一群科学家来完成，他们每个人都是自己领域中的专家，并且对其邻近的领域都有十分正确和熟练的知识。”可以说DNA测序技术的创立就是这样一群科学家协同努力的结果，他们的工作相互联系，互相提供思路和借鉴，使得DNA测序技术不断地出现重大突破，大量的基因序列信息被揭示，促进了分子生物学的快速发展。

19.2 PCR技术的发明

美国科学家科拉纳(Khorana)早在20世纪50年代就已经合成了寡聚核苷酸，他利用体外合成的寡聚核苷酸合成酶以及DNA进行扩增。虽然这一技术在当时被同行广泛使用，但是这项技术不能严格地控制温度，对DNA聚合酶活性的影响巨大，所以仅能合成少量DNA，扩增率很低。根据自己多年的实践经验，科拉纳当时提出了两个重要的观点:一个是DNA暂且不能定序，另一个是寡聚核苷酸体外合成相当困难。他的这种论断没有明确地提出DNA可以解聚后再复合，并且他认为DNA不能定序的观点也是

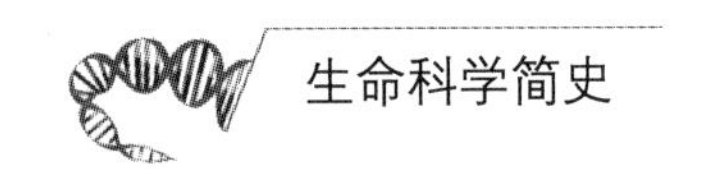

错误的。

1971 年,科拉纳又提出了核酸进行体外扩增的新想法。他认为,经过 DNA 体外变性,与合适的引物杂交,然后用 DNA 聚合酶延伸引物,同时通过不停地循环该过程来扩增 DNA。科拉纳提出了一个大胆的假设:在体外实现体内的生物学复制反应。但在当时还没有相关的成熟的实验手段:首先,尚未发现具有较强稳定性的 DNA 聚合酶,在循环反应过程中需要几十摄氏度的高温才能促成 DNA 聚合,在这样的温度条件下,非耐高温的 DNA 聚合酶都会变性失效,从而达不到聚合的效果;其次,测序技术还不成熟,合成适当的引物又相当困难,因此体外 DNA 的合成仍处在手工、半自动合成阶段。科拉纳的这种思路仅仅是一种大胆的设想,并不能付诸实践,因此这个方案一直被搁置。

取得突破性进展的是美国科学家穆利斯(Mullis)。他出生在美国北卡罗来纳州南岭山附近一个偏僻的乡村中,他从小就对生活中的事物充满着好奇并且乐在其中。穆利斯的爸爸会在晚上带着穆利斯坐在厨房中,一边喝着啤酒,一边告诉他加利福尼亚州的一些故事。这个习惯一直伴随着他,即使在父亲去世后,穆利斯还会经常独自一人自斟自饮,思考问题。1966 年,穆利斯进入加利福尼亚大学伯克利分校,并在 1972 年获得生物化学博士学位。

1979 年,穆利斯进入西斯特公司,从事 DNA 的合成工作。穆利斯个性独特、不善合作。虽然他在实验室里与其他人常有矛盾,但是他在生物实验方面的天赋还是得到了大家的认可。1983 年四五月间的一天,穆利斯一边在盘旋的公路上开车,一边思考着如何解决这种体外复制的难题。突然,盘旋的公路和 DNA 双螺旋的相似性激发了他的灵感,让他想到一种可以在体外复制 DNA 的方法模型,于是他开始收集和整理资料。

穆利斯通过不断改变温度,诱发 DNA 链的变性解链与复合,通过加入引物、DNA 聚合酶、脱氧核糖核苷酸……不断模拟重复着体内的复制过程。经过近 3 个月的准备,1983 年 8 月,穆利斯在西斯特公司做了关于 PCR 技术的学术报告,但是与会者都不相信这种在体内复杂环境和相应的酶催化环境下进行的精密反应体系能够在体外实现复制,这让穆利斯感到沮丧。现实中的不被认可并没有打消他继续尝试的信心。

1983 年 9 月,他和几名实验员利用人体 DNA 作为模板,抱着试试看的心态进行了世界上第一次PCR实验，编号为PCR01，同很多人预想的一样，实验没有成功。1983年10月，他进行了第二次实验，编号PCR02，仍然没有成功。在现在看来，实验失败是多种因素造成的，包括选用的实验模板、实验室的温度、复制的环境、催化酶的活性等。1983年圣诞节前后，穆利斯又进行了一次PCR实验，改用模板相对简单的pBR322质粒，随后又使用噬菌体作为模板，实验结果虽有改观，但仍不理想。1984年1月，穆利斯用自己合成的长寡聚核苷酸作为模板，扩增人的β珠蛋白基因的58个碱基对，实验取得了重大突破。

西斯特公司决定让穆利斯成立独立的PCR实验研究小组，专门进行PCR技术的研发。1984年11月15日，PCR实验终于获得成功，1985年3月28日，西斯特公司申请了关于PCR的第一个专利。同年9月20日，一篇关于PCR技术应用的文章投稿到《科学》杂志，并在11月15日发表。1986年5月，穆利斯应邀在冷泉港实验室举行的“人类分子生物学专题研讨会”上介绍了PCR技术，使得这项技术正式进入公众视野。

在刚开始发明PCR技术时，因为DNA聚合酶在高温时会失效，所以在实验过程中必须不断地添加聚合酶。这一操作使得整个实验变得非常冗繁，因此不少人将PCR技术称为“最没用的发明”。

TaqDNA聚合酶的发现打破了这一僵局。在美国黄石国家森林公园的火山温泉中，研究人员无意中找到一种水生栖热菌，在火山温泉口70～75 ℃的高温中，这种菌仍能很好地生存，说明它的体内一定存在一种可以耐受高温的DNA聚合酶，否则它就没法生存繁衍。如果用这种酶替代现有的DNA聚合酶，那么不就可以在PCR实验过程中省去很多繁琐的步骤了吗?

很快，TaqDNA聚合酶被提取出来。实验发现，它可以在90 ℃的高温下保持活性，正是研究人员苦苦寻求的耐高温聚合酶。它的发现直接促进了PCR技术的推广。1991年，霍夫曼-拉夫什公司出资3亿美元购买了PCR技术，这一技术随后进入商业化开发。

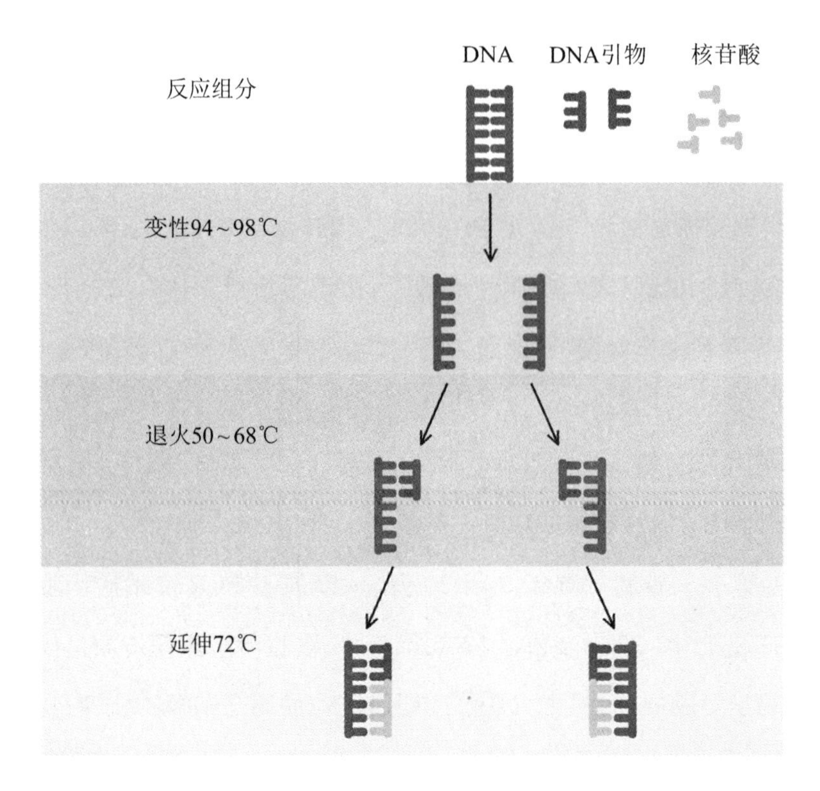

PCR 原理示意图

1993年，穆利斯因发明PCR技术而获得诺贝尔化学奖。现在世界上所有的分子生物学实验室均会使用PCR仪，这项技术的发明大大促进了生物学的发展，也深刻地影响到医疗、刑侦、民生等多个领域。

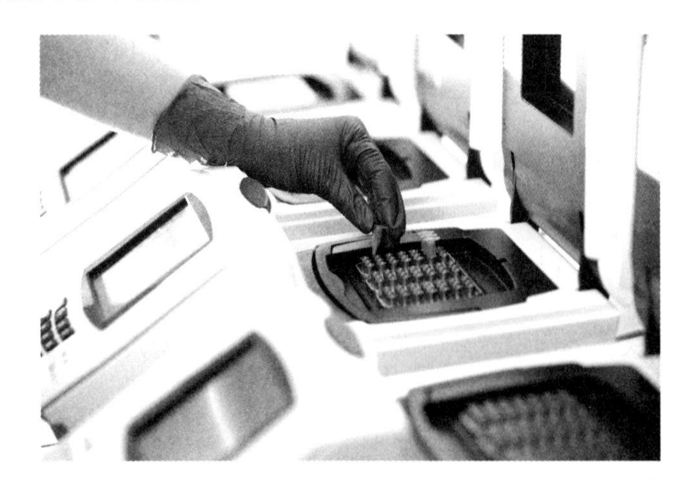

PCR 技术

19.3 电子显微镜与冷冻电镜

在电子显微镜尚未出现的时代，光学显微镜是科学家们做实验的利器。但是光学显微镜的放大倍数是有限的，如何观察包括细菌和病毒在内的各种微小的物体，让当时的科学家们十分头疼。科学家霍利（Hawley）曾经说过这样一句话：“用光学显微镜看流感病毒，就犹如用蒸汽挖掘机来拾起一根针。”

电子显微镜理论早在1869年就被化学家希托夫（Hittorf）证明是可行的，但是能不能实现却是个未知数。因为在当时的条件下，真空管技术还不完善，电子不能穿透玻璃，电子束聚集的问题也没有解决。这一系列的难题让时人认为电子显微镜只是一个天方夜谭。

1932年，德国物理学家克内尔（Knoll）和鲁斯卡（Ruska）建成了世界上第一台电子显微镜模型。虽然这个模型可以把待观测的物体放大400倍，但是图像聚焦性能很差，基本不能用于实际观测，然而这个模型为后来电子显微镜的成功研制奠定了基础。同年，布鲁塞尔大学的马顿（Marton）制造了一台显微镜，计划用来研究细菌，这一显微镜相比之前的光学显微镜提升不多。鲁斯卡在此基础上进行了一系列改进，制造出世界上第一台真正的电子显微镜，它的显微分辨率为50纳米。鲁斯卡用这台电子显微镜观察了一片铝箔和一片棉花纤维，这是人类第一次在电子显微镜下观测物体。从光学显微技术到电子显微技术，人类用了几百年的时间。

然而电子显微镜的首秀进行得并不顺利，鲁斯卡发现在电子显微镜强烈的电子束照射下，棉花纤维都被碳化了，根本无法对纤维表面进行观测，这一问题又成了新的瓶颈。3年后，弗里斯特（Friest）和缪勒（Muller）改进了这台机器，解决了这一难题，并把观测分辨率提升到40纳米。随后西门子公司和霍斯开公司继续对电子显微镜进行改进。1938年，电子显微镜总算能够满足正常的观测需要，开始逐步进入世界各地的实验室，为科学发展和科技创新作出贡献。

电子显微镜

“冷冻电镜”这个名字对大多数人来说应该是陌生的，然而这一技术的成功研发和应用对从微观尺度上展开生命科学研究起到了巨大的促进作用。

随着对微观生物学研究的逐步深入，研究人员需要解析生物大分子的三维构象，这样才能够进行下一步结构与功能关系的研究。能够解析这些分子结构的手段无外乎就是X射线晶体衍射技术和核磁共振波谱技术。

虽然这两项技术是生物物理学研究中的两把“利剑”，但是随着研究对象的不断丰富，越来越多的问题出现在科学家面前。首先，X射线晶体衍射技术的检测对象是能够结晶的蛋白质，如果蛋白质样品不能够结晶，那么就无法检测其结构。而核磁共振波谱技术虽然不要求蛋白质能够结晶，但是它也有一个致命的弱点，即只能检测一些分子量较小的蛋白质。如果遇到分子量大且不能够结晶的蛋白质、聚合物或者其他类型的大分子，那么研究人员就束手无策了。

1968年,德罗西耶(Derosier)和亚伦·克卢格(Aaron Klug)利用傅立叶-贝叶斯原理,通过分析透射电镜的各个朝向的投影来进行三维重建,以得到不同的图像。但是这种方法中的高能电子会对研究人员要正面观测的样品造成破坏,仍然不能满足实验要求。

1974年,肯·泰勒(Ken Taylor)和罗伯特·格雷泽(Robert Glaeser)发现冷冻样品可以保持蛋白质结构的高分辨率信息,这意味着冷冻电镜即将进入生物物理学领域,展开实际应用。雅克·杜博歇(Jacques Dubochet)等人研发了一套玻璃态样品的冷冻方法,促进了三维冷冻电镜的诞生与推广。他的团队发明了一种利用液态乙烷快速冷冻蛋白质溶液的方法,使得分子在被电子击中的同时依旧保持着相对静止,这样就可以得到更高分辨率的蛋白质结构图样。

冷冻电镜(即超低温电子显微镜)可用于直接观察液体、半液体和对电子束敏感的样品。样品经过超低温冷冻、断裂、镀膜喷金、喷碳制样等工艺处理后,在通过冷冻传输系统放入电镜内温度能达到－185℃的冷台后即可进行观察。快速冷冻技术可以使水在低温状态下呈现玻璃态,减少冰晶的产生,从而不影响样品本身的结构。当电子束照射到冷冻在溶液中的蛋白质上时,就可以解析出蛋白质分子的结构。

2017年的诺贝尔化学奖颁给了雅克·杜博歇、约阿希姆·弗兰克(Joachim Frank)和理查德·亨德森(Richard Henderson),以表彰他们对冷冻电镜技术发展作出的突出贡献。

雅克·杜博歇

约阿希姆·弗兰克

理查德·亨德森

冷冻电镜的出现有助于结构生物学家绘制出全新的蛋白质图像，清晰地了解蛋白质的三维立体构象，分析其独特的结构靶点，也有助于新药物的开发。无论是从成像学的角度，还是从生物学的角度，冷冻电镜的发明都是值得科学史铭记的一项伟大的技术创新！

第20章 生物伦理学

伦理学是调节社会人际关系行为准则的一门科学，它的发展受到社会科学的制约，也受到自然科学，尤其是生物学、医学的制约。在分子生物学迅猛发展的今天，生命科学与社会科学之间的界限变得日益模糊。

早在20世纪30年代，美国著名学者萨顿(Sarton)在《科学史与新人文主义》中就提出了“应当关注科技发展对社会伦理的渗透和影响，建立一种新的科学伦理文化即科学人文主义的文化”的观点，科技对伦理的影响由此可见一斑。

20.1 生物伦理学的诞生

1953年，生物学家沃森和克里克建立了DNA的双螺旋结构模型。这一发现对于旧的生命观产生了巨大冲击，神学家们最先开始对人类从分子层面上对生命进行改造的问题进行了大量的探讨，这也成为生命伦理学的研究雏形。

从DNA双螺旋模型的构建，到遗传三联体密码的解析，再到大肠杆菌乳糖操纵子模型的建立，它们为基因表达的人工调节奠定了基础。随后限制性内切酶的发现，使得人类可以随心所欲地拼接需要的基因……技术上的变革让人类遇到了一系列的生物伦理学问题。20世纪70年代，生物伦理学应运而生，涉及生物学、医学、伦理学、心理学、社会学、哲学等多个学科。

范伦塞勒·波特(Van Rensselear Potter)最先使用“生物伦理学”这一术语，并将生物伦理学应用于人口伦理学和生态伦理学中。因为生物伦理学中包含了很多医学保健的内容，所以有部分学者甚至建议将生物伦理学改称为生物医学伦理学，但是大多数学者认为，医学只是以生物中的人为研究对象，而生物伦理学的范围可能更为广泛，因此学术界就一直使用“生物伦理学”一词。

20世纪80年代之后，生物伦理学研究出现了突飞猛进的发展，1993年9月，国际生物伦理学委员会成立。如今，伴随着生物技术的迅猛发展，生物伦理学已经成为生命科学的重要分支。

令人遗憾的是，随着科技的发展，生物伦理学的发展遇到了诸多难题。技术始终处在先驱者的位置，而后会带来一系列难以预测的伦理学后果，这时候人们才能有针对性地进行研究，去解决实际问题，因此滞后性是它面临的第一个难题。同时，技术的发展速度远远超过生物伦理学的更新速度，因此如何弥补这一漏洞也是一个问题。目前在生物学领域和医学领域都成立了相应的伦理委员会，以判断科学研究和医学行为是否合适。但是，实际应用和伦理学的理论研究之间仍存在着极大的差距，双方的交流亟待加强。

20.2 克隆人的伦理与道德

克隆是利用生物技术由无性生殖产生与原个体有完全相同基因组的后代的过程。克隆技术进入公众视野源于1997年《自然》杂志报道了一项举世震惊的研究成果，英国科学家使用已经分化成熟的体细胞克隆出小羊多莉。之后围绕着克隆技术的应用，全球范围内掀起了广泛而热烈的探讨。

1998年11月，联合国大会批准了《关于人类基因组与人类权利的国际宣言》(以下简称《宣言》)。《宣言》提出多条重要原则:人类的尊严与平等、科学家的研究自由、人类和谐和国际合作。《宣言》明确指出,人类基因组意味着人类所有成员在根本上的统一。人类只有一个基因组——正常的基因组,用克隆技术繁殖人的做法是不被允许的。

2003 年 2 月 14 日,英国爱丁堡的罗斯林研究所对克隆羊多莉实施了安乐死。多莉一直饱受疾病折磨,它从诞生到最终安乐死,都给人类带来了大量的争议。2000 年,人类基因组计划公布了人类基因组序列图,表明人类已经从微观角度了解了自身的遗传奥秘。很多的学者都表达了对克隆人的担忧,如克隆人与细胞提供者之间的关系、社会舆论的歧视、家庭伦理的变迁等。

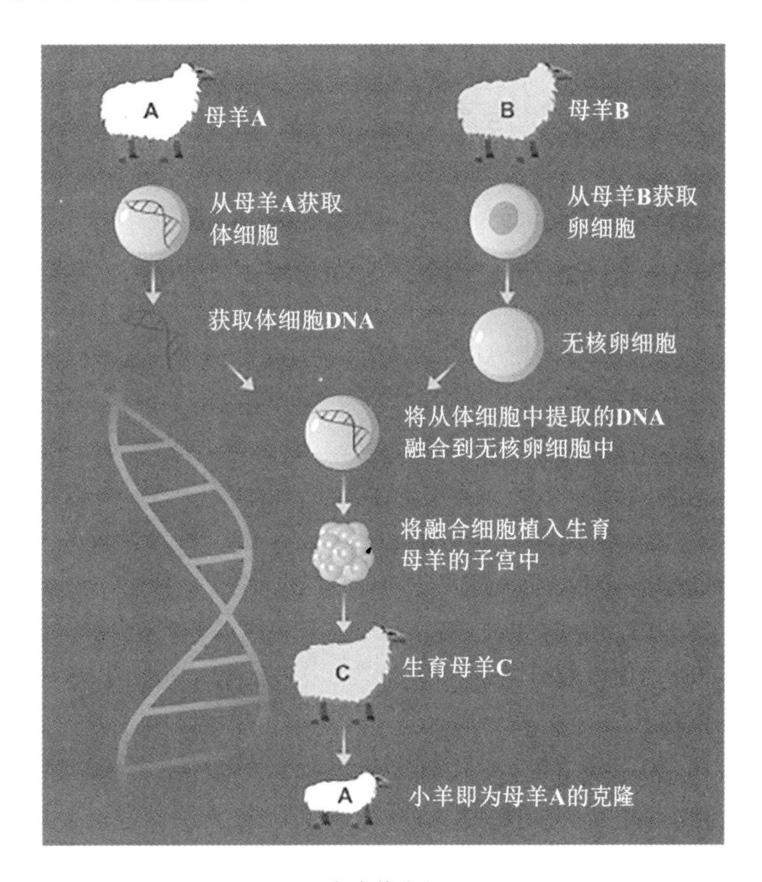

克隆羊流程

2000 年 12 月,联合国为克隆人立法展开了正式讨论。与会各方一致认为,人类繁殖性克隆不仅仅是一个伦理学问题,还是一个重要的社会问题,因此急需制定《禁止生殖性克隆人国际公约》。2001 年 9 月,在北京召开了“人类胚胎干细胞研究伦理讨论会”,与会专家提出了四条伦理学原则:尊重、知情同意、安全有效、防止商品化。2001 年 11 月在上海召开“生命伦理研讨会”,会议提出了我国第一个人类胚胎干细胞研究的伦理学指导大纲,对克隆人、临床用人畜细胞融合技术等进行了明确约束。

科学家对于未知的事情有着强烈的求知欲,但是如果研究超出了伦理范围,那么可能会带来不可预知的重大影响。诺贝尔生理学或医学奖获得者雷纳多·杜尔贝科(Renato Dulbecco)说过:“人类的 DNA 序列是人类的真谛,这个世界上发生的一切事情,都与这一序列息息相关。”这句话也被写在人类基因组计划的标书上。

20.3 转基因之争与生物伦理

转基因技术是利用现代生物技术,将人们期望的目标基因,经过人工分离、重组后,导入并整合到生物体的基因组中,从而改变生物原有的性状或赋予其新的性状。

自从“基因”的概念深入人心之后,“转基因”这一词汇也逐渐融入人们的生活中。随着生物技术的发展,人类不禁会思考,人类是不是也可以充当“上帝”的角色,自己去创造新的物种。

转基因食品有很多。世界上最早的转基因作物是美国孟山都公司生产的烟草,随后美国开始不断地加大研究的投入力度。1994 年,具有延迟成熟和保鲜功能的转基因番茄在美国批量上市,转基因食品开始逐步进入人们的日常生活中。

目前关于转基因食品的争论一直没有停歇,很多人都对转基因食品的安全性存在疑虑。在国际上,也有很多国家明令禁止生产和销售转基因食品。关于转基因食品究竟是有害还是无害,现在尚无定论,毕竟相对于人类发展进化的漫长历史来说,这一点时间还不足以验证转基因食品是否安全。就目前而言,转基因食品尚未带来什么重要的危害和潜在的威胁。但是,也不能因此就草率地下结论。应该辩证地看待这一新兴的技术,不能因为害怕它可能带来的负面影响,所以就不去勇敢地采纳和接受,科学技术的进步是人类发展的永恒主题！

举个简单的例子。在剖宫产没有出现的时候，女性生产只有顺产这一种方式。这种方式让胎儿的大脑经历产道挤压，对增强胎儿的活动能力有益，所以在长期的自然选择中被保存下来。经过长时间自然选择的事物和方法，一定有着自己的道理。因此，在确保生命安全的前提下，应提倡自然分娩。

转基因食品是人类自己主导创造出的新生物，这种做法破坏了自然选择。能够有效地掌控还好，可是万一创造出一些人类没有办法控制的物种，或者这些人为创造出来的物种因为没有经历长时间的自然选择，也许就没有天敌，所以就有可能独立于食物链之外，或者站在食物链的顶端，对人类的生存、发展产生极大的威胁。到那时，也许科幻电影中那些可怕的生物就未必是无稽之谈了。

生命科学的发展涉及医学、哲学、社会舆论、伦理学等多个方面。生命科学中的新技术正逐年递增，随之而来的是伦理学体系和理论的严重滞后。2003 年 10 月，美国生物伦理学总统顾问委员会发布了一份 300 多页的报告，报告的题目是《超越治疗：生物技术与幸福追求》。报告指出，生物技术现在和未来的介入范围不只是恢复健康的治疗，而是超越治疗、违背自然规律地改变遗传基因、增强精力和体力以及延长寿命。这类违背自然规律的滥用生物技术行为将带来难以预料和毁灭性的后果。

人们在利用转基因技术创造各种生物或者改造各种生物，甚至在克隆人类自己时，这些行为可能都有潜在的巨大风险，需要人们进行仔细的评估和考量，更需要人们怀着一颗敬畏的心去面对这些问题。

20.4 基因诊疗

在现实生活中，存在很多难以治愈的遗传病。目前，已知的遗传病数量有几千种，近1%的新生儿患有严重的遗传病。这些遗传疾病都是由染色体畸变或者基因突变引起的。

染色体畸变在现实生活中非常常见。例如，唐氏综合征，也叫作21号染色体三体综合征。英国医生唐温(Down)在1866年率先描述了该病，因此它被称为唐氏综合征。该病患儿的生长迟缓，体力和智力上都有着明显缺陷，多数患儿的存活率都很低。另外一种是5号染色体短臂缺失综合征，患儿会发出像猫一样的叫声，因此该病又被称为猫叫综合征。此外，18号染色体三体综合征的危害也很大，患儿生长迟缓，有三分之一的患儿会在1个月内死亡，一半左右的患儿会在两个月内死亡，只有极少数可以活到10岁以上。大多数由染色体畸变引发的疾病会导致极其严重的后果。

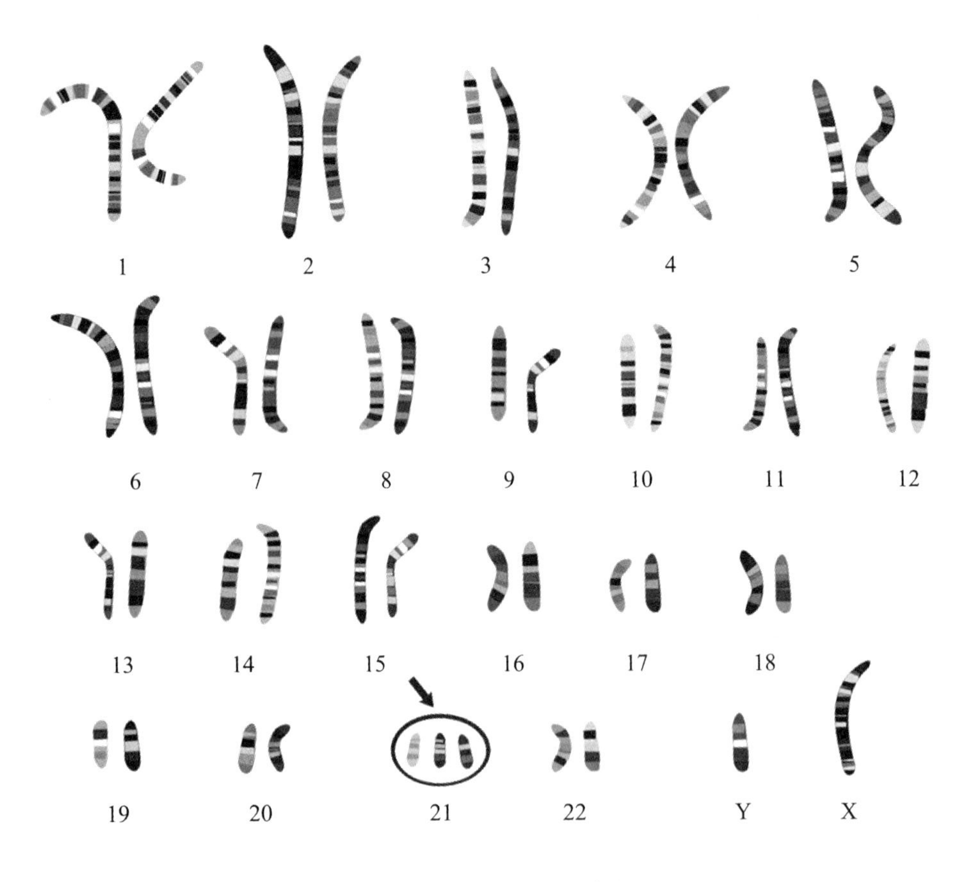

21号染色体三体综合征

人体基因突变导致的遗传病，病因可能是突变造成了酶缺失，或者是移位造成了蛋白质折叠错误，又或者是蛋白质合成速度改变……代谢病中的苯丙酮尿症、半乳糖血症、镰刀形红细胞贫血病等都是由基因突变导致的。在已发现的遗传疾病中,目前仅有少数疾病可以得到医治或者控制。基因诊疗可以通过将外援的正常基因导入靶细胞,来纠正或者补偿引发疾病的异常基因,包括从DNA水平上采取的疾病治疗措施。

探索疾病的起因,尤其是从细胞内部的微观生理学和分子生物学水平上寻找疾病的病因,为基因诊断提供了途径。例如,人类一直在寻找癌症的病因,杜尔贝科在20世纪60年代发现,很多致癌的病毒会把自身携带的DNA片段整合到宿主的DNA上,在宿主体内形成新的DNA。

杜尔贝科的学生,病毒学家泰明和生物化学家巴尔的摩发现,RNA病毒中存在着一种“逆转录酶”,在它的作用下,可以把RNA逆转录为DNA,成功地诠释了RNA病毒的致癌机理。这一重大发现也为基因诊疗的实现提供了技术支持。

1999年,接受基因治疗的女孩德谢瓦尔获得了新生,这成为全世界首个基因治疗的成功案例。1990年9月14日,美国马里兰州国立卫生研究所的安德森(Anderson)对当时年仅4岁的女孩德谢瓦尔进行了基因治疗。女孩因为基因有遗传缺陷,自身不能产生腺苷脱氨酶,所以先天性免疫低下,只能生活在无菌的环境中。安德森和他的团队将女孩白细胞中有缺陷的基因进行了改造,然后重新输入体内。在接下来的数年时间里,她连续接受了7次改造,并逐步恢复了自己的免疫功能,过上了正常人的生活。这一案例给基因诊疗研究提供了借鉴。

令人遗憾的是,目前仅有极少数的基因疗法可以在临床试用,大多数的研究还处于实验阶段。但是请大家相信,在不久的将来,基因疗法会给人类医学带来翻天覆地的变化。

人类的发展与科技息息相关,科技的进步在不断地改变着人类的生活,也在悄无声息地改变着人类自己。很多人认为人类可以主宰“自然”,成为自己的“造物主”。然而,无数的事实证明,这是非常荒诞和愚蠢的!大自然是神奇的,生命是多么的不可思议,是多么的值得敬畏!人类必须对生命怀有一颗敬畏之心,不忘初心,方得始终!

令人欣慰的是,许多国家已经赋予了生物伦理学“法”的地位,并针对各自的国情,采取了不同的应对措施。生物伦理学已经在规范人类的社会行为方面起到了日益重要的作用，因此应结合科技发展，不断地调整生物伦理学的关注视角，使它始终向着符合社会规范的方向发展。荀子说："水火有气而无生，草木有生而无知，禽兽有知而无义，人有气有生有知亦有义，故为天下最贵也。"只要人类固守生物伦理学的底线，就一定能够促进全人类的可持续发展。

参考文献

[1] 吕增建.走进科学史[M].北京:中国科学技术出版社,2018.

[2] 沃森.双螺旋:发现 DNA 结构的故事[M].刘望夷,译.北京:化学工业出版社,2009.

[3] 文特尔.生命的未来从双螺旋到合成生命[M].贾拥民,译.杭州:浙江人民出版社,2016.

[4] 唐欣昀.微生物学[M].北京:中国农业出版社,2009.

[5] 玛格纳.生命科学史[M].刘学礼,译.上海:上海人民出版社,2012.

[6] 叶明.微生物学[M].北京:化学工业出版社,2010.

[7] 王镜岩,朱圣庚,徐长法.生物化学:上册[M].北京:高等教育出版社,2002.

[8] 何毓德,郎补俄.赫胥黎与达尔文主义及生态伦理学的创新[J].内蒙古师范大学学报(哲学社会科学版),2012,41(2):5-11.

[9] 刘广发.现代生命科学概论[M].北京:科学出版社,2014.

[10] 高崇明,张爱琴.生物伦理学[M].北京:北京大学出版社,1999.

[11] 杰拉尔德.生物学之书[M].傅临春,译.重庆:重庆大学出版社,2017.

[12] 格拉夫.古代世界的巫术[M].王伟,译.上海:华东师范大学出版社,2013.

[13] 葛明德,吴相钰,陈守良.陈阅增普通生物学[M].4版.北京:高等教育出版社,2014.

[14] 孙毅霖.生物学的历史[M].南京:江苏人民出版社,2009.

[15] 郑艳秋,朱幼文,廖红,等.基因科学简史:生命的秘密[M].上海:上海科学技术文献出版社,2009.

[16] Roesch A, Vultur A, Bogeski I, et al. Overcoming Intrinsic Multidrug Resistancein Melanoma by Blocking the Mitochondrial Respiratory Chain of Slow-Cycling JARID1Bhigh Cells[J]. Cancer Cell, 2013(6): 811-825.

[17] 杨福愉.有关 Mitchell 化学渗透假说的一些争议[J].生物化学与生物物理进展,1985(2):2-7.

[18] 卡尔尼克.禽病学[M].10 版.高福,苏敬良,译.北京:中国农业出版社,1999.

[19] 吴相钰,陈守良,葛明德.普通生物学[M].2 版.北京:高等教育出版社,2005.

[20] 李盛,黄伟达.诺贝尔奖百年鉴:构筑生命[M].上海:上海科技教育出版社,2001.

[21] 王学,田波.朊病毒的研究进展[J].中国病毒学,1997,12(4):302-308.

[22] Crozet C, Lehmann S P. Where do We Stand 20 Years after the Appearance of Bovine Spongiform Encephalopathy [J]. MedSci (Paris), 2007, 23 (12): 1148-1158.

[23] 刘锐,翁屹.从羊瘙痒症到疯牛病:朊病毒发现史[J].中华医史杂志,2009(3):175-177.

[24] 金奇.医学分子病毒学[M].北京:科学出版社,2001.

[25] 黄京燕,刘宏伟,赵海燕,等.禽流感的危害及其防控措施[J].上海畜牧兽医通讯,2007(1):454.

[26] 吕常荣,温家洪,尹占娥,等.全球高致病性禽流感灾害的时空变异[J].灾害学,2007,22(2):25-29.

[27] 万谟彬.SARS 的暴发流行及流行病学特征[J].国外医学:流行病学传染病学分册,2003(3):129.

[28] 玻恩.我的一生和我的观点[M].李宝恒,译.北京:商务印书馆,1979.

[29] 姚敦义.生命科学发展史[M].济南:济南出版社,2005.

[30] 刘瑞凝.中国农业百科全书[M].北京:农业出版社,1991.

[31] 布杰德,布莱格曼,霍夫迈尔,等.系统生物学哲学基础[M].孙之荣,译.北京:科学出版社,2008.

[32] 吴国盛.科学的历程[M].北京:北京大学出版社,2002.

[33] 鲁润龙,顾月华.细胞生物学[M].合肥:中国科学技术大学出版社,2002.

[34] 迈尔.生物学思想发展的历史[M].涂长晟,译.成都:四川教育出版社,2010.

[35] 陈牧,刘锐,翁屹.三羧酸循环的发现与启示[J].医学与哲学,2012(1):71-73.

[36] 盛文林.人类在生物学上的发现[M].北京:北京工业大学出版社,2011.

[37] 张礼和.从生物有机化学到化学生物学[J].化学进展,2004(3):313-318.

[38] 杨沛霆.科学技术史[M].杭州:浙江教育出版社,1986.

[39] 王冰梅.对五行的理解以及五行与三羧酸循环的比较[J].医学与社会,2007,20(1):23.

[40] 维纳.控制论[M].2版.郝季仁,译.北京:科学出版社,2009.

[41] 高巍,牛韵韵,董明敏,等.现代两大诺贝尔获奖技术相结合的启示:单细胞RT-PCR技术建立的哲学思考[J]. 医学与哲学,2001,22(2):59-60.

[42] 诸葛健,李华钟.微生物学[M].北京:科学出版社,2009.

[43] 翟中和,王喜忠,丁明孝.细胞生物学[M].4版.北京:高等教育出版社,2011.

[44] 尚玉昌.普通生态学[M].北京:北京大学出版社,2002.

[45] 周国钰,程水明.化学发展史中的哲学内涵和哲学价值[J].四川理工学院学报,2007,22(4):94-99.

[46] 王悦,彭蜀晋,周媛,等.百年诺贝尔化学奖与生物化学的发展[J].大学化学,2011,26(5):88-92.

[47] 王明旭.医学伦理学[M].北京:人民卫生出版社,2010.

[48] 罗会宇,邱仁宗,雷瑞鹏.生命伦理学视域下反思平衡方法及其应用的研究[J].自然辩证法研究,2017,33(2):64-69.

[49] 乔珂.当代生命伦理学研究研讨会会议综述[J].医学与哲学,2016,37(7):96-97.

[50] 孙慕义.上帝之手:高道德风险的生命技术何以从伦理学与神学获得辩护[J].医学与哲学,2001,23(9):19-21.

[51] 李建军,雷湘凌.动物生物技术研究伦理学的前沿进展[J].自然辩证法研究,2010,26(1):125-128.

[52] 邱仁宗.共济:对一个在生命伦理学正在兴起的概念的反思[J].医学与哲学,2017,38(6):90-93.

[53] 樊春良,张新庆,陈琦.关于我国生命科学技术伦理治理机制的探讨[J].中国软科学,2008(8):58-65.

[54] 翟晓梅,邱仁宗.合成生物学:伦理和管制问题[J].科学与社会,2014,4(4):43-52.

[55] 李海燕.基因诊断技术研究和应用中的伦理教育思考[J].中国医学伦理学,2003,16(5):24-25.

[56] 郭淑敏.现代生物医学技术的伦理学思考[J].国外医学情报,2004(8):6-9.

[57] 波珀.科学发现的逻辑[M].查汝强,邱仁宗,译.北京:科学出版社,1986.

[58] Balboni M J, Sullivan A, Simth P T, et al. The Views of Clergy Regarding Ethical Controversies in Care at the End of Life[J]. Journal of Pain and Symptom Management, 2018,1(55):65-74.

[59] Chris Durante. Bioethics in a Pluralistic Society: Bioethical Methodology in Lieu

of Moral Diversity[J]. Scientific Contribution: Med Health Care and Philos, 2009(12):35-47.

[60] 冯连世,徐晓阳,冯炜权.基因工程与运动生物化学的发展和展望[J].中国运动医学杂志,2000,19(1):69-70.

[61] 克莱因.古今数学思想[M].万伟勋,译.上海:上海科技出版社,2002.

[62] Sanger F,Nicklen S,Coulson A R. DNA Sequencing with Chain-terminating Inhibitors[J]. Proc Natl Acad Sci USA. 1977,74(12):5463-5467.

[63] 曹育.著名美籍华人分子生物学家吴瑞教授[J].中国科技史料,1998(4):54-59.

[64] 吴乃虎.基因工程原理[M].2版.北京:科学出版社,1998.

[65] 刘荣福.关于PCR技术发明的启示:浅谈技术发展的内在动力[J].医学与哲学,1995,16(8):409-411.

[66] 林玲.定量PCR技术的研究进展[J].国外医学遗传学分册,1999,22(3):5-9.

[67] 黄三文,戴小枫,王俊.新一代DNA测序技术给农业育种带来革命[J].生物产业技术,2008,2(3):20-25.

[68] 聂志扬,肖飞,郭健.DNA测序技术与仪器的发展[J].中国医疗器械信息,2009,15(10).13-16.

[69] 冷明祥.克隆人技术会给我们带来什么[J].南京医科大学学报(社会科学版),2003(3):234-238.

[70] 彭新武.造物的谱系进化的衍生、流变及其问题[M].北京:北京大学出版社,2005.

[71] 科因.为什么要相信达尔文[M].叶盛,译.北京:科学出版社,2009.

[72] 但顿.150年后重看进化论[M].鲁静如,王天佑,译.北京:中国戏剧出版社,2007.

[73] 张光武."中国的摩尔根"谈家桢[J].世纪特稿,1999(1):4-11.

[74] 豪尔吉陶伊.DNA博士与沃森的坦诚对话[M].钟扬,赵佳媛,杨桢,译.上海:上海科学技术出版社,2009.

[75] 郭晓强.DNA双螺旋发现的第三人[J].自然辩证法通讯,2007,29(4):81-89.

[76] 徐全乐.DNA双螺旋发现过程中的"天时、地利与人和"[J].安徽农业科学,2013,41(15):7040-7042.

[77] 秦笃烈.DNA双螺旋结构发现50周年全球庆典巡礼[J].遗传,2003,25(6):762-765.

[78] 周廷华,魏昌瑛.DNA双螺旋结构发现背后的女性:纪念罗莎琳德·富兰克林逝世49周年[J].生物学通报,2007,42(8):61-62.

[79] 张金菊.DNA双螺旋结构发现的背景[J].化学通报,1995,19(2):63-64.

[80] 杨丝吉.DNA双螺旋结构发现的启示[J].医学哲学,2001,14(6):32-34.

[81] 张建.DNA双螺旋结构发现者:莫里斯·威尔金斯[J].生物学通报,2017,52(12):56-58.

[82] 向义和.DNA双螺旋结构是怎样发现的[J].物理与工程,2005,15(2):44-49.

[83] 张翩.DNA双螺旋结构探寻路上竞争中的合作[J].自然辩证法通讯,2017,39(3):70-75.

[84] 杨美花,李智聪,刘凤娇,等.L-半胱氨酸作为化妆品美白添加剂的作用机理[J].厦门大学学报(自然科学版),2009,48(4):581-584.

[85] 刘寄星.R.富兰克林在DNA双螺旋结构发现中的功绩[J].物理,2003,32(11):739-741.

[86] 肯纳.癌症可以战胜:提升机体抗癌能力的身心灵方法[M].雷秀雅,郭成,译.重庆:重庆大学出版社,2012.

[87] 马长柱,孔书荣.百年获诺贝尔奖女科学家共性规律研究[J].天津市教科院学报,2005(3):13-14.

[88] 李莉娟.蝙蝠携带人兽共患病毒的研究进展[J].养生保健指南,2020(19):297-298.

[89] 李兰娟.中国近30年微生态学发展现状及未来[J].中国微生态学杂志,2019,31(10):1151-1154.

[90] 道金斯.自私的基因[M].卢允文,张岱云,译.科学出版社,1981.

[91] 郑立佳,梁文高,邓文煌,等.城市狂犬病流行危害分析及防控对策[J].农业科学实验,2020(10):119-120.

[92] 王家根,陶李春.传播学视角下的严复编译研究:以赫胥黎的《天演论》为例[J].中国科技翻译,2019,32(4):12-15.

[93] 钟安环.从原始生物学到现代生物学[M].北京:中国青年出版社,1984.

[94] 冷平生.园林生态学概念与发展[J].现代园林,2013,10(7):1-2.

[95] 卢风.当代道德难题与伦理学发展愿景[J].学习论坛,2012,28(9):55-61.

[96] 李超越.当代景观生态学研究进展及展望[J].现代园艺,2019(17):88-89.

[97] 梅契尼科夫.怎样延长你的寿命[M].张坤,译.南京:江苏凤凰科学技术出版社,2015.

[98] 戴维斯.第五项奇迹:生命起源之探索[M].祝朝伟,胡开宝,崔冰清,等译.南京:译林出版社,2003.

[99] 涂建新.斗争与文明:赫胥黎《进化论与伦理学》的一种解读[J].重庆科技学院学报(社会科学版),2011(4):28-30.

[100] 梁丽琴.端粒酶及其与疾病的关系概述[J].生物学教学,2019,44(3):2-4.

[101] 贺小英.端粒酶与体细胞重编程的最新研究进展[J].南方农业学报,2019,50(5):1133-1138.

[102] 王丽丽.端粒酶在宫颈癌诊断和治疗中的研究进展[J].西北民族大学学报(自然科学版),2019,40(3):50-53.

[103] 唐镱方.端粒与心脑血管疾病关系的研究现状[J].华西医学,2019,34(10):1170-1174.

[104] 赵永强.对景观生态学发展趋势与瓶颈问题的再认识[J].江苏科技信息,2019(1):70-74.

[105] 樊蕊.对克隆技术的伦理反思[J].河北青年管理干部学院学报,2010(1):48-50.

[106] 周光召.发展学科交叉 促进原始创新:纪念 DNA 双螺旋结构发现 50 周年[J].物理,2003,32(11):707-711.

[107] 马金晶.翻转课堂与概念图解在生态学课程教学中的应用[J].高师理科学刊,2019,39(8):100-102.

[108] 克拉克.衰老问题探秘:衰老与死亡的生物学基础[M].许宝孝,译.上海:复旦大学出版社,2001.

[109] 李震华,单丽因.有关克隆人伦理学方面的几点思考[J].2007(3):108.

[110] 徐岩.关于克隆人技术的伦理思考[J].岱宗学刊,2007,11(4):60-61.

[111] 埃斯特普.长寿的基因:如何通过饮食调理基因,延长大脑生命力[M].姜佟琳,译.杭州:浙江人民出版社,2016.

[112] 章梅芳.玉米田里的孤独先知:充满传奇色彩的女遗传学家麦克林托克[J].科技导报,2009,27(13):120.

[113] 柯遵科.赫胥黎研究的编史学进展:以"达尔文的斗犬"形象为中心的考察[J].自然辩证法研究,2017,33(2):75-81.

[114] 赵光清.赫胥黎与《圣经》[J].读书与评论,2009(4):62-63.

[115] 柯遵科.赫胥黎与渐变论[J].北京大学学报(哲学社会科学版),2015,52(4):150-157.

[116] 张增一.赫胥黎与威尔伯福斯之争[J].自然辩证法通讯,2002,24(4):1-5.

[117] 柯遵科.赫胥黎与自然选择[J].自然辩证法通讯,2011,33(6):40-46.

[118] 李全.化妆品抗衰老的原理与应用[J].中国美容医学,2017,26(11):135-138.

[119] 刘莎.环境可持续发展的环境生态学思考[J].化工管理,2019(6):65-66.

[120] 芬顿.环境生态学的一些概念商讨[J].资源开发与保护杂志,1990,6(2):125-127.

[121] 侯文蕙.环境史和环境史研究的生态学意识[J].环境史学论坛,2004(3):25-32.

[122] 张波.环境适应与表观遗传学(Epigentics)[J].化石,2006(1):39-40.

[123] 罗尔斯顿.基因、创世纪和上帝:价值及其在自然史和人类史中的起源[M].范岱年,陈养惠,译.长沙:湖南科学技术出版社,1999.

[124] 余国膺.纪念 DNA 双螺旋结构发现 60 周年[J].中国心脏起搏与心电生理杂志,2014,28(1):20.

[125] 钟安环.简明生物学史话:轻松易读的最佳生物学启蒙书[M].北京:知识产权出版社,2014.

[126] 吴苑华.简议居维叶的真理观[J].实事求是,2000(3):44-47.

[127] 傅继梁.见人人之所见,思人人所未思:发现 DNA 双螺旋结构的故事[J].科学,2003,55(4):62-64.

[128] 王大成,顾孝诚.胰岛素晶体结构研究 40 年回眸[J].中国科学,2010,40(1):2-7.

[129] 雷瑞鹏.遗传密码概念发展的历史脉络[J].科学技术与辩证法,2006,23(3):95-98.

[130] 陈惟昌,陈志义,陈志华.遗传密码格式的组合编码数分析[J].生物物理学报,2002,18(2):206-212.

[131] 刘姝倩.健康长寿靠自己:抗衰老生活方式[M].北京:人民军医出版社,2007.

[132] 家森幸男.健康长寿饮食指南[M].萧志强,译.南宁:广西科学技术出版社,2011.

[133] 奥斯泰德.揭开老化之谜:从生物演化看人的生命历程[M].洪兰,译.桂林:广西师范大学出版社,2007.

[134] 郭建崴.居维叶:灭绝与灾变论[J].化石,2017(4):52-53.

[135] 赫胥黎.进化论与伦理学(全译本)[M].宋启林,译.北京:北京大学出版社,2010.

[136] 贾国梅,陈芳清,张文丽.研究生课程《现代生态学》教学改革探析[J].教育学论坛,2018(46):227-228.

[137] 庄之模.居维叶和圣·希莱尔[J].生物学通报,1987(4):42-43.

[138] 瓦拉赫.科技失控:用科技思维重新看透未来[M].萧黎黎,译.南京:江苏凤凰文艺出版社,2017.

[139] 《生物学史专辑》编纂组.科技史文集:第4辑 生物学史专辑[M].上海:上海科学技术出版社,1980.

[140] 齐默.演化的故事:40亿年生命之旅[M].唐嘉慧,译.上海:上海人民出版社,2018.

[141] 沃森.双螺旋:发现DNA结构的个人经历[M].田洺,译.北京:生活·读书·新知三联书店,2001.

[142] 张清华.养生与长寿[M].北京:中国社会出版社,2000.

[143] 季爱民.克隆人技术伦理根基之思考[J].滁州学院学报,2014,16(1):6-9.

[144] 卢彦欣,王雷,扈荣良.狂犬病病毒检测历史及研究进展[J].中国人兽共患病学报,2007,23(11):1150-1152.

[145] 刘海龙.理性应对克隆人的发展[J].社科纵横,2005,20(5):217-218.

[146] 王世宣.卵巢衰老的机制与预防研究进展[J].山东大学学报(医学版),2019,57(2):16-22.

[147] 娄玉芹.论居维叶科学研究方法[J].河南教育学院学报(哲学社会科学版),2001,20(1):55-58.

[148] 杨静一.论居维叶灾变论思想[J].自然科学史研究,1990,9(4):386-396.

[149] 乌力吉.修复人体自愈力糖尿病可自我痊愈[J].世界最新医学信息文摘,2016,16(11):166-167.

[150] 刘俊,寸向农.血管内皮生长因子及受体信号在肝再生中的作用机制[J].现代医药卫生,2013,29(15):2313-2314.

[151] 鲁伊.马尔堡病毒:那么远,这么近[J].科技文萃,2005(6):75-77.

[152] 李拓,刘珠果,戴秋云.马尔堡病毒疫苗研究进展[J].军事医学,2016,40(3):261-264.

[153] 屠宇平.马尔堡出血热[J].疾病监测,2005,20(7):392.

[154] 刁现民,孟金陵.麦克林托克及其科学成就[J].自然杂志.1989,12(10):784-788.

[155] 刘锐.漫话生物学简史[M].合肥:中国科学技术大学出版社,2018.

[156] 黄国勤,黄依南.美国生态学的发展[J].生态环境学报,2019,28(7):1473-1483.

[157] 普雷斯顿.血疫:埃博拉的故事[M].姚向辉,译.上海:上海译文出版社,2016.

[158] 戈斯登.欺骗时间:科学、性与衰老[M].刘学礼,陈俊学,毕东海,译.上海:上海科技教育出版社,2014.

[159] 赵慧英,白哈斯.浅论生态学概念[J].甘肃科技,2005,21(2):185-186.

[160] 康东伟.浅析生态学原理与和谐理念的交融[J].河北林业,2008(6):26-28.

[161] 肖金学,王文强,廉振民.浅议分子生态学的概念[J].延安大学学报(自然科学版),2008,27(1):69-71.

[162] 李永祺,王蔚.浅议海洋生态学的定义[J].海洋与湖沼,2019,50(5):707-712.

[163] 舒兰.细节决定长寿[M].北京:中国物资出版社,2009.

[164] 龚大洁,张利平,李隆.人端粒酶反转录酶的生物信息学分析[J].西北师范大学学报(自然科学版),2019,55(3):92-97.

[165] 付广华.人类学的系统生态学述论[J].广西民族研究,2018(5):51-60.

[166] 常青.如何老去:长寿的想象、隐情及智慧[M].太原:山西人民出版社,2017.

[167] 覃志坚.现代免疫学的发展趋势[J].右江民族医学院学报,1997(1):136-137.

[168] 王立铭.上帝的手术刀:基因编辑简史[M].杭州:浙江人民出版社,2017.

[169] 杨深.社会达尔文主义还是民族达尔文主义:严译《天演论》与赫胥黎及斯宾塞进化论的关系[J].哲学研究,2014(1):70-75.

[170] 文特尔.生命的未来:从双螺旋到合成生命[M].贾拥民,译.杭州:浙江人民出版社,2016.

[171] 福提.生命简史:地球生命40亿年的演化传奇[M].高环宇,译.北京:中信出版社,2018.

[172] 冯永康.生命科学史上的划时代突破:纪念DNA双螺旋结构发现50周年[J].科学源流,2003,55(2):39-42.

[173] 刘伸.生命伦理学或生物伦理学:价值观的选择[J].国外社会科学,1994(9):16-20.

[174] 阿克罗伊德.生命起源[M].周继岚,刘路明,译.北京:生活·读书·新知三联书店,2007.

[175] 薛定谔.生命是什么[M].吉喆,译.哈尔滨:哈尔滨出版社,2012.

[176] 张超.生态美育的概念探源[J].中国成人教育,2015(12):24-26.

[177] 张华丽.生态文明概念的历史考察与发展趋向探讨[J].中共天津市委党校学报,2018(4):57-62.

[178] 吴兆录.生态学的发展阶段及其特点[J].生物学杂志,1994,13(5):67-72.

[179] 中国生态学学会.生态学的发展趋势及研究热点[J].科技导报,2010,28(17):

120-121.

[180] 刘广发.现代生命科学概论[M].3版.北京:科学出版社,2014.

[181] 何方.生态学发展阶段划分[J].经济林研究,2001,19(3):51-52.

[182] 贝霍夫斯基.生态学是一门综合性学科[J].哲学问题,1979(8):52-53.

[183] 王发曾.现代生态学发展趋势[J].河南大学学报,1989(3):81-87.

[184] 张玉荣.现代生态学回顾与展望[J].湖南林业科技,2003,30(4):45-48.

[185] 秦益民.生物活性纤维的研发现状和发展趋势[J].纺织学报,2017,38(3):174-180.

[186] 王东.现代生态学领域概念范式变迁[J].汉中师范学院学报(自然科学),2002,20(1):76-83.

[187] 李姝睿.现代生物技术及其伦理学思考[J].青海师范大学学报(哲学社会科学版),2004(3):36-39.

[188] 高崇明,张爱琴.生物伦理学十五讲[M].北京:北京大学出版社,2004.

[189] 张文华,戴崝,付晓琛.生物系统分类体系的建立和林奈的贡献[J].生物学通报,2008,43(5):54-55.

[190] 李希明.实验动物与神经科学史[J].生物学教学,2012,37(10):44-46.

[191] 孙毅霖.试析施莱登与施旺“细胞学说”的理论缺陷[J].上海交通大学学报(哲学社会科学版),2003,11(34):48-52.

[192] 孙毅霖.试析施莱登与施旺创立细胞学说时对细胞生成的误解[J].自然科学史研究,2004,23(4):319-324.

[193] 曾婷婷,李学智.衰老机制及针灸抗衰老机制研究进展[J].时珍国医国药,2019,30(6):1457-1459.

[194] 罗杰.衰老生物学[M].王钊,张果,译.北京:科学出版社,2016.

[195] 陈为民.图说病毒[M].武汉:湖北科学技术出版社,2017.

[196] 程民治,戴风华,王向贤.威尔金斯:一个不被关注的发现DNA结构的物理学家[J].巢湖学院学报,2009,11(3):35-42.

[197] 杨景云.微生态学的发展简史[J].佳木斯医学院学报,1989,12(2):201-204.

[198] 李晓然,吕毅,官路路.微生物分子生态学发展历史及研究现状[J].中国微生物学杂志,2012,24(4):366-369.

[199] 王大珍.微生物生态学的发展及应用[J].科学,1993,45(2):18-20.

[200] 刘青青.我国景观生态学发展历程与未来研究重点[J].住宅与房地产,2018(7):82.

[201] 周丽宏,陈自强,黄国友.细胞打印技术及应用[J].中国生物工程杂志,2010,30(12):95-194.

[202] 李靖炎.细胞的起源[J].生物学通报,1987(9):1-3.

[203] 叶言山.心脏为何不生癌[J].生物学杂志,1993(3):48.

[204] 王亚辉.细胞生物学的发展历史和现况[J].细胞生物学杂志,1986,8(1):7-11.

[205] 潘承湘.细胞学说的产生、发展与有关争议[J].自然辩证法通讯,1989,11(64):72-77.